Andreas Kieling
Meine Expeditionen zu den Letzten ihrer Art

W0064419

PIPER

Zu diesem Buch

Von den Berggorillas in Ruandas Hochland bis zu den Komodowaranen Indonesiens, von indischen Löwen bis zu den Wölfen in
Rumänien und den Riesenwalen der Weltmeere: Immer mehr
Tiere sind vom Aussterben bedroht. Der berühmte Naturfilmer
Andreas Kieling kommt ihnen näher als irgendjemand sonst. Seit
Anfang der Neunzigerjahre beobachtet er gefährdete Tiere in freier Wildbahn und hat dramatische Veränderungen der Artenviel-
falt erlebt. Jetzt war er erneut zwei Jahre auf Weltreise, schwamm
mit Australiens Salzwasserkrokodilen, stand Auge in Auge mit
dem Afrikanischen Elefanten, mit Himalaja-Wildschafen und Eisbären in der Arktis. Eindrucksvoll berichtet er von seinen Erleb-
nissen mit den Wildtieren, deren Lebensraum dringend Schutz
bedarf.

Andreas Kieling, 1959 in Gotha geboren, floh 1976 aus der DDR
und bereist seit 1990 die Welt; über zehn Jahre verbrachte er mit
wilden Grizzlys in Alaska. Bei Malik erschien zuletzt »Maikäfer
können am längsten«. Der vielfach preisgekrönte Dokumentarfilmer lebt mit seiner Familie in der Eifel.

www.andreas-kieling.de

Andreas Kieling
mit Sabine Wünsch

Meine Expeditionen zu den Letzten ihrer Art

Bei Berggorillas, Schneeleoparden
und anderen bedrohten Tieren

Mit 9 Schwarzweißfotos und einer Karte

Piper München Zürich

Mehr über unsere Autoren und Bücher:
www.piper.de

Von Andreas Kieling liegen bei Piper/Malik/National Geografic vor:
Bären, Lachse, wilde Wasser
Durch Deutschland wandern
Durchs wilde Deutschland
Ein deutscher Wandersommer
Maikäfer können am längsten
Meine Expeditionen zu den Letzten ihrer Art
Yukon-River-Saga

Im bewegten Gedenken an Cita,
für Frank und Luana, Wilhelm Lichtentäler, Otto Zimmermann
und Cleo – mit der ich hoffentlich noch viele Abenteuer erleben darf

MIX
Papier aus verantwor-
tungsvollen Quellen
FSC
www.fsc.org **FSC® C083411**

Ungekürzte Taschenbuchausgabe
März 2015
© 2009 Piper Verlag GmbH, München,
erschienen im Verlagsprogramm Malik
Umschlaggestaltung: Birgit Kohlhaas, www.kohlhaas-buchgestaltung.de
Umschlagabbildung: Andreas Kieling
Karte: Eckehard Radehose, Schliersee
Satz: Satz für Satz. Barbara Reischmann, Wangen im Allgäu
Gesetzt aus der Scala
Litho: Lorenz & Zeller, Inning a. Ammersee
Papier: Munken Print von Arctic Paper Munkedals AB, Schweden
Druck und Bindung: CPI books GmbH, Leck
Printed in Germany   ISBN 978-3-492-30627-0

Inhalt

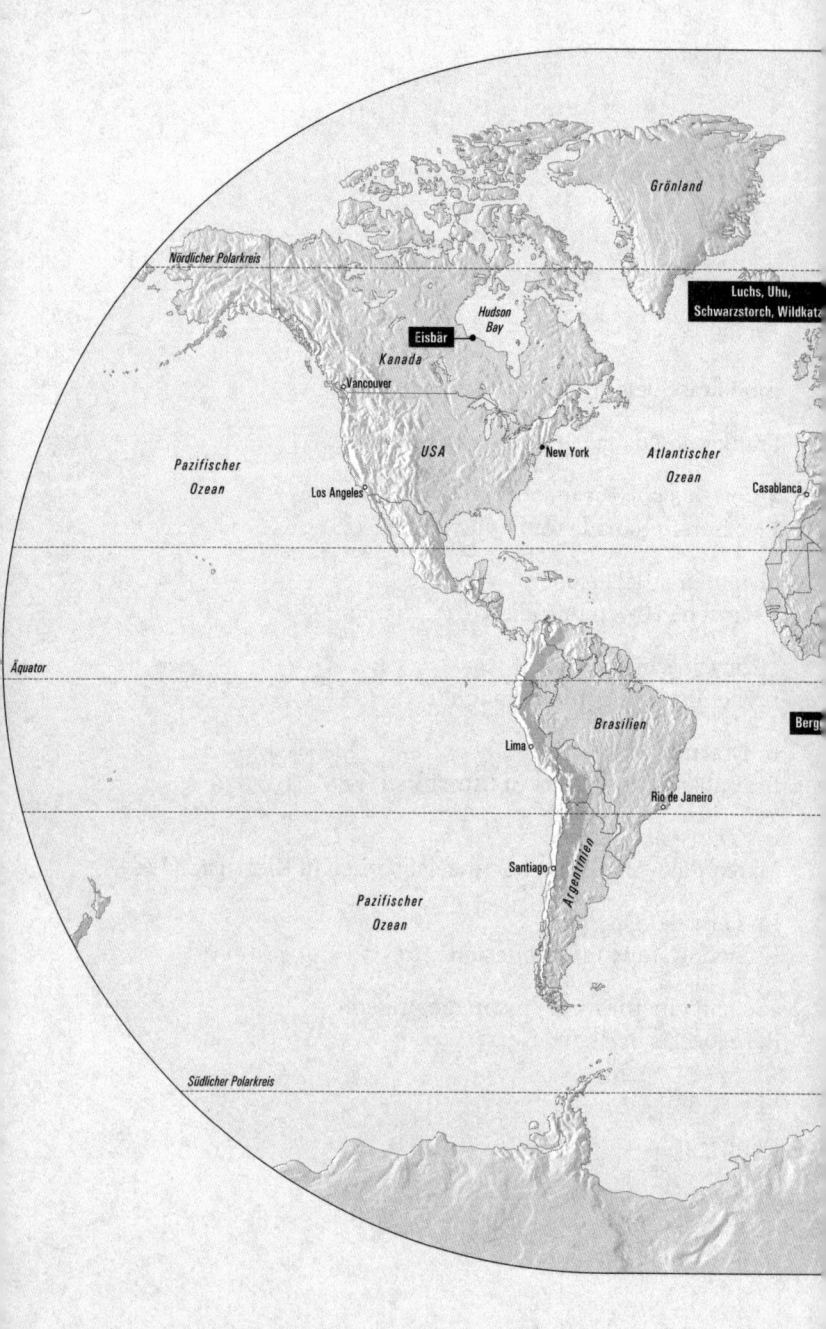

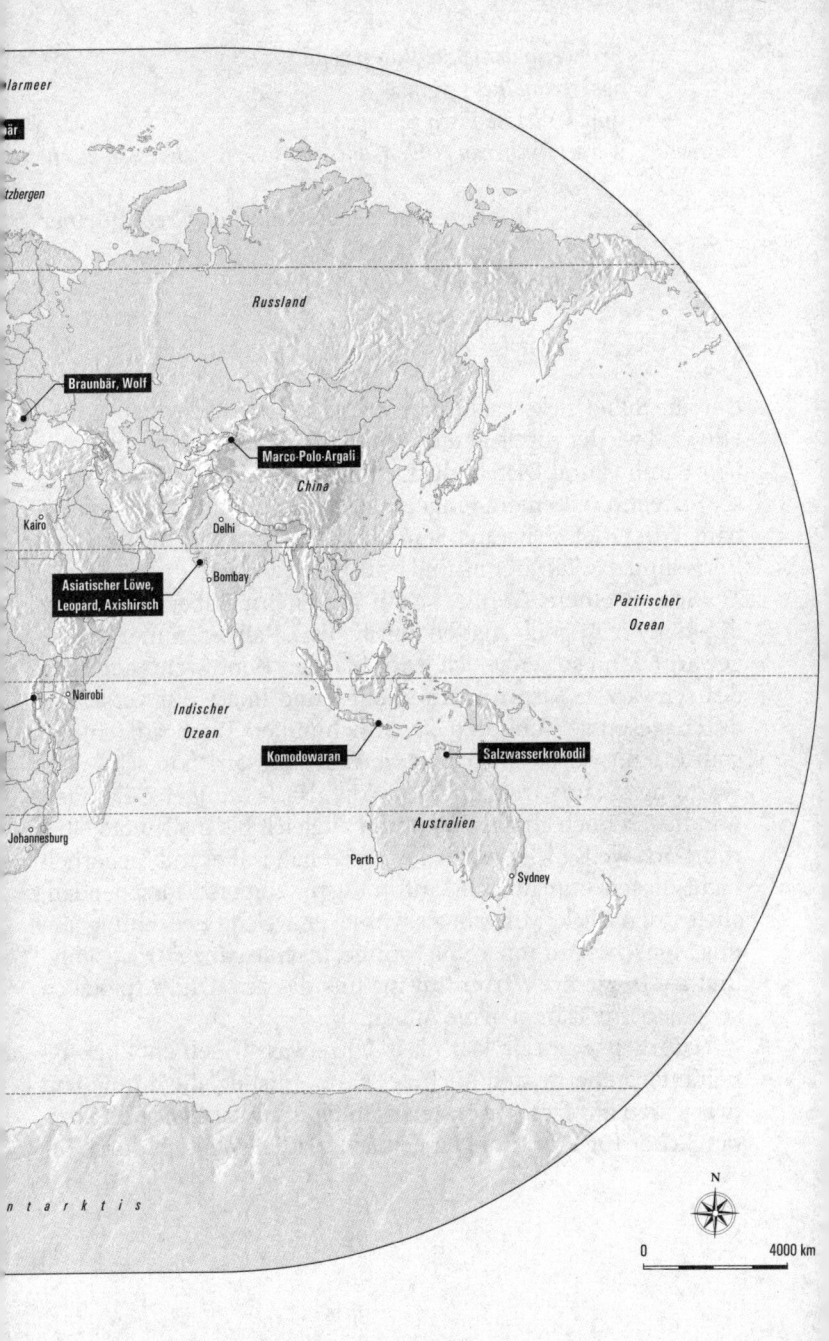

Erst wenn der letzte Baum gefällt,
der letzte Fluss vergiftet
und der letzte Fisch gefangen ist,
werdet ihr herausfinden, dass man Geld nicht essen kann.

Prophezeiung der kanadischen Cree-Indianer

Prolog

Der alte Silberrücken saß schmatzend wenige Meter neben mir. Hin und wieder rupfte er einen Stängel wilden Sellerie aus – neben Bambus und Disteln die Lieblingsspeise der Berggorillas –, schlitzte ihn mit einem Fingernagel auf und pulte das schmackhafte Fruchtfleisch heraus. Sein Blick schweifte über die Virunga-Berge und das Tal vor uns und traf ab und zu auch mich.

»Schaut einem Gorilla, schon gar einem Silberrücken, nie direkt in die Augen!«, hatten uns die Park Ranger immer wieder gewarnt. Und so senkte ich jedes Mal den Kopf, wenn der Blick des schwarzen Riesen mich streifte, und linste nur vorsichtig durch gesenkte Wimpern zu ihm hinüber. Doch auf einmal spürte ich, wie er mich fixierte, und langsam hob ich, allen Warnungen zum Trotz, meinen Kopf. Nach wenigen Sekunden wandte ich mich ab, fasziniert und zugleich bis ins Innerste berührt. Ich weiß nicht, was ich erwartet hatte, aber mit Sicherheit nicht diesen unglaublich sanftmütigen, zugleich forschenden, suchenden Blick. Mir war, als wüsste er, welche Bedrohung von uns Menschen für ihn, seine Familie, ja seine ganze Art ausging, und als fragte er: Warum tut ihr uns das an? Und urplötzlich schossen mir Tränen in die Augen.

Natürlich war mir klar, dass ich etwas in seinen Blick hineininterpretierte, weil mich der harte Aufstieg, die dünne Luft (wir waren auf fast 4000 Meter Höhe) dünnhäutiger und empfänglicher für Stimmungen gemacht hatten; weil ich durch die tagelange Nähe zu diesen charismatischen Tieren, von der Zärtlichkeit und Hingabe, mit der die gewaltigen Kraftpakete ihren Nachwuchs umsorgten, überwältigt war; weil ich durch die Tatsache, dass mein großer Traum, Berggorillas in freier Wildbahn zu erleben, endlich in Erfüllung gegangen war, mit Endorphinen vollgepumpt war. Denn der Silberrücken konnte nicht wissen, was ich wusste: dass er und die Seinen auf der letzten Rettungsinsel saßen.

Im Tal reflektierten Wellblechdächer das schräg einfallende Licht. Da unten war kein Bergregenwald mehr; stattdessen breiteten sich Bananenplantagen aus, zogen sich Hirse- und Kartoffelfelder in die höheren Lagen. Dasselbe Bild in alle Richtungen. Nur der gewaltige Vulkan in unserem Rücken bot den Berggorillas noch Schutz. Einen zweifelhaften Schutz allerdings, denn nicht weit entfernt war der Kongo, und im Kongo herrschte Bürgerkrieg.

Eine Reise beginnt mit dem ersten Schritt

Diese erste Reise zu den Berggorillas vor vielen Jahren hallte lange in mir nach. Wie bei anderen Tierarten, ist es bei den Berggorillas – trotz Wilderei und Trophäenjagd – nicht der Jäger, der sie an die Grenze des Aussterbens treibt, sondern schlicht die Zivilisation. Ruanda ist hierfür exemplarisch. Über 70 Prozent der Bevölkerung leben unterhalb der Armutsgrenze. Sie besitzen weder einen Fernseher noch ein Moped, nicht einmal eine Dusche, keine der Annehmlichkeiten, die unsere moderne Welt bietet. Die Menschen kämpfen Tag um Tag ums nackte Überleben. Viele Familien haben fünf, sechs oder sieben Kinder, Kinder, die abends vor Hunger oft nicht einschlafen können. In Ruanda kommt ein Arzt auf knapp 25 000 Menschen – und das bei einer Aidsrate von geschätzten zwölf Prozent. Wie soll man diesen Menschen klarmachen, dass sie die Berggorillas schützen sollen? Und deren Lebensraum: den Regenwald, Quelle für Feuerholz und für illegal hergestellte Holzkohle, die bis ins Ausland verkauft wird; die fruchtbaren Vulkanhänge, die so dringend benötigtes Ackerland hergeben? Das geht nur, indem man ihnen einen Job gibt, in dem sie mehr verdienen als in der Landwirtschaft, eine Arbeit, die sie und ihre Familien ernährt – zum Beispiel als Guide oder als Park Ranger. Doch diese Möglichkeit ist naturgemäß begrenzt.

Das weltweite Bild vom Druck der Zivilisation auf die Natur ist noch viel dramatischer: Im Jahr 2008 lebten über 6,7 Milliarden Menschen auf der Erde. 20 Jahre zuvor, 1988, waren es gerade mal fünf Milliarden. Um die Mitte des Jahrhunderts wird die Weltbevölkerung laut Prognosen der UNO auf 9,2 Milliarden angewachsen sein. Ab da wird sie zwar zu schrumpfen beginnen und damit vermutlich auch der Druck auf die Umwelt allmählich nachlassen, doch für viele Tierarten wird es dann zu spät sein: 2008 führte die Weltnaturschutzunion (IUCN, International Union for Conservation of Nature and Natural Resources) knapp 17 000 vom Aussterben bedrohte Tierarten in der Roten Liste. Zehn Jahre zuvor waren es »nur« knapp 11 000.

Wo der Mensch zu dominant wird, wo er abholzt, Sümpfe trockenlegt oder die Umwelt verschmutzt (in der Regel macht er alles gleichzeitig), leiden Tiere unter Habitat- und Futterverlust, müssen sich in Stresssituationen paaren (schon die Nähe des Menschen bedeutet Stress) und ihre Jungen großziehen. Hinzu kommen Klimaveränderungen und Umweltkatastrophen, ob nun natürlich bedingt, durch den Wandel der Welt, die nicht stillsteht – es gab immer warme und kalte Phasen, auch ohne unser Zutun –, oder vom Menschen verantwortet. Tierarten, denen es an der Fähigkeit fehlt, sich an solch neue Bedingungen anzupassen, sind zum Aussterben verdammt.

Das führt gleichzeitig dazu, dass sich andere Arten unkontrolliert vermehren können, vor allem jene, die einen Vorteil aus der menschlichen Zivilisation zu ziehen in der Lage sind. Davon gibt es genug: Kaninchen, Elstern, Krähen, Möwen, Wildschweine und andere, die sehr anpassungsfähig sind, die sehr generalistisch leben können, die sich da, wo viel Mais angebaut wird, vorwiegend von Mais ernähren, und da, wo es viel Getreide gibt, von Getreide. Früher war zum Beispiel das Wildschwein in Mitteleuropa ein relativ seltenes Tier – die Winter waren kalt und rau, die Böden gefroren, es gab wenig Nahrung, dafür eine Menge Predatoren: Wölfe, Bären und Luchse. Heutzutage haben Wildschweine kaum noch natürliche Feinde und finden auf den riesigen landwirtschaftlichen Nutzflächen immer etwas zu fressen. Als klassische Kulturfolger – im Gegensatz zu Kulturflüchtern – leben sie wie im Schlaraffenland.

Als ich mir all dies nach meiner Rückkehr aus Zentralafrika zum ersten Mal so richtig bewusst machte, war die nächste Frage: Wie steht es eigentlich um andere Arten, die ich auch sehr charismatisch finde? Was ist mit den letzten Löwen Asiens, mit den Komodowaranen, mit den großen Salzwasserkrokodilen? Wie steht es um Tiere, über die man wenig bis gar nichts weiß, wie etwa das Marco-Polo-Argali?

Je mehr ich recherchierte, desto stärker wurde meine Unruhe, meine Angst, zu spät zu kommen. Ich spürte, wie mir die Zeit regelrecht davonlief. Mit Sicherheit ist es etwas Besonderes, ein seltenes, vom Aussterben bedrohtes Tier in einem Zoo zu besichtigen, aber das ist kein Vergleich mit dem Erlebnis, es in seinem ureigenen Territorium zu erleben, zu riechen, zu hören, zu sehen, auf Film zu bannen.

Die Faszination, Tiere in freier Wildbahn und nicht nur in irgendeinem Gehege zu beobachten, begleitet mich schon fast mein ganzes Leben lang. Ich erinnere mich noch, wie meine Eltern am Wochenende des Öfteren mit mir auf einem kleinen Motorroller in den Wald fuhren, um auf einer großen Lichtung ein Picknick zu machen. Es wurde eine Decke ausgebreitet, es gab Kuchen, für die Eltern Kaffee und für mich eine Brause. Mein Vater hatte dunkelbraune Lederschuhe mit einer fast schwarzen Innensohle, und wenn er sie ausgezogen hatte, dauerte es meist nicht lange, bis eine der vielen Waldeidechsen mit der schönen orangefarbenen Bauchfärbung ankam, in den Schuh kroch und sich auf der schwarzen Ledersohle sonnte und aufwärmte. Ich konnte mich an diesen Tieren kaum sattsehen und entwickelte eine richtige Manie für Reptilien.

Als Neun-, Zehnjähriger fing ich an, alle möglichen Tiere, in erster Linie aber Eidechsen und Schlangen, nach Hause zu schleppen – sehr zum Leidwesen meiner Mutter, die mit dem Kriechgetier auf Kriegsfuß stand. Ständig kam es zum Streit wegen der Tiere, die ich in einem Terrarium, in einem Gurkenglas, einem Drahtkäfig oder in irgendeiner Holzkiste hielt. Ob Feldhamster – ein heute übrigens vom Aussterben bedrohtes Tier –, Zauneidechse oder Schlange: Meine Mutter konnte sich mit meiner Sammelleidenschaft nicht anfreunden. Einmal gab es richtig

Ärger, weil eine Kreuzotter aus dem Terrarium ausgebüchst war und alles Suchen nichts half. Meine Mutter bekam fast einen Herzinfarkt, denn immerhin handelte es sich bei der Vermissten um eine Giftschlange. Da Kreuzottern nachtaktiv sind, blieb mir nichts anderes übrig, als mich am Abend ganz ruhig in die Wohnung zu setzen und darauf zu warten, dass sich die Schlange zeigte. Erst mitten in der Nacht, als ich seit Stunden gegen den Schlaf ankämpfte, tauchte das Biest endlich auf, und ich konnte es wieder einfangen.

Ein anderes Mal hatte ich eine Ringelnatter, die in der ganzen Schule berühmt war. Sie wurde sehr zahm, da ich sie ständig bei mir trug, ob im Schulranzen, in einem speziellen Turnbeutel oder einem Schuhkarton. Die Mädchen haben sich deshalb vor mir geekelt, dafür war ich für die Jungs der Größte. Nach der Schule lud ich oft Freunde auf eine kleine Vorstellung zu mir nach Hause ein. Sie mussten sich flach auf den Boden legen, den Kopf auf die Hände gestützt. Dann holte ich einen der Frösche, Molche oder Kleinfische, die ich vorher gefangen hatte, aus dem Gurkenglas, in dem ich sie aufbewahrte, und verfütterte sie lebend an die Schlange. Völlig gebannt beobachteten wir, wie die Würgeschlange ihr Opfer packte, es mit ihrem Körper umschlang und schließlich kopfüber verschluckte – und wie die Beute als große Beule langsam in der Schlange entlangwanderte.

In dieser Zeit war es mein Traum, mal Tierpfleger zu werden; am liebsten in einem Zoo, wo man sich mit großen exotischen Tieren beschäftigen konnte. (Die Phase, in der ich, wie fast alle Jungs, Panzerfahrer oder Feuerwehrhauptmann werden wollte, gab es natürlich auch, aber sie war sehr kurz.) Doch nach und nach verlor ich das Interesse am eingesperrten Tier, das nicht in seinem natürlichen Umfeld lebte.

Aus dem Tierfänger wurde sehr bald der Tierbeobachter. Schon mit zehn, elf Jahren konnte ich stundenlang irgendwo im Wald sitzen und darauf warten, dass ein Tier sich zeigte. Oft schlich ich mich dazu nachts heimlich aus dem Haus. Einer dieser Nachtausflüge bescherte mir ein Erlebnis, das bis heute nachwirken sollte. Am Tag zuvor hatte ich unter einem Gestrüpp ein totes Hirschkalb gefunden, an dem bereits Tiere gefressen hatten. Nur welche? Ein Fuchs? Ein Marder? Um das herauszufinden, zog ich das Hirschkalb auf eine Lichtung und kletterte nach Einbruch der Dunkelheit auf den Hochsitz, der in etwa 80 Meter Entfernung stand. Es war eine bitterkalte Februarnacht, und wollte ich meine Anwesenheit nicht verraten, musste ich mich absolut ruhig verhalten, denn der Hochsitz knarrte bei der kleinsten Bewegung.

So verharrte ich etwa eine Stunde regungslos und starrte auf die verschneite und vom Vollmond beschienene Lichtung. Meinen kaputten Feldstecher aus NVA-Beständen, dem die linke Hälfte fehlte, hielt ich so, dass ich nur den Kopf ein bisschen zu senken brauchte, um durch die übrig gebliebene rechte Hälfte schauen zu können. Als ich gerade überlegte, meinen Beobachtungsposten aufzugeben und in mein warmes Bett zurückzukehren, erschien ein Fuchs am Rand der Lichtung – und vergessen war die Kälte. Nach kurzem Wittern trippelte der Fuchs zielstrebig auf das Hirschkalb zu und begann an dem gefrorenen Kadaver zu fressen.

Auf einmal glitt völlig lautlos ein riesiger Schatten heran, und mir fiel vor Schreck beinahe mein Fernglas aus den Händen. Der Fuchs ergriff die Flucht, und der Schatten, der sich als Uhu entpuppte, ließ sich neben dem Hirschkalb nieder und versuchte nun seinerseits, ein paar Brocken aus dem bocksteif gefrorenen Fleisch zu reißen. Ich war total gebannt. So einen enorm großen Vogel hatte ich nie zuvor gesehen. Zwar wiegt ein Uhu, wie ich in den folgenden Tagen dank meines Biologielehrers herausfand, der mir einige seiner Tierbestimmungsbücher lieh, nur etwa drei Kilo, wirkt aber durch seine aufgeplusterten Federn sehr viel größer. Nur der Riesenfischuhu, der im Osten Sibiriens lebt, ist noch größer. Und schließlich hatte ich ihn ja zunächst im Flug gesehen, und die Flügelspannweite eines Uhus, des größten Eulenvogels Europas, beträgt um die 1,60, 1,70 Meter. Ein gutes Stück größer, als ich damals war!

Der lautlose Flug – nicht nur im Gleitflug, sondern auch beim Schlagen der Flügel – der Eulenvögel kommt daher, dass die Federn an den Außenkanten ihrer großen Schwingen und am Stoß sehr fein gezahnte Enden haben, wodurch die Luft ganz leise verwirbelt und es nicht zu einem Rauschen wie bei Gänsen oder Schwänen kommt. Das hat der Rüstungskonzern EADS zum Anlass genommen, Rotorblätter von Hubschraubern den Schwingen von Eulenvögeln nachzuempfinden – der Flüsterhubschrauber war geboren. Der große Nachteil des insgesamt sehr »wolligen«, fast weichen Gefieders der Eulenvögel ist, dass es Nässe gut aufnimmt, Eulenvögel also bei Regen schlecht fliegen können.

Nur noch ein weiteres Mal hatte ich in meiner thüringischen Heimat die Gelegenheit, einen Uhu zu sehen. Einen Horst fand ich nie, obwohl ich am Ende eines Winters mal einen Uhu rufen hörte, ein balzendes Männchen. Meine zweite Begegnung war ebenfalls nachts. Dieser Uhu flog direkt über mich hinweg. Ungefähr 40 Meter vor mir schlug er einen Hasen und kröpfte ihn. Dann versuchte er seine Beute – ein relativ schwaches, wahrscheinlich krankes Tier – mitzunehmen, was ihm allerdings nur über etwa 30 Meter gelang. Schließlich musste er sie fallen lassen. Am nächsten Tag fand ich nur noch ein paar Blutspuren im Schnee.

Ich sah mir in der Folgezeit in jedem Museum der DDR, wo es möglich war, einen ausgestopften Uhu an. Und die Faszination für dieses Tier blieb bis heute. Als ich mich als junger Revierförster auf eine Stelle in der Eifel bewarb, war einer der ausschlaggebenden Gründe, neben der Tatsache, dass sie meiner thüringischen Heimat sehr, sehr ähnlich ist und sehr viel Rotwild beherbergt, dass sie die höchste Dichte Mitteleuropas an Uhus – und nebenbei bemerkt an Wildkatzen – aufweist.

Aus dem Tierbeobachter wurde schließlich fast zwangsläufig der Tierfotograf. Im Wipfel einer riesigen Kiefer brütete jedes Jahr ein Bussard, dessen Nest von Mal zu Mal größer wurde. Eines Tages, als die Jungvögel das Nest verlassen hatten, schlug ich lange, dicke Nägel seitlich in die Kiefer, bis ganz nach oben. Im Jahr darauf hängte ich mir sechs Wochen, nachdem die Brut geschlüpft war, meine Kamera – einen simplen »Schnippschnapp-Apparat« – um den Hals und hangelte mich an den Nägeln wie auf einer Leiter nach oben. Aus nächster Nähe fotografierte ich die Jungen, die kurz vor dem Ausfliegen standen. Auf diese Fotos, meine ersten Tierfotos überhaupt, war ich unheimlich stolz.

Ich konnte, wie gesagt, Stunden damit zubringen, durch den Wald zu streifen oder einfach regungslos dazusitzen und ein Wildschwein oder einen Hirsch aus nächster Nähe zu beobachten. Bald kannte ich die Lieblingsplätze einiger Tiere, und irgendwann kam die Zeit, als ich dieses Wissen auch auf anderem Gebiet gewinnbringend einzusetzen wusste. Stach mir die hübsche Schwester eines Schulkameraden ins Auge, sagte ich zu ihm: »Du, wenn du heute Abend mit mir rausgehst, zeige ich dir einen mächtigen Keiler im Wald – wenn du mir dafür morgen deine Schwester vorstellst.«

Es folgten wechselvolle Jahre. Nach meiner Flucht aus der DDR im Jahr 1976 fuhr ich zunächst drei Jahre auf deutschen Handelsschiffen, bevor ich in Norddeutschland eine forstliche Ausbildung machte und schließlich 1982 als junger Revierjäger in die Eifel kam, wo ich mein erstes Revier übernahm – und sesshaft wurde, was mich allerdings nicht davon abhielt, in den Jahren danach auf Skiern durch Grönland und mit dem Mountainbike durch den Himalaja zu reisen, ein aufregendes Jahr als Forstberater in China zu verbringen, ein halbes Jahr in Indien und Pakistan ...

1991 schließlich machte ich meine alte Passion, das Tierfilmen, zum Beruf. 2006, nach 15 Jahren als hauptberuflicher Tierfilmer und -fotograf, standen auf meiner Wunschliste noch ungefähr 60 Tierarten und Lebensräume, die ich sehen wollte. Diese Liste nicht nur »abzuarbeiten«, sondern mich intensiv mit den einzelnen Punkten auseinanderzusetzen, um gutes Filmmaterial zu erhalten, würde mich ungefähr 120 Jahre beschäftigen. Mein großes Problem dabei war nicht nur, dass mir bei einigen Tierarten, wie schon erwähnt, die Zeit davonzulaufen drohte, sondern dass ich mich darüber hinaus in Tierarten und ihre Lebensräume, die ich einmal aufgesucht habe, meistens so verliebe, dass ich sie unbedingt wiedersehen will und dass ich diesem Drang in der Regel nachgebe. Das hält mich natürlich davon ab, neue Regionen zu bereisen. So war es auch bei den Berggorillas. Diese Tiere wenigstens einmal in freier Wildbahn erlebt zu haben (in Zoos findet man sie ohnehin nicht), ist für jeden naturbegeisterten Menschen ein Muss, und für mich war es eine derart beeindruckende Erfahrung, dass ich mir sagte: Ich muss da unbedingt wieder hin, das kann unmöglich das letzte Mal gewesen sein. Insofern würden aus den 120 Jahren wohl eher 200 werden ...

Um wenigstens einen Teil meiner Pläne zu realisieren, musste und muss ich also ein bisschen Gas geben. Und vor allem eine Auswahl treffen. Ich bin zum Beispiel von Gottesanbeterinnen und Heuschrecken völlig fasziniert, von Spinnen erst recht, aber zum einen stehen diese Tierarten, obwohl sie für das Ökosystem wichtig sind, nicht unbedingt in unserem Blickfeld. Bei Insekten entstehen relativ schnell neue Formen – während alte verschwinden, bevor man sie überhaupt entdeckt hat; man bräuchte nur auf die Hochplateaus von Venezuela zu fliegen und würde mit Gewissheit in kürzester Zeit fünf neue Arten entdecken. Zum anderen wecken große Tiere mehr Begierde – ob beim Jäger, Fotografen oder Fernsehzuschauer. Ein Eisbär, ein Elefant oder ein Löwe löst ganz andere Empfindungen aus als eine Waldeidechse oder ein Feuersalamander. Sie haben, so seltsam das im Zusammenhang mit Tieren klingen mag, schlichtweg mehr Charisma, eine Ausstrahlung, der sich kaum ein Mensch entziehen kann. Oder sie polarisieren – nicht selten aus Unkenntnis. Man denke nur an den Weißen Hai, der jahrzehntelang den Ruf eines blutrünstigen Ungeheuers hatte. Doch wer weiß schon, dass pro Jahr 200-mal mehr Menschen durch einen defekten Toaster zu Tode kommen als durch einen Weißhai? Etwa 800 »Toastertote« gegen vier Tote durch Weißhaiangriffe, so die Bilanz.

Da ich ja nicht nur zu meinem Vergnügen filme, sondern fürs Fernsehen, stellte sich die Frage, mit welchen Tieren man am ehesten viele Zuschauer vor die Fernseher lockte – nicht nur, um ihnen schöne, möglichst sensationelle Bilder zu zeigen, sondern auch, um sie wachzurütteln, ihnen klarzumachen, dass es für so manche Art auf dieser Erde bereits eine Minute vor oder gar fünf Minuten *nach* zwölf ist. Wer seit Jahren im Fernsehgeschäft ist, ob ich als Tierfilmer oder die Programmverantwortlichen, weiß: Tiere, die ein Fell haben und selbst ausgewachsen noch ein bisschen dem Kindchenschema (großer, runder Kopf, große Augen, kleine Nase) entsprechen, kommen immer gut an. Das trifft in erster Linie auf große Katzen und Bären zu. Krokodilen, Waranen oder Giftschlangen hingegen würden die meisten keine Träne nachweinen, doch üben diese Tiere, von der sicheren Couch aus betrachtet, auf viele Menschen eine eigentümliche Faszination aus.

Ich entschied mich – im Rahmen meiner »Favoriten« – für eine Mischung: Für den Anfang waren das Berggorilla und Eisbär (wegen des »Kuschelfaktors«), Asiatischer Löwe (»Großkatzen gehen immer«), Salzwasser- beziehungsweise Leistenkrokodil und Komodowaran (wegen des Grusel- und des Igitt-»faktors«) und schließlich Braunbär und Wolf. Die Letzteren kamen in meine Erstauswahl, weil beide als einzige größere »Raubtiere« auch in Mitteleuropa beheimatet sind und der Mensch den Dingen vor seiner Haustür meist mehr Aufmerksamkeit schenkt. Außerdem war es mir ein Anliegen, das Bild von Wolf und Bär als grausamer Bestie zu revidieren und aufzuzeigen, dass man in »guter Nachbarschaft« mit ihnen leben kann. In Rumänien zumindest funktioniert das.

Schon sechs oder sieben Jahre zuvor hatte ich einmal einen Drehbuchentwurf für eine Tierdokumentation geschrieben, die mehrere Tierarten »abhandeln« sollte. Damals nannte ich das Ganze »In 90 Tagen um die Welt«. Kurz hierhin und dorthin, ein bisschen im Stil von Douglas Adams und Marc Carwardine, die Ende der 1980er-Jahre für BBC Radio zu bedrohten Tierarten rund um die Welt reisten. Die Radiofolgen hat, außer in England, meines Wissens nie einer richtig wahrgenommen, aber das Buch (deutsche Ausgabe: »Die Letzten ihrer Art. Eine Reise zu den aussterbenden Tieren unserer Erde«), das sozusagen als Beiwerk entstand, wurde ein Welterfolg. Um es kurz zu machen: Mein »treatment proposal« wurde abgelehnt. »Ne, ne, lass mal«, hieß es, »das passt nicht in die Zeit. Wir machen lieber große Geschichten, monothematisch.« Das war damals angesagt.

2006 nahm ich einen zweiten Anlauf, und diesmal war die Zeit anscheinend reif für mein Vorhaben. Der Kultur- und der Programmchef beim ZDF und diejenigen, die Kooperationen mit National Geographic in die Wege leiten, entschieden sich nach relativ kurzer Zeit, das Projekt zu realisieren.

Von Anfang an war klar, dass es kein wissenschaftlicher Film werden sollte und keiner, in dem ich mit ständig erhobenem Zeigefinger vor der Kamera stehe und die Zuschauer belehre, in der Art von: »Also, wenn ihr jetzt nicht aufpasst und noch mehr Teakholzfensterrahmen kauft, dann wird es diese Tiere hier bald nicht mehr geben.« Ich wollte stattdessen auf eine ganz eigene Art betroffen machen. Da kaum ein Fernsehzuschauer die Möglichkeit hat, selbst auf der Suche nach seltenen oder vom Aussterben bedrohten Tieren in die entlegensten Winkel dieser Erde zu kriechen, werde ich an seiner statt kriechen und ihn quasi mitnehmen. Und mit mir wird ein Zweiter kriechen, nämlich einer, der mich filmt, der aufnimmt, wie ich fluche, wie ich mich freue, wie ich vor Ergriffenheit heule, wie ich von Moskitos zerstochen werde oder vor Kälte mit den Zähnen klappere. Nicht, um mich in den Vordergrund zu stellen, sondern um die Zuschauer die Suche authentisch und hautnah miterleben zu lassen.

Frank und Luana

Als Nächstes kam die Frage auf, wer denn der Zweite überhaupt sein könnte, der dieselben oder ähnliche Strapazen auf sich nimmt, der ähnlich leidenschaftlich dabei ist wie ich? Der das Ganze also nicht nur wegen eines spannenden Jobs macht oder weil er um die Welt reisen oder gutes Geld verdienen will, sondern weil ihm die »Botschaft« des Films ebenfalls ein persönliches Anliegen ist. Und da fiel mir eigentlich nur einer ein: mein alter Kamerakollege Frank Gutsche.

Kennengelernt hatten Frank und ich uns durch einen Privatsender, der ein 45-Minuten-Porträt über mich machen wollte. Die sehr engagierte und sehr junge Redakteurin besuchte mich in der Eifel und schaute sich mein Archivmaterial an. Das wollte sie zwar teilweise mit einbauen, doch der eigentliche Film sollte nicht in Deutschland gedreht werden, sondern in dem Gebiet, in dem ich hauptsächlich arbeite und durch das ich bekannt geworden bin, also in Alaska. Entsprechend hatte sie das Drehbuch geschrieben – und offenbarte mir nun, dass sie mitkommen werde.

»Weißt du, worauf du dich da einlässt?«, fragte ich sie da. »Wir wollen zwei Wochen in die Wildnis. Das ist nicht so wie hier in der warmen Stube sitzen.«

»Ja, ja, das kriege ich schon hin«, meinte sie leicht genervt, und ich konnte direkt sehen, was hinter ihrer Stirn vorging: Wieder einer, der glaubt, nur Kerle halten was aus. »Ich war schon mal in der Schweiz Skifahren, ich kann Kälte vertragen«, setzte sie süffisant nach.

Sie wird's schon wissen, dachte ich mir, und fragte dann: »Habt ihr einen guten Kameramann?«

»Ja, jemanden aus Berlin. Mit dem war ich letztens noch in Dschibuti. Er ist zwar unglaublich dünn, aber zäh und vor allem richtig gut in seinem Job und sehr einfallsreich.«

Als ich Frank das erste Mal traf, bei unserem Abflug nach Alaska, musste ich der Redakteurin recht geben: Frank ist in der Tat unheimlich dünn, wahrscheinlich der dünnste Kameramann Deutschlands. Und bald sollte ich feststellen, dass Iris auch bei seinen anderen Eigenschaften nicht übertrieben hatte.

Gut eine Woche nach unserer Ankunft in Alaska wurde im Radio davor gewarnt, nach draußen zu gehen, um Erfrierungen zu vermeiden. Wir sahen das zunächst recht gelassen, denn wir waren mit unserer Arbeit schneller vorangekommen als ursprünglich gedacht. Im Grunde fehlten nur noch ein paar Interviewsequenzen. Wir warteten also einen Tag ab, dann einen zweiten – und schließlich einen dritten.

Am Vormittag des vierten Tages stand das Thermometer unverändert auf minus 45 (!) Grad Celsius und machte keine Anstalten, auch nur geringfügig zu klettern. Zu alledem blies ein kräftiger Wind. Und mittlerweile lief uns die Zeit davon. Wir *mussten* drehen. Bald darauf standen wir dick eingemummt im Freien. Thomas, der Tonmann, war nur damit beschäftigt, die Akkus der Kamera auszutauschen, die in der eisigen Kälte nicht lange durchhielten. Iris, Frank und Thomas standen zumindest windabgewandt, sodass ihr Gesicht einigermaßen gut geschützt war, ich jedoch musste in den Wind hinein sprechen. Nach einiger Zeit brachte ich kaum mehr ein Wort über die Lippen, und dann sagte Iris plötzlich, dass mein Gesicht ganz weiß sei.

Tatsächlich hatte ich mir einen klassischen Frostbrand geholt. Nach einigen Tagen schälte sich die Haut ab, und ich sah ziemlich ramponiert aus. Zum Glück waren da alle Aufnahmen bereits im Kasten.

Bei der Sichtung des Filmmaterials, zurück in Deutschland, sah ich sofort, dass Frank ein ausgezeichnetes fotografisches Auge hat. Der Dreh in Alaska hatte mir außerdem gezeigt, dass Frank wirklich ein zäher Bursche ist und eine gehörige Portion Durchhaltevermögen besitzt. Da wir uns zudem gut verstanden und einige Gemeinsamkeiten entdeckt hatten – Frank ist zum Beispiel ebenfalls begeisterter Segler –, arbeiteten wir in der Folge immer wieder mal zusammen. Witzigerweise sehen wir uns sogar ähnlich und werden oft für Brüder gehalten.

Was uns wohl hauptsächlich unterscheidet, ist, dass Frank eher ein vorsichtiger Mensch ist. Wenn er irgendwohin auf Dreh fahren soll, ist eine seiner ersten Fragen immer: »Was gibt es denn da für Krankheiten?« Man sollte ihm also nicht zu viel über Krankheiten erzählen, denn er konsultiert sofort das Tropeninstitut oder die medizinische Abteilung eines Globetrotterladens. Alle werden ihm natürlich Horrorgeschichten aus der Region erzählen, und ein Arzt wird den Teufel tun und sagen, da gibt es zwar diese und jene Krankheit und auch ein paar giftige Tierlein, aber er solle sich mal keine Sorgen machen. Das wäre ja auch grob fahrlässig.

Frank lässt sich jedenfalls vor jeder Reise gegen alles Mögliche impfen. Und wann immer eine Situation kritisch oder riskant werden könnte, ermahnt er mich: »Denk dran, Andreas, es ist nur fürs Fernsehen.« Worauf ich dann meist frage: »Möchtest du lieber für RTL ›Frauentausch‹ drehen?«, und Frank gequält das Gesicht verzieht oder einfach nur abwinkt. Abgesehen vom Niveau solcher Formate weiß Frank aus eigener Erfahrung, dass es da ziemlich hart zur Sache geht. Man ist nämlich immer mittendrin, muss sehr situativ und möglichst authentisch das Geschehen filmen – obwohl natürlich vieles vorher abgesprochen ist. Und oft werden mehrere Folgen am Stück gedreht, sprich, der Kameramann hat unter Umständen zehn Stunden am Tag die schwere Kamera auf der Schulter. Da ist man abends wie erschlagen.

Wie auch immer. Als es um die Frage ging, wer bei der Reise um die Welt mein zweiter Mann sein sollte, rief ich Frank an.

»Oh, das klingt gut«, sagte er sogleich, nachdem die Stichworte »Reise um die Welt« und »bedrohte Tierarten« gefallen waren. Wir konnten nur noch über die Drehtermine reden, wobei sich herausstellte, dass Frank mich nur auf drei Etappen begleiten konnte. Dann meinte er: »Hör mal, lass uns die Details nächste oder übernächste Woche klären, ich bin gerade auf dem Sprung.«

Mein Glück, denn hätte er zuerst nach den Stationen und vor allem den Tieren gefragt, die ich filmen wollte, hätte er mir womöglich einen Korb gegeben. Und als ich ihm dann schließlich die Einzelheiten erläuterte, stand er zu seinem Wort – auch wenn ihm allein bei dem Gedanken an Eisbären ganz mulmig wurde.

Vor einiger Zeit hatte ich mal gelesen, dass, wenn die Stadt Frankfurt am Main Marilyn Monroe wäre, Offenbach die kleine hässliche Schwester wäre. Und dorthin, genauer: an die Hochschule für Gestaltung, wurde ich eines Tages als Referent eingeladen.

Nach dem Vortrag kam ich mit der Studentin Luana Knipfer ins Gespräch. Zuerst ging es natürlich hauptsächlich um meine Arbeit, dann sprangen wir von einem Thema zum anderen, von der Fotografie zur Kunst, vom Motorradfahren zum Mountainbiken, von der Literatur zur Philosophie, und ich stellte fest, dass diese junge Frau ein erstaunlich breites Allgemeinwissen hatte. Dazu kamen ihr sehr selbstbewusstes Auftreten, ihre Haltung, ihr Gang, die zeigten, dass sie mit beiden Beinen fest auf dem Boden stand. Da war ihre Freundlichkeit, mit Sicherheit auch eine gewisse weibliche Ausstrahlung. Das Mädchen beeindruckte mich immer mehr. Plötzlich zog sie, wie aus dem Nichts, eine Mappe hervor, um mir ein paar ihrer Arbeiten zu zeigen. Und ich dachte, Donnerwetter, was für Aufnahmen. In erster Linie waren es Menschenporträts, Situationen aus der Stadt. Etliche Fotos stammten aus Brasilien, wo Luana ein Jahr gelebt hatte.

Es sprudelten ein paar Sätze aus ihr heraus, bei denen ich dachte, genau das Gleiche hast du vor 20 Jahren zu anderen Leuten gesagt, und von allen hast du eine Absage bekommen. Als junger Mensch hätte ich Bernd Grzimek oder Heinz Sielmann jahrelang umsonst die Kamera oder den Rucksack geschleppt und meine Reise auch noch selbst bezahlt, nur um dabei sein und lernen zu können. Und genau diese Bereitschaft spürte ich bei Luana. Ich hatte das Gefühl, dass sie aus demselben Holz wie ich geschnitzt ist.

Und als sie schließlich erzählte, dass es ihr größter Wunsch sei, irgendwann einmal die Abenteuer, die sie nur aus Büchern und Erzählungen kenne, selbst zu erleben, sagte ich zu ihr, wenn dem wirklich so sei, solle sie mich doch begleiten, und schilderte ihr kurz das Projekt »Expeditionen zu den Letzten ihrer Art«. Eine Bauchentscheidung – die natürlich was mit Menschenkenntnis und Erfahrung zu tun hatte. Wir, das heißt die Fernsehanstalten und auch ich, erhalten ganz oft Anfragen von Leuten, die als zweiter Kameramann, Fotograf oder Tonmann mit zu den Dreharbeiten wollen. Ich sehe sie mir an, wie sie angezogen sind, wie sie sich bewegen und wie ihre Hände aussehen, und bei den meisten wird mir schnell klar, dass sie noch nie im Grünen, geschweige denn in der Wildnis gearbeitet haben, sondern immer nur, wie ich es nenne, auf deutschem Parkett. Manche sind sehr gut in ihrem Fach, aber ich würde sie trotzdem nicht mitnehmen, weil ich ihnen einfach nicht zutraue, wochenlang widrige Wetterbedingungen, schlechte bis katastrophale hygienische Verhältnisse, ungewohnte körperliche Anstrengungen und einiges mehr, was das Filmen in abgelegenen Regionen so mit sich bringt, auszuhalten und dabei noch einen guten Job zu machen. Luana traute ich das zu.

Und Luana? Die wäre mir vor Freude und Aufregung fast um den Hals gefallen.

Nebenbei bemerkt: Sie musste natürlich weder meine Sachen schleppen noch ihre Reise aus eigener Tasche finanzieren.

Das ZDF hatte grünes Licht gegeben und mit Frank und Luana hatte ich einen zweiten Kamera»mann«. Nun konnte es also losgehen.

»Alert, it's polarbear
country!« –
Eisbären in Kanada
und Spitzbergen

»Wie, was, wir stehen da einfach auf dem Eis in der Tundra im Schnee, kein Käfig, und ich soll dort Eisbären filmen?« Entgeistert schaute mich Frank an.

Das war zwei Wochen, nachdem er sich bereit erklärt hatte, mich auf drei Etappen zu begleiten.

Wir hatten uns bei mir zu Hause in der Eifel verabredet, um die Reisen zu besprechen. Der Holzofen bullerte, zum Abendessen hatte es zarte Hirschsteaks mit Kartoffeln und Gemüse gegeben, vor uns standen zwei Gläser mit einem süffigen Cabernet Sauvignon aus Südafrika.

»Ja klar. Ich mache das schon seit 16 Jahren immer mal wieder, und es ist noch nie was passiert.«

»Aber die sind gefährlich, die fressen Menschen! Das weiß doch jeder.«

»Wenn du mit einer Konserve Ölsardinen, die nicht ganz dicht ist, zu einem Eisbärendreh aufs Packeis läufst oder in die Tundra, ist die Wahrscheinlichkeit, dass du von einem Bären zerfleddert wirst, tatsächlich groß. Diesem Geruch kann er einfach nicht widerstehen, und ein Bär hat halt mal eine extrem feine Nase. Er will nur den Leckerbissen, aber von dir selbst will er eigentlich nichts.«

»Na, das ist ja wirklich beruhigend«, meinte Frank ironisch und setzte gleich nach: »Und was ist mit den alten Geschichten früher Seefahrer, deren Schiffe vom Packeis eingeschlossen waren und die von Eisbären angegriffen wurden? Alles Märchen?«

Okay, dachte ich mir, da muss ich wohl ein bisschen weiter ausholen, legte noch ein paar Holzscheite in den Ofen und schenkte uns Rotwein nach.

»Ein Eisbär«, fing ich zu erklären an, »kann kalte Gerüche, damit meine ich lebende Tiere wie Robben, Walrosse und Wale – von Kadavern, die richtig stinken, will ich gar nicht reden – auf Entfernungen von bis zu drei Kilometern aus der Luft filtern. Wenn ich das Ganze noch verstärke, indem ich es erhitze, zum Beispiel Robbenspeck räuchere, was ja damals diese Polarfahrer gemacht haben, die den erschlagenen Seehund nicht roh essen wollten, dann ist doch ganz klar, dass als Nächstes der Eisbär an der Bordwand kratzt und seinen Teil abhaben will.

Noch einmal: Ich halte Eisbären nicht für sehr gefährlich. Wenn es zu einem Unfall mit einem Eisbären kommt, ist das in der Regel auf das Fehlverhalten des Menschen zurückzuführen – oder du hast es mit einem völlig abgemagerten und ausgehungerten Exemplar zu tun. Aber selbst hungrige Bären – ob Eisbär, Grizzly oder welcher Art auch immer – werden nur in den seltensten Fällen über Menschen herfallen. Wie viele Raubtiere sehen sie in uns Menschen ebenfalls ein Raubtier. Und Raubtiere gehen sich in der Regel aus dem Weg. Außerdem sind Eisbären normalerweise scheue Einzelgänger, und wenn man sich richtig verhält, lässt sich ein Eisbär eigentlich fast immer vertreiben.«

»Ah ja, ›eigentlich‹«, warf Frank ein und verriet damit, dass er alles andere als überzeugt war.

»Ich habe das selbst schon erlebt«, fuhr ich fort, ohne auf seine Bemerkung einzugehen. »Auf einem meiner Drehs in der Arktis hatte ich mein Camp ungefähr 15 Kilometer von der Küste entfernt aufgebaut. Ich hockte vor dem Brenner, den ich neben dem Zelt aufgestellt hatte, und freute mich auf meine Suppe, die gerade zu köcheln anfing. Es war dunkel, fing an zu schneien, der Wind blies direkt Richtung Meer. Auf einmal nehme ich im Augenwinkel eine Bewegung wahr, schaue hoch und sehe im schwachen Licht meiner Kopflampe einen Eisbären. Ich denke, das darf nicht wahr sein, wo ist dein Bärenspray? Während der Bär immer näher kommt, suche ich fieberhaft nach dem Pfefferspray und brülle den Bären an: ›Hey, bleib stehen, close enough, go, bear, go.‹ Der Bär lässt sich gar nicht beeindrucken. Endlich – der Bär ist nur noch drei Meter von mir entfernt – bekomme ich die Dose in die Finger, löse die Sicherung, will sprühen – und es macht nur pff, pff, pff. Es war zu kalt! Wir reden von minus 20 Grad, und da hatte sich die Spraydose wohl verabschiedet. Na super!

Dann bin ich auf den Bären zu, habe einen Sprung nach vorn gemacht, um ihm zu zeigen: Ich bin stark. Er war es übrigens auch, ein großes Männchen, relativ gut genährt, soweit ich das sehen konnte. Ich dachte nur, wenn du ihm jetzt die Suppe überlässt, nimmt er dir das ganze Camp auseinander. Er wird dich vielleicht nicht töten, aber er nimmt dir das ganze Camp auseinander. Und so bin ich neben meiner Suppe stehen geblieben, habe herumgebrüllt, mit meinem Geschirr geklappert und einen auf wilden Mann gemacht. Das hat ihn immerhin so beeindruckt, dass er Abstand hielt. Allerdings blieb er in der Nähe und streifte ständig um das Camp herum. Ich aß meine Suppe, hatte also was Warmes im Magen, fror aber dennoch erbärmlich. Erst nach etwa zwei Stunden verzog sich der Eisbär, und endlich konnte ich in meinen Schlafsack schlüpfen.«

»Ach komm«, meinte Frank noch immer zweifelnd, »erzähl mir doch kein Jägerlatein.«

»Es hat sich wirklich so zugetragen. Es kam dem Bären nicht in den Sinn, mich zu töten. Am nächsten Morgen sah ich um mein Camp herum überall seine Fußabdrücke. Dann ist er anscheinend mehr oder weniger im Zickzack suchend zurück zum Meer gegangen.«

»Mag ja alles sein, aber du hast jahrelange Erfahrung im Umgang mit Bären – im Unterschied zu mir.«

»Aber du hast nicht nur einen windigen Kochtopf aus Blech zur Verteidigung, sondern eine viel massivere und wirksamere Waffe«, grinste ich ihn an.

»Hä?«

Ich erzählte Frank von einer meiner ersten Begegnungen, die ich mit einem Eisbären hatte – das war, als ich gerade erst mit dem Tierfilmen begonnen hatte, und ebenfalls an der Hudson Bay. Ich werde die Situation nie vergessen. Ich war mit einem Geländewagen zu einer Stelle gefahren, wo ich einen Tag zuvor ein totes Walross, das neben allem möglichen Umweltmüll an den Strand gespült worden war, und frische Bärenspuren entdeckt hatte. Der Kadaver lag schon lange da und stank so bestialisch, dass sogar ein Mensch ihn einen Kilometer gegen den Wind riechen konnte. Ich hatte mich in gehörigem Abstand postiert und filmte einen Eisbären, der an dem Walross fraß. Irgendwann war der Bär satt und trottete Richtung Tundra. Auf einmal bekam er Witterung von mir. Er verhielt kurz, dann kam er auf mich zu. In Eisbärenmanier, nach dem Motto: »Ich bin der Herrscher der Arktis. Ich habe keine Angst vor nichts und niemandem.« Plötzlich machte er einen Scheinangriff, das heißt, er spurtete auf mich zu und bremste kurz vor mir, vielleicht noch zweieinhalb Meter weg, ab. Die Kamera stand auf dem Stativ, ich dahinter. Das Stativ war das Einzige, was uns noch trennte.

Dann hielt ich dem Bären meine Hand hin, wie man das bei Hunden auch macht, hatte allerdings einen Handschuh an. Auf einmal sah ich, dass ungefähr 100 Meter entfernt ein Typ mit einer Kamera – offensichtlich ebenfalls ein Tierfilmer und -fotograf – auftauchte. Der dachte sicher, er kriegt jetzt die Bilder seines Lebens: Eisbär tötet Tierfilmer vor laufender Kamera. Und fotografierte das Ganze. Der Eisbär schnüffelte an meinem Handschuh und wollte noch näher an mich heran. Um ihn abzulenken, zog ich den Handschuh aus und warf ihn auf die Erde. Der Eisbär schnupperte nur kurz daran, dann wollte er wieder mir auf den Pelz rücken. Ich war zwei oder drei Tage vorher in einer Kneipe gewesen, und offensichtlich hing der Geruch von Frittenöl, Fried Chicken und all diesem Junkfood noch in meinem Parka. Und das interessierte den Bären total. Wahrscheinlich roch ich wie eine leicht angeräucherte Robbe. Ich stieß ihm ein paarmal mit dem Stativ gegen die Brust, um ihn auf Abstand zu halten, da griff er mit seiner Pranke nach dem Stativ, aber beinahe behutsam, als wolle er spielen.

Ich versuchte ihn so zu bugsieren, dass ich in mein Auto gelangen konnte, aber er blockierte den Weg, und ich geriet nun doch etwas in Panik. Nach kurzem Zögern rammte ich ihm das Stativ mit Wucht gegen die Brust, und er merkte, dass das Ganze kein Spaß war. Offensichtlich waren die Gerüche an mir nicht verlockend genug, als dass es sich lohnte, über mich herzufallen, denn er zog einfach seines Weges.

Ich stolperte zu meinem Wagen, begann plötzlich am ganzen Körper zu zittern, hatte mich nicht mehr unter Kontrolle.

Da kam der andere Fotograf, ein Amerikaner, mit seinem Truck angefahren und fragte: »Brauchst du einen Schnaps?«

Und ich sag: »Ja, ja, ja.«

Er drückte mir eine Flasche Whiskey in die Hand und meinte dann: »Mensch, ich habe ja schon viel erlebt, verrückte Fotografen, die sich an Elefanten heranschleichen wollten und auf einmal völlig ohne Deckung in der Savanne standen; irgendwelche Idioten, die mitten in einer Herde wild gewordener Kaffernbüffel aus ihrem Auto stiegen; einen Wahnsinnigen, der sich unbedingt an ein riesiges Nilkrokodil heranschleichen musste und von ihm fast geschnappt wurde, aber so etwas Blödes wie dich habe ich noch nie gesehen. Warum bist du denn nicht weggerannt?«

»Weil man in dem Moment, in dem man vor einem großen Raubtier davonrennt, das einen schon aufs Korn genommen hat, bereits verloren hat. Lauf nie weg, das ist oberstes Gebot. Wenn du stehen bleibst, ist das Tier irritiert. Und dann kannst du überlegen, wie es weitergehen soll. Das solltest gerade du als Tierfilmer wissen«, antwortete ich leicht verschnupft.

Na, jedenfalls versprach er mir, die Fotos zu schicken, die er von der Begegnung mit dem Eisbären geschossen hatte. Und das tat er auch.

»Eines davon kennst du«, sagte ich zu Frank, »es hängt drüben in der Küche.«

Kilometer um Kilometer zogen scheinbar endlose Eis- und Schneeflächen unter uns dahin. Frank und ich waren auf dem

Weg von Winnipeg in das 1700 Kilometer weiter nördlich gelegene Churchill im Nordosten Kanadas. Der Blick aus dem Flugzeug bot wenig Abwechslung, sodass wir lasen oder einfach nur vor uns hin dösten.

»Sag mal«, meinte Frank plötzlich, »ist Churchill eigentlich weit weg von der Stelle, wo du den Eisbären mit dem Stativ auf Abstand halten musstest?«

»Wieso fragst du?«

»Ach, nur so«, erwiderte Frank in bemüht gleichgültigem Ton. Seine nächste Frage machte jedoch offensichtlich, woher der Wind blies. »Du hast mal erzählt, dass Eisbären so ziemlich deine ersten Motive als Tierfilmer waren. Wieso ausgerechnet diese – ich behaupte immer noch *gefährlichen* – Tiere?«

»Ganz einfach: Ich musste mir sehr genau überlegen, wo es eine Marktlücke gab. Mit Sicherheit nicht in Afrika, denn da tummelten sich Unmengen von Tierfilmern, und die Qualität und die Inhalte der Filme hatten bereits einen extrem hohen Standard erreicht. Also konnte ich eigentlich nur in den Norden gehen, wo andere Kameraleute nicht hinwollten. Ich hatte in der ersten Zeit die ein oder andere Diskussion mit anderen Tierfilmern, die sagten: ›Du da oben mit deinen langweiligen Bärenfilmen.‹ Und ich sagte dann: ›Geht doch selbst mal da hoch und dreht da. Ihr hockt irgendwo in Afrika gemütlich an einem Wasserloch, wo jeden Tag richtig was los ist. Ich renne wochenlang herum, sehe tagelang nicht ein einziges Tier – und wenn ich eines sehe, macht es nicht viel, weil es Energie sparen muss.‹ Davon wollten sie aber nichts wissen, weil man aufgrund der extremen Bedingungen im Norden schnell an die Grenze seiner Belastbarkeit stößt. Ich hatte damals schon einige Gewalttouren hinter mir, zum Beispiel in Grönland und im Himalaja, Kälte machte mir nichts aus, ich war gut trainiert, und ich wusste, dass ich mit Entbehrungen zurechtkam.«

»Schön und gut, aber warum ausgerechnet gleich Eisbären? Du hättest doch auch mit Karibus oder Elchen anfangen können.«

»Ha! Elche sind wesentlich gefährlicher als Eisbären! In Alaska werden Jahr für Jahr mehr Menschen von Elchen verletzt als von jedem anderen Tier. Sei's drum. Eisbären interessierten mich halt schon immer. Jedenfalls war es die richtige Entscheidung, und ich habe ihnen unheimlich viel zu verdanken, weil sie mir ganz wesentlich dabei geholfen haben, mich als Tierfilmer zu etablieren. Meine ersten beiden sehr beachteten Filme handelten von Eisbären, einen drehte ich für das ZDF, den anderen für die ARD. Das war von 1991 bis 1993. Ich bekam Szenen vor die Kamera, wie sie bis dahin noch nie gedreht worden waren, zum Beispiel Interaktionen zwischen Schlittenhunden und Eisbären. Eisbären, die im Eiswasser schwimmen, die Eisdecke durchbrechen und auftauchen. Spielerische Zeitlupenkämpfe zwischen Eisbären. Die Redakteure waren schwer beeindruckt, als sie das Material sahen. Die Aufnahmen waren eine echte Sensation – was mir während des Drehens übrigens gar nicht so recht bewusst war.«

Eisbären sind noch heute von allen Tieren, die ich drehe, meine Lieblingstiere – neben den Grizzlys. Und ich finde, dass ein Tier, das es geschafft hat, sich so schnell zu verändern und den Gegebenheiten anzupassen, den allergrößten Respekt verdient: Eisbären sind erdgeschichtlich gesehen die jüngste Raubtierart der Erde. Sie haben sich erst in der Endphase des Eiszeitalters herausgebildet. Damals war es so kalt, dass selbst in Teilen Europas polare Bedingungen herrschten. In London etwa stieß man in den 1960er-Jahren bei Grabungen auf fossile Überreste einer eiszeitlichen Unterart des heutigen Eisbären. Stoßzähne von Walrössern wurden sogar auf Höhe der Azoren entdeckt. In dieser letzten Eiszeit wurde nördlich lebenden Grizzlys durch riesige Gletscher und Eisbarrieren der Wanderweg nach Süden abgeschnitten, und es gab für diese Tiere salopp gesagt nur zwei Möglichkeiten: aussterben oder sich an die neuen Lebensbedingungen anpassen.

Da Bären generell Generalisten und Opportunisten sind, die in verschiedensten Regionen existieren können – man denke an die unterschiedlichen Lebensräume und Ernährungsgewohnheiten von Schwarzbär, Lippenbär, Kragenbär oder Braunbär –, brachten es die nördlichen Grizzlys fertig, sich auf die neuen Gegebenheiten einzustellen. Der Kopf wurde kleiner, das Fell noch dichter; eine dicke Speckschicht förderte nicht nur die Wärmeisolation, sondern sorgte auch für Auftrieb beim Schwimmen. Aus dem sehr energieaufwendigen Schaukelgang wurde der mehr oder weniger elegante Passgang, ähnlich dem des Wolfes, wodurch die Eisbären selbst größere Entfernungen auf dem Eis kräfteschonend zurücklegen konnten. Sie bekamen größere Pfoten, wurden insgesamt aber schmaler. Die Backenzähne sind nicht mehr so breit und flach wie bei einem Braunbären, darauf ausgelegt, Wurzeln, Früchte und Gras zu zermalmen. Vielmehr hat der Eisbär ein klassisches Raubtiergebiss. Als fast reiner Fleischfresser ist er auch aggressiver als ein Grizzly, der, wenn er wollte, sogar als reiner Vegetarier leben könnte. Eisbären sind zudem extrem schnell und wendig. Er wirkt bei Weitem nicht so tapsig und plüschig wie andere Bären – außer natürlich im Babyalter, wofür der kleine Knut aus dem Berliner Zoo der beste Beweis war.

Trotz all dieser Unterschiede sind Eis- und Braunbären noch so nah verwandt, dass sie fruchtbare Nachkommen miteinander zeugen können. Lange Zeit war eine solche Hybridisation zwischen den beiden Arten nur aus Zoos – zum Beispiel dem im alaskanischen Anchorage – bekannt. Bis am 16. April 2006 der Sportjäger Jim Martell auf Banks Island in Kanada einen Eisbären erlegte – zumindest dachte er das. Das Fell war jedoch nicht richtig weiß oder gelblich, zeigte eher ein sehr helles Braun, wie es bei Grizzlys manchmal vorkommt. Für einen Grizzly aber galt Jim Martells Jagdlizenz nicht. Statt dass die Behörden einfach sagten, okay, der Mann hatte eine Lizenz, und der Grizzly ist so hell, dass man ihn leicht mit einem Eisbären verwechseln konnte, gaben sie eine DNA-Analyse in Auftrag. Heraus kam, dass weder der Jäger, der das Tier für einen Eisbären gehalten hatte, noch die Behörden, die in ihm einen Grizzly sahen, recht hatten – beziehungsweise dass beide recht hatten: Das Tier war halb Eisbär, halb Grizzly.

Eine Sensation, denn eine Paarung dieser beiden Arten in der freien Wildbahn galt bis dahin als höchst unwahrscheinlich. Zum einen paaren sich Eisbären im zeitigen Frühjahr und üblicherweise auf dem Eis, Grizzlys hingegen im Sommer auf dem Festland. Zum anderen begegnen sich die beiden Arten höchst selten. Es gibt zwar Gebiete, in denen beider Lebensräume direkt aneinandergrenzen, so zum Beispiel an einer Stelle der Nordküste von Alaska, wo Wale gejagt, an Land gezogen und zerlegt werden. Da tauchen regelmäßig sowohl Grizzlybären aus der Tundra als auch Eisbären von der Meeresseite her auf und fressen von den Kadavern. Aber normalerweise gehen sich die beiden aus dem Weg – so wie Bären das generell tun.

Bären sind an sich friedliche Tiere. Nur wenn sich auf engerem Raum mehrere tummeln, ob nun Eisbär, Braunbär oder Schwarzbär, weil es da viel Futter gibt, sei es eine angespülte Robbe an der Küste, ein Flecken saftiges frisches Gras in der Tundra oder ein Flusslauf voller Lachse, kommt es zum Kampf um Dominanz und Rangordnung – und den besten Futterplatz. Der Stärkere wird die Stelle für sich beanspruchen können, und erst wenn er sich satt gefressen hat, wird der Zweitstärkere nachrücken, dann der Drittstärkste und schließlich vielleicht die Bärin mit ihren Jungen.

Der Eisbär ist zweifellos ein Erfolgsmodell der Evolution, perfekt ausgestattet und angepasst. Gerade seine hohe Spezialisierung gereicht ihm aber zum Nachteil. Wenn es einem Grizzly zu kalt oder zu warm wird, geht er einfach auf Wanderschaft. Er kann nach Norden wandern oder nach Süden, denn Gras, Beutetiere, Beeren, Wurzeln, Kadaver, Früchte, die findet er überall. Ein Eisbär hingegen braucht die Packeisflächen: eine im Prinzip geschlossene Eisdecke, die durch Wind und Meeresströmungen in Bewegung gehalten wird, wodurch sich immer wieder kleine Risse, offene Wasserstellen und frische Eisschichten bilden. Nur dort findet er seine Lieblings- und Hauptnahrung: Ringelrobben, Bartrobben und manchmal Sattelrobben. Unter Umständen erbeutet er mal einen Belugawal oder ein Walross. Alles andere – Kleinsäuger, Vögel, Aas und in seltenen Fällen Pflanzen – ist lediglich Beiwerk.

Ein Eisbär kann eine Robbe aber nicht im offenen Wasser schlagen, weil sie eine viel bessere Schwimmerin ist. Daher wartet er, bis sie an einem ihrer Atemlöcher auftaucht, um Luft zu holen, und reißt sie dann mit seinen scharfen Krallen aus dem Wasser. Oder er rutscht auf dem Bauch ganz langsam an eine Robbe heran, die sich auf dem Eis sonnt. Oft streift er auch mit der Nase dicht über dem Eis umher und sucht nach Schnee-höhlen, in denen die Robben ihre Jungen zur Welt bringen. Mit seinem feinen Geruchssinn nimmt ein Eisbär noch Tiere wahr, die sich unter einer anderthalb Meter dicken Schneeschicht be-finden.

Hat er ein solches Versteck entdeckt, scharrt er schnell die zu-meist gefrorene obere Schicht beiseite, stellt sich auf seine Hin-terbeine und rammt seine Vorderbeine mit aller Wucht in den Schnee, sodass die Höhlendecke eingedrückt wird.

»Wie viele Eisbären gibt es eigentlich noch?«, riss mich Frank aus meinen Gedanken.

»Zwischen 20 000 und 25 000.«

»Ich dachte, es wären viel weniger. Die *Bild* hatte vor Kurzem mal 'ne riesige Schlagzeile, dass sie sich jetzt schon gegenseitig fressen und ihnen der Lebensraum regelrecht unter den Pfoten wegschmilzt.«

»Du liest die *Bild*?«, fragte ich in gespieltem Entsetzen.

»Idiot!«, schimpfte Frank. »Weißt du«, fuhr er dann in süffi-santem Ton fort, »in etwas größeren Städten, zum Beispiel Berlin, da gibt es anders als in manchen Gegenden in der Eifel U-Bahnen, Busse und solche Dinge – du weißt doch, was eine U-Bahn ist? –, und an den Haltestellen beziehungsweise Bahn-höfen stehen so Kästen herum, an denen man Zeitungen kaufen kann, und die Schlagzeile der *Bild* kann man immer schon aus zig Metern Entfernung lesen. Man kommt quasi gar nicht drum herum.«

Es war ein altes Spiel zwischen Frank, dem Großstädter, und mir, dem »Landei«, uns gegenseitig mit unseren Wohnorten aufzuziehen.

»Dass sich Eisbären gegenseitig auffressen, hat es schon immer gegeben und ist Teil der innerartlichen Bestandsregulierung. Wenn eine Mutter unaufmerksam ist und einem anderen Eisbären gerade der Magen knurrt, tötet er ihr Junges. Männchen töten unwissentlich sogar ihren eigenen Nachwuchs, damit die Bärin wieder brunstig wird. Das ist bei Grizzlys nicht anders. Das hat nichts damit zu tun, dass die Eisbären zu wenig Nahrung finden würden, denn Robben, ihre Lieblingsspeise, stehen schier unbegrenzt zur Verfügung.«

»Aber das Eis schmilzt doch tatsächlich. Das ist ja keine Erfindung der *Bild*.«

»Stimmt, aber diese Situation hat es vor nicht allzu langer Zeit schon einmal gegeben, in der mittelalterlichen Warmzeit vom neunten bis zum 14. Jahrhundert. Damals war es ebenfalls sehr warm. Das war in der Zeit, als die Wikinger Grönland besiedelten, was sie Grünland nannten, und dort Ackerbau und sogar Viehzucht betrieben. Dann wuchsen während der sogenannten Kleinen Eiszeit die Gletscher wieder, das nordpolare Eis wurde mehr und mehr. Schließlich waren die Fjorde voll mit Eis, die Gletscher gingen bis runter ins Tal und Eisbarrieren blockierten die Nordwestpassage. Vor rund 150 Jahren setzte wieder eine Klimaerwärmung ein, was man sehr schön an alten Seekarten belegen kann, diesmal allerdings beschleunigt durch die industrielle Revolution beziehungsweise die damit einhergehende Umweltverschmutzung. Man kann also nicht einfach sagen, och, ist ja alles halb so schlimm, ist wahrscheinlich ein normaler Prozess. Komm, lass uns noch ein bisschen mehr Verschmutzung in die Atmosphäre blasen.

Sicher sind schon in der mittelalterlichen Warmzeit die Eisbären weiter nach Norden gewandert, weil sich die gesamte Nahrungskette nach Norden zurückgezogen hat. Das fängt an mit Krebsen; von ihnen leben die Heringe, von den Heringen wiederum die Robben. Genau dasselbe passiert jetzt. Das bedeutet, dass sich die Eisbären weiter im Norden konzentrieren. Wobei man aktuell kaum von Konzentration reden kann, denn den Eisbären steht ja noch eine gigantisch große Fläche als Lebensraum zur Verfügung.«

»Du siehst den Eisbären also gar nicht als bedrohte Tierart?«, fragte Frank verblüfft. »Und warum, zum Teufel, soll ich mir dann da oben den Arsch abfrieren?«

»Na ja, nicht als akut bedroht. Der Eisbär war ja schon immer eine bedrohte Art, weil er so stark spezialisiert ist. Ich will auch nichts schönreden, ein Fakt ist ja, dass das Eis gewaltig schmilzt und dass das zu großen Veränderungen führen wird und vielleicht langfristig zum Aussterben der Art, denn ohne Eis, ohne Lebensraum, kein Eisbär. Ganz simpel. Aber das Ganze ist sehr viel komplexer, als es auf den ersten Blick den Anschein hat. Ein Beispiel: Wenn Tiere, die gewohnt sind, in sehr großen Gebieten relativ allein zu leben, enger zusammenrücken müssen, führt das zu Konflikten, zu Spannungen, möglicherweise zu Degenerationserscheinungen, weil der Genpool weniger gut durchmischt wird. Andererseits müsste der Eisbär nicht mehr so lange Wege zwischen seinen Ruheplätzen oder Winterquartieren und seinen Fangplätzen zurücklegen. Die dadurch gesparte Energie könnte er in körpereigenes Fett umwandeln oder in Form von Muttermilch in die Aufzucht der Jungen investieren. Aber das sind alles nur Theorien, und fast jeder hat seine eigene.

Ein anderer Fakt ist die Umweltverschmutzung. Der Eisbär steht am Ende der Nahrungskette, in deren Verlauf sich Giftstoffe anreichern. Außerdem ernähren sich Eisbären am liebsten von Robben, deren Fettschicht ein hervorragender Giftstoffspeicher ist. Offenbar wirkt sich das auf die Fruchtbarkeit der Eisbären aus. Dazu kommt, dass die Weibchen in manchen Gegenden aus ihren traditionellen Überwinterungsquartieren vertrieben werden, weil der Mensch in seiner Gier nach Rohstoffen immer weiter in die Arktis vordringt. Es werden Bohrinseln errichtet, auf polaren Eilanden Minen eröffnet und, und, und.«

Mit einem kleinen Rumms setzte das Flugzeug auf der Landebahn des Miniflughafens von Churchill auf. Straßen, die den Ort mit dem Rest Kanadas verbinden, gibt es nicht. Der ehemalige Handelsposten der Hudson's Bay Company ist nur per Flugzeug zu erreichen – oder per Eisenbahn, dann ist man allerdings zweieinhalb Tage unterwegs. Die Bahnstrecke wurde ursprünglich gebaut, um den Weizenprovinzen Alberta, Manitoba und Saskatchewan Zugang zum nördlichsten Verladehafen Kanadas zu verschaffen, von wo Getreide in alle Welt, nach Südafrika, Russland, Japan und Europa, verschifft wurde.

Am Cape Churchill an der Hudson Bay – im Grunde ein großes Binnenmeer mit Seeverbindung – findet alljährlich im Herbst ein beeindruckendes Naturschauspiel statt: Hunderte über die Sommermonate ausgehungerter Eisbären sammeln sich dort und warten darauf, dass die Hudson Bay zufriert, damit sie sich auf den Weg in ihre Jagdgründe auf der anderen Seite der Bucht machen und dort Robben jagen können.

Dazu muss man wissen, dass sich die Eisbären in zwei Gruppen einteilen lassen: Es gibt einmal den richtigen polaren Eisbär, der das ganze Jahr auf dem Packeis verbringt. Im Sommer, wenn das Eis bricht und sich offene Kanäle bilden, schwimmt oder wandert er weiter Richtung Norden, folgt also dem Eis. Und dann gibt es Eisbären, die sich, aus welchem Grund auch immer, sagen: Hm, weiß nicht, Packeis und so, ich übersommere lieber an der Küste.

Wenn es ab Juni, Juli nur noch wenig Eis in der Bucht gibt und sie keine Möglichkeit mehr haben, Robben zu jagen, bleiben sie an Land. Sie lungern einfach im Kies am Strand oder in der Tundra herum, plündern mal ein Vogelnest oder fressen ein bisschen angespülten Seetang. Das war's. Trotzdem sollte man dort im Sommer nicht sorglos herumspazieren. Die Bären sind zwar in einem lethargischen Zustand, aber wenn man ihnen aus Unachtsamkeit quasi auf die Pfoten steigt oder ihnen irgendetwas anderes die Stimmung vermiest hat, greifen sie halt doch mal an. Das erzählte ich Frank aber lieber nicht.

Von ihrer Geschwindigkeit und von ihren Techniken her wären sie durchaus in der Lage, auch an Land zu jagen, und mit ihren großen Pfoten könnten sie gut in dem weichen Tundragelände laufen, aber dazu ist es schlichtweg zu warm – im Sommer kann das Thermometer dort oben im Norden durchaus auf 20, 25 Grad klettern. Die Tiere würden aufgrund ihrer sehr guten Isolierung schnell überhitzen. Schon das Gelände nach verendeten Tieren zu durchstreifen würde die Eisbären überanstrengen. Das, was Grizzlys im Winter machen, nämlich eine Ruhepause, weil es für sie keine Nahrung zu finden gibt, machen die südlichen Eisbären im Prinzip im Sommer.

Churchill selbst wurde an der seit Urzeiten bestehenden Wanderroute der Eisbären zum Cape Churchill errichtet, und so blieb es nicht aus, dass das ein oder andere Tier den Weg mitten durch den Ort nahm, zumal es da verlockend nach Essen roch. Daran hat sich bis heute nichts geändert, und so stehen überall in und um Churchill Warnschilder: »Alert, it's polarbear country«. Früher wurde ein Eisbär, der sich in den Ort verirrte, einfach geschossen. Und weil jeder, der vorübergehend dort arbeitete – egal ob Hafenarbeiter oder Raketenspezialist (Churchill war lange Zeit Raketenstartplatz: Es lag recht günstig und auch schön weit abseits, ein idealer Ort, um Raketen und Satelliten in die Erdumlaufbahn zu schießen, mit deren Hilfe das Nordlicht und das Magnetfeld der Erde erforscht werden sollten. Wenn so ein Ding den Start mal nicht schaffte, fiel es entweder in die Hudson Bay oder in die Tundra, und kein Mensch krähte mehr danach) –, weil also jeder ein Eisbärenfell mit nach Hause nehmen wollte, gab es bald immer weniger Eisbären in diesem Gebiet.

Als die Tiere 1973 schließlich durch das Übereinkommen von Oslo zwischen Kanada, den USA, Grönland, Norwegen und der Sowjetunion, also den fünf ans arktische Eismeer angrenzenden Nationen, unter Schutz gestellt wurden und es verboten war, sie zu töten, kam man auf die Idee mit dem Eisbär-Tourismus. Jahr für Jahr fallen seither im Herbst zahlreiche Besucher – in erster Linie Ökotouristen – aus aller Welt in die nur knapp 1000 Einwohner zählende »Eisbärhauptstadt« ein. Sie werden in »Tundra-Buggys« verfrachtet – geländegängige, speziell umgebaute Busse auf riesigen Ballonreifen mit mörderischem Profil, damit sie im Schnee und in der Tundra nicht einsinken – und zum Cape Churchill gefahren. Sie lassen es sich richtig was kosten, in vergitterten Käfigen auf Rädern sitzen und in die Tundra hinausstarren zu dürfen. Die Eisbären ihrerseits starren zu den Bussen, weil die Menschen, mehr noch die mitgeführten Speisen und Getränke, verlockende Düfte verströmen. Einige Bären kommen sogar dicht an die Buggys heran, versuchen teilweise, daran hochzuklettern.

Doch jetzt war Ende Februar, denn nicht auf die Vereisung der Bucht wartende Eisbären standen auf meinem Plan, sondern ganz andere Aufnahmen: Ich wollte endlich den Moment vor die Kamera bekommen, wenn eine Eisbärin mit ihren Jungen die Winterhöhle verlässt.

Eigentliches Ziel unserer Reise war daher nicht Churchill, sondern der Wapusk-Nationalpark (Wapusk ist das Cree-Wort für »weißer Bär«), die zweitgrößte Eisbärenkinderstube der Welt, die aber nur über den Umweg über Churchill zu erreichen ist. Es gibt im Grunde nur zwei Orte auf der Erde, an denen man drehen kann, wie Eisbärenmütter mit ihrem Nachwuchs die Höhle verlassen. Der eine ist die Wrangel-Insel im russischen Eismeer. Um für dort eine Drehgenehmigung zu erhalten, muss man etliche administrative Hürden nehmen und einiges Geld – offiziell und unter der Hand – auf den Tisch blättern; außerdem einen Hubschrauber mieten, was auch nicht gerade billig ist, und – damit es sich finanziell für die Russen richtig lohnt – eine bestimmte Zeit dortbleiben. Die andere Möglichkeit ist, für den Wapusk-Nationalpark eine Drehgenehmigung zu beantragen.

Der Hauptgrund, warum die Bärinnen dort – in der Tundra und nicht auf dem Eis oder am Ufer des Meeres – ihre Jungen bekommen, ist, dass sie dort Deckung haben. Es schneit dort zwar sehr wenig, aber genug, dass die Bärinnen sich Höhlen graben können. Auf dem Eis oder direkt am Meer würden die heftigen Polarstürme die Wurfhöhlen freiwehen. In der Tundra hingegen finden sich immer wieder geschützte Stellen, Baumgruppen aus nordischen Fichten oder Abbruchkanten, an denen sich Schnee sammelt.

»Die haben hier eine eigene Eisbärenpolizei, die den ganzen Tag Patrouille fährt. Außerdem gibt es eine Hotline – die Nummer kennt in Churchill jedes Kind«, erzählte ich Frank, während wir darauf warteten, bis unsere Unmenge von Gepäck, für die uns die kleine Fluggesellschaft teuer hat zahlen lassen, ausgeladen war.

»Sehr beruhigend. Vielen Dank für die Information. Kann ich die Nummer bitte auch haben?«, fragte mich Frank und warf mir einen bösen Blick zu.

Er findet es gar nicht lustig, wenn ich ihn mit seiner Angst aufziehe.

»Sogar ein Eisbärengefängnis gibt es«, fuhr ich unbeirrt fort.

»Ein bitte *was*?«

»Ein Eisbärengefängnis. Das einzige der Welt übrigens.«

»Alter Schwede, du veräppelst mich doch.« »Alter Schwede« ist ein Lieblingsausdruck von Frank.

»Nein, die ganze Stadt ist mit Kanisterfallen umstellt: Am hinteren Ende einer großen Röhre hängt ein Stück Robbenfleisch. Wenn ein Eisbär hineinklettert und an diesem Köder zieht, rasselt am vorderen Ende ein Schieber herunter und der Bär ist gefangen. Das Ganze wird dann auf einen Truck geladen und zum Eisbärengefängnis gefahren. Das ist ein alter Flugzeughangar, der in Zellen unterteilt wurde. Für etwa 20 Eisbären ist Platz. Allerdings muss jeder separat eingesperrt werden, damit sie sich nicht gegenseitig zerfleischen. Sobald die Hudson Bay zugefroren ist, bringt man die Bären an den Strand oder fliegt sie mit dem Helikopter aufs Eis.«

»Und nächstes Jahr kommen sie wieder, nach dem Motto: Da krieg ich jeden zweiten Tag meinen Robbenspeck und einmal die Woche Fisch. Couldn't be better.«

»Die werden nicht gefüttert, kriegen nur Wasser, damit sie nicht austrocknen. Die sollen das Gefängnis ja als ungemütlichen Ort in Erinnerung behalten.«

Eine Geschichte, die ich Frank ebenfalls nicht erzählte, erlebte ich, als ich vor Jahren das erste Mal in Churchill war. Ich war mit einem kleinen Geländewagen unterwegs und hörte auf einmal in meinem Walkie-Talkie auf einer Frequenz, die fast alle benutzen: »Dave, komm sofort nach Hause. Hier reißt gerade ein riesiger Bär das Gitter von einem der Fenster.«

Das Haus lag etwa 20 Kilometer außerhalb des Ortes und zweieinhalb Kilometer abseits der Küste. Die Frau hatte Plätzchen gebacken, und der Duft war vom Wind bis zur Hudson Bay geweht worden, wo er einem Bären in die Nase gestiegen war. Vier Leute, so stellte sich später heraus, hatten den Hilferuf auf dem CB-Radio gehört, unter anderem ich. Ich wusste aber nicht, wo das Haus war, und musste mich erst einmal durchfragen. Als ich schließlich ankam, lag der Eisbär erschossen im Wohnzimmer.

Folgendes war passiert: Der Bär hatte, nachdem er das Gitter von einem Fenster abgerissen hatte, mit seiner Pranke die Scheibe eingedrückt und war ins Innere geklettert. Währenddessen war die Frau ins Freie gerannt und hatte sich auf dem Toilettenhäuschen eingeschlossen. Schließlich kam Dave, Fallensteller von Beruf, mit seinem Motorschlitten angebraust. Bewaffnet lediglich mit einer Kleinkaliberbüchse und zwei Schuss im Magazin, schlich er kaltschnäuzig ins Haus, wo der Bär bereits die frischen Plätzchen gefressen hatte und mittlerweile auf der Suche nach weiterem Futter das Mobiliar auseinandernahm. Dave machte vorsichtig die Tür zur Küche auf, sah den Bären, zielte genau zwischen die Augen und schoss. Doch mit so einer kleinen Kugel war das große Männchen nicht gleich tot. Der Bär torkelte eine ganze Weile durch das Haus und richtete weiteren Schaden an, bevor er endlich zusammenbrach.

Das Ende vom Lied war, dass ihr Heim verwüstet und das Ehepaar total sauer war, denn keiner würde ihnen den Schaden bezahlen. Die Frau schimpfte auf die Eisbären und im Besonderen auf die Eisbärenpolizei. Mit mir wollte sie kein Wort reden, was ich gut nachvollziehen konnte, da ich meine Filmkamera geschultert hatte und die Verwüstung natürlich filmen wollte. Zum Glück war ihr Mann recht gesprächig. Die Eisbären seien regelrecht eine Plage, meinte er, seit sie geschützt seien, gebe es viel zu viele.

Irgendwann kam dann endlich die Eisbärenpolizei und erhielt erst einmal einen gehörigen Anpfiff von der Frau, dass sie sich reichlich Zeit gelassen hätte. Die Männer beschlagnahmten den Eisbären. Das Fleisch wird in der Regel an Institute in aller Welt geschickt, um alle möglichen Untersuchungen damit anzustellen, das Fell auf einer Auktion versteigert und der Schädel meistens an ein Museum verkauft oder verschenkt. Die Geschädigten sehen jedoch keinen Cent von dem Geld.

Minus 35 Grad habe es in Churchill, hatte der Pilot uns, seine einzigen Passagiere, während des Sinkflugs informiert. Und so nahm uns, nachdem wir endlich alles Gepäck beisammenhatten, Laureen, die Frau unseres Guides Mike, auch gleich mit den Worten »Von wegen global warming. Ich sage euch, das war der verdammt noch mal kälteste Winter, den ich je erlebt habe« in Empfang. »Wir hatten extreme Schneestürme. Es war so kalt, dass man kaum rausgehen konnte, so arschkalt, dass uns fast das Benzin im Motorschlitten einfror. Im Vergleich dazu ist es jetzt direkt warm.«

»Warm? Na ja, wie man's nimmt«, warf Frank ein.

Ab minus 40 oder 50 Grad geht auch ein Inuit oder Cree-Indianer nur noch ins Freie, wenn es sich nicht vermeiden lässt. Nebenbei: Churchill liegt genau am Übergang von Indianer- zu Inuitland. Mike und Laureen zum Beispiel sind Indianer und legen Wert darauf – Nachhall der früheren Feindseligkeit zwischen Inuit und Indianer, die bis heute nicht gänzlich verschwunden ist. Die Bezeichnung »Eskimo« ist übrigens ein altes Indianerwort und bedeutet »Rohfleischesser«, verständlich also, dass die Inuit sie als Beleidigung betrachten.

First Nation People haben in Kanada zahlreiche Sonderrechte, weit mehr als in den USA. Daher durften Mike und Laureen ihre relativ große Hütte im Gebiet des Wapusk-Nationalparks behalten, als dieser 1996 gegründet wurde. Diese Lodge war früher ein Militärcamp gewesen, dann hatten Mike und sein Bruder Morris sie als Trapperhütte genutzt, und als es dann mit dem Fallenstellen vorbei war, machten sie eine Lodge daraus und nehmen dort nun im Februar/März für etwa drei Wochen Gäste bei sich auf und führen sie an die Eisbärenhöhlen. Die Übernachtung kostet rund 1400 Dollar, kein Pappenstiel, aber schließlich muss alles – von Kaffee und Tee über alle anderen Lebensmittel bis hin zu sonstig Nötigem – über weite Strecken transportiert werden. Hauptklientel sind daher Millionäre – und Tierfilmer und -fotografen, die darauf hoffen, die immensen Kosten mit dem Honorar für ihre Aufnahmen einspielen zu können.

»Also los, Jungs, ich bring euch zum Zug«, gab Laureen das Kommando zum Aufbruch.

»Fährst du denn nicht mit uns?«, fragte ich überrascht.

»Nein, ich habe hier noch was zu erledigen, aber der Schaffner weiß Bescheid und wird euch sagen, wann und wo ihr aussteigen müsst. Mike und Morris erwarten euch da.«

Gezogen von einer großen Diesellok, ratterten bald darauf drei Passagierwagen durch die Nacht. Außer uns waren eine Frau von Greenpeace im Zug, die ständig den Kopf darüber schüttelte, in welch miserablem Zustand die Strecke war, besagter Schaffner und ein Typ, der immer wieder versuchte, uns Brezeln und Kaffee zu verkaufen. Absolut schräg.

»Wie gut stehen eigentlich unsere Chancen, Eisbären beim Verlassen der Höhle zu erwischen?«, wollte Frank von mir wissen.

»Pfff, gute Frage«, meinte ich. »Es graben sich ja nur werdende Mütter eine Höhle, und eine Eisbärin ist nur alle drei bis fünf Jahre trächtig. Alle anderen sind im Winter draußen auf dem Eis. Daumen drücken kann also nicht schaden.«

Eisbären paaren sich zwischen April und Juni auf dem Eis. Im Juni, Juli nehmen sie ein letztes Mal Futter zu sich, und während die anderen im November wieder aufs Eis gehen, laufen sie 30 bis 50 Kilometer in die Tundra. Sobald sich dann an geschützten Stellen die ersten Schneehaufen gebildet haben, graben sie sich eine Geburtshöhle, die durch weitere Schneefälle so vollständig mit der Umgebung verschmilzt, dass nichts den Aufenthaltsort der Bärin verraten könnte.

Im Dezember bringt das Weibchen ihre Jungen zur Welt, meistens zwei, manchmal nur eines, selten drei. Neugeborene sind nur zwischen 20 und 30 Zentimeter groß und wiegen lediglich 600 bis 700 Gramm. Sie haben noch kaum Haare, sind blind und taub und vollständig auf die Fürsorge ihrer Mutter angewiesen. Dank der sehr fetthaltigen Muttermilch wachsen die Kleinen aber rasch heran. Die »Abfallprodukte« des Nachwuchses werden von der Mutter »recycelt«: Bären sind, soweit mir bekannt ist, die einzige Tierart, die den Harnstoff aus Urin und Kot, den sie auflecken, in ihrem Körper in Aminosäuren umwandeln können, also in Eiweiß, Wasser und Fett. Wir Menschen würden uns dabei in kürzester Zeit vergiften. Erst ab Ende Februar, Anfang März wird die Mutter – zusammen mit ihrem Nachwuchs – die Höhle verlassen. Das ist unglaublich, denn bis dahin hat sie acht Monate lang keine Nahrung zu sich genommen und ausschließlich von ihren Fettreserven gelebt – also weit länger als Braunbären, die wohlgenährt und frisch gestärkt in die Winterruhe gehen.

Um etwa zwei Uhr morgens kam der Zug plötzlich auf freier Strecke mitten in der Tundra zum Stehen. Frank und ich warfen einen Blick aus dem Fenster. Sternenklarer Himmel, ansonsten war in der Dunkelheit nichts zu erkennen.

»So, da sind wir«, sagte der Schaffner. »Mike und Morris werden froh sein, denn wir haben eine halbe Stunde Verspätung, und da draußen hat es laut Thermometer minus 40 Grad.«

Wir schulterten so viele unserer Sachen wie möglich und stiegen in die Nacht hinaus. Es war, als hätten wir einen Schockgefrierraum betreten. Im Zug hatte es etwa zehn Grad plus gehabt, ein Temperaturunterschied von 50 Grad. Bei solcher Kälte tut einem in dem Moment, in dem man einatmet, schon die Lunge weh. Zieht man seine Handschuhe aus, werden die Finger innerhalb von ein paar Sekunden steif. Man bemerkt das aber erst, wenn man sie bewegen will, denn man verspürt keinen Schmerz. Das ist die große Gefahr bei extremer Kälte – und dass man ab etwa minus 30 Grad keinen Unterschied mehr spürt. Man kann nicht mehr normal sprechen, hat das Gefühl, etwas ganz Seltsames passiert mit einem, es ist, als wäre man in einem anderen Medium, nicht mehr auf der Erde. Das sind ganz eigenartige Empfindungen. Man kann es nicht beschreiben, das muss man selbst erlebt haben.

Generell ist die Arktis ein Gebiet, wo der Mensch eigentlich nicht hingehört. Wenn dort Leben ist, ist es hoch spezialisiert und perfekt angepasst. Und selbst nach vielen Jahren habe ich noch großen Respekt vor der Arktis, zumal im Winter, und bin jedes Mal sehr nervös, wenn ich für einen Dreh dorthin fahre, denn ich weiß genau: Der kleinste Fehler hat verhängnisvolle Folgen, kann gar den Tod bedeuten. Dieser Gefahr war sich auch Frank bewusst.

Die beiden Brüder schälten sich aus der Dunkelheit und begrüßten uns dick vermummt nur mit einem Kopfnicken und einem Schlag auf die Schulter. Morris musterte Frank von Kopf bis Fuß und schüttelte den Kopf. Das lag wohl daran, dass Frank sogar in Polarkleidung dünn aussieht – und deshalb häufig Mitleid erregt, weil jeder denkt, er hätte nicht genug an –, während ich darin recht moppelig wirke. Eine Polarkleidung besteht aus einer Thermounterhose, darüber einem Steppoverall, dann einer Hose und einer Jacke aus Polarfleece. Das Ganze muss locker sitzen, denn Luft zwischen den einzelnen Schichten ist das Allerwichtigste. Und wenn all das nicht genug ist, zieht man eine Daunenjacke über. Das Zwiebelprinzip gilt auch bei Handschuhen. Ein richtig dicker Handschuh mag zwar gut wärmen, aber Knöpfe an der Kamera zu bedienen, Schärfe zu ziehen, Schalter zu betätigen ist damit unmöglich. Wir tragen deshalb Finger-handschuhe und darüber einen Daunenfäustling, den wir kurz abstreifen, wenn Fingergespür gefragt ist, und danach gleich wieder anziehen

Während wir in die Kälteschutzanzüge schlüpften und die Schutzbrillen aufsetzten, die Mike und Morris für uns mitge-bracht hatten, holten die beiden das übrige Gepäck aus dem Zug und verstauten es auf den Motorschlitten.

Ich war froh, dass ich hinter Morris sitzen durfte, einem riesi-gen Kerl – eigentlich viel zu groß geraten für einen Indianer –, der einen hervorragenden Windschutz abgab, als wir etwa 20 Ki-lometer durch die offene Tundra bis zur Lodge bretterten. Morris hat, anders als der weit kleinere, aber sehr muskulöse Mike, einen weißen Vater. Genau besehen ist Morris also Halbindianer und sind die beiden nur Halbbrüder.

Die Lodge war völlig überheizt, ein weit verbreitetes Phäno-men in Kanada, denn draußen ist es ja so »fucking cold«. Kaum angekommen, kletterten wir in unsere Betten und schliefen au-genblicklich ein.

Der Begriff »Lodge« ist für uns Mitteleuropäer, die den Be-griff meist nur aus Urlaubskatalogen kennen, irreführend. Die Lodges in Alaska sind keine Chalets mit romantischem Kamin-feuer – mit Feuerholz geht man hier sehr sorgsam um, da es in der Region kaum Bäume gibt –, sondern meist einfache Hütten mit einer Doppelwand aus Sperrholz, deren Zwischenraum mit Glaswolle isoliert ist. Die Lodge von Mike und Laureen besteht aus zwei großen Räumen: Einer ist Küche und Essraum, der an-dere Aufenthaltsraum; in beiden Räumen steht ein Ofen, sprich ein großes Ölfass, versehen mit einem »Schornstein«, der durch das Dach ins Freie ragt, und einer Klappe zum Einschüren an der Seite – der klassische Yukonofen. Außerdem gibt es ganz kleine, einfache Schlafkammern mit Stockbetten, in denen es während unserer Zeit dort so kalt und feucht war, dass sich an den Wänden Kondenswasser bildete. Die Toilette ist ein klassi-sches Plumpsklo. Körperpflege wird unter solchen Umständen zur Nebensache. Wer damit nicht umgehen kann und meint, auf seine tägliche Dusche nicht verzichten zu können, ist für die Arktis nicht geeignet.

Am nächsten Morgen saßen wir mit den anderen Gästen, zwei reichen Amerikanern, beim Frühstück, als Mike uns eröffnete: »Wir haben eine gute und eine schlechte Nachricht. Die gute ist: Wir haben dieses Jahr drei Eisbärenhöhlen gefunden. Die schlechte ist: Die Bärinnen verlassen die Höhle in der Regel erst bei einer Temperatur von über minus 30 Grad, weil sie ihren Jungen zu große Kälte eigentlich nicht zumuten können.«

Wir beratschlagten, was wir machen könnten, und ich sagte: »Okay, ich möchte trotzdem rausfahren. Ich will auf keinen Fall versäumen, wie eine Bärin das erste Mal aus der Höhle kommt, wie die Kleinen ihr nachklettern, die Schneewehe runterkullern und die Familie gemeinsam ihren langen, gefährlichen Marsch zum Eismeer beginnt.«

»Glaubst du wirklich, dass wir das alles kriegen?«, fragte Frank skeptisch.

»Na ja«, erwiderte ich, »sieh es als großen Wunschzettel, in der Hoffnung, dass wir einen Teil davon so drehen können.«

Wenn die Bären im Frühjahr aus ihrer Höhle kommen, ist die Mutter ziemlich ausgezehrt, die Jungen hingegen – zu dem Zeitpunkt ungefähr so groß wie ein ausgewachsener Hase und vier bis maximal sieben Kilo schwer – sind wohlgenährt. Dann beginnt der lange Marsch zum Polarmeer, wobei die Familie am Tag im Durchschnitt nur zehn Kilometer zurücklegt. Normalerweise wandern die Bären bei Tag und gräbt die Bärenmutter für die Nacht sogenannte Tageshöhlen, damit sie und ihre Jungen geschützt ruhen können. Wenn wir nicht gerade das Pech hätten, eine der seltenen Bärenmütter zu erwischen, die lieber am Tag ruhten und in der Nacht wanderten, würden wir sie also auf der Wanderung begleiten können.

Während wir uns einen zweiten Becher Kaffee schmecken ließen, erzählte Morris, dass sein Vater früher Eisbärjunge großzog. Er schoss die Mutter, zog ihr das Fell ab und verkaufte es. Die

Jungen steckte er unter seine Jacke oder in den Rucksack, fütterte sie mit Huskymilch oder Milchpulver (wobei er den Fettgehalt erhöhte, denn Eisbärenmilch enthält 25 Prozent Fett – das ist wie blanke Sahne) und verkaufte sie schließlich an Zoos in aller Welt. In erster Linie war Morris' Vater aber Trapper, so wie auch die beiden Brüder früher. Trapper auf Wölfe, Vielfraße, Marder und Polarfüchse. Man kann darüber denken, was und wie man will – die beiden wundern sich auch über uns. Sie wundern sich darüber, wie kompakt und geballt wir in unseren Städten leben und wie wir mit Tieren umgehen. Dass wir Tiere in riesigen Ställen oder Batterien nur für unser Essen züchten. In ihrer Vorstellung ist es wichtig, dass das Tier gelebt hat, dass es Teil des Ganzen war, in Freiheit geboren, mit der Mutter groß geworden, dass es sich paaren konnte, bevor es der Natur entnommen wird.

Plötzlich meldete sich das Satellitentelefon des Amerikaners. Er hörte dem Anrufer zu, sagte »Okay, ich mach mich auf den Weg« und legte fluchend auf. Er müsse sofort zurück ins Büro: fallende Börsenkurse, wichtige Besprechungen ... Er und seine Frau wurden im Eiltempo zur Bahnstrecke gefahren, wo sie – weil in den nächsten Stunden kein Zug fuhr – ein herbeigerufener kleiner Pick-up-Truck aufnahm, der mittels absenkbarer Räder auch auf Schienen fahren kann. Ich muss gestehen, dass mir das ganz gelegen kam, denn auf diese Weise standen Mike und Morris ganz zu unserer Verfügung.

Ungefähr 80 Meter von einer der drei Höhlen entfernt bauten wir eine Art Iglu, Sicht- und Windschutz in einem, in dem Frank und ich abwechselnd ausharren würden, denn keiner würde es den ganzen Tag da draußen aushalten.

Die Stelle, an der die Geburtshöhle lag, war nicht sehr fotogen, im Hintergrund standen nur ein paar Schwarzfichten. Die Bärin musste jedoch schon mal draußen gewesen sein, da eine Spur – vielleicht drei, vier Tage, vielleicht auch eine Woche alt – zu sehen war. Die Chancen standen also gut, dass sie bald einen erneuten Vorstoß wagen würde. Der Wind kam ziemlich stetig aus Osten, vom Meer her, sodass uns die Bärin zwar nicht wittern konnte, aber mit Sicherheit hatte sie uns gehört und die Vibration im Schnee wahrgenommen.

Kaum hatte ich mich mit der Kamera eingerichtet, kroch auch schon die Kälte in mir hoch. Schlückchenweise trank ich von dem heißen Tee, den ich in einer Thermoskanne dabeihatte, und stellte mich auf langes Warten ein. Am späten Vormittag löste mich Frank für ein paar Stunden ab. Der Tag verging, und nichts regte sich. Sobald die Dämmerung einsetzte, krabbelte ich aus meinem Versteck und stakste völlig durchgefroren und mit steifen Gliedern zum Motorschlitten, der in einiger Entfernung abgestellt war. Ungefähr 15, 16 Kilometer waren es bis zur Lodge. Wenn man langsam fuhr – und das tat man bei dieser Kälte trotz Windschild unweigerlich –, brauchte man ungefähr eine Dreiviertelstunde. Unter den gegebenen Umständen eine verdammt lange Zeit. Manchmal ist Tierfilmer alles andere als ein Traumjob.

Am nächsten Morgen das gleiche Spiel. Durch die eisige Kälte fahren, in den Iglu kriechen und warten. Nach etwa zwei Stunden tat sich auf einmal was, kam plötzlich eine schwarze Nasenspitze oben durch den Schnee und dann der ganze Kopf. Doch auf einmal drehte der Wind, und die Bärin bekam offensichtlich Witterung von mir. Sofort zog sie den Kopf ein und kam den ganzen Tag nicht mehr heraus. Nun hatten wir uns also schon den zweiten Tag für nichts und wieder nichts den Hintern abgefroren. Frust machte sich breit.

Am Tag darauf war es so kalt, dass Morris beim Frühstück sagte: »Ihr könnt heute unmöglich stundenlang in eurem Unterschlupf sitzen. Viel zu gefährlich, da gefrieren euch sogar die Knochen. Ich fahre später mal raus und sehe nach der Bärin.«

Frank und ich erhoben keine Einwände, da uns die letzten beiden Tage ohnehin noch in den Knochen saßen. Als Morris allerdings zurückkam und erzählte, dass die Bärin mit ihren Jungen weg sei, stimmten Frank und ich bitter enttäuscht ein »Wären wir nur ...« und »Hätten wir doch ...« an.

»Ich weiß, wo sie ist«, unterbrach uns Morris. Und nach einer kleinen Kunstpause fügte er an: »Sie und ihre drei Jungen.«
»*Drei?*«, fragte ich nach. »Hast du *drei* gesagt?«

Da es seit Tagen nicht geschneit hatte und keine stärkeren Verwehungen gab, hatte Morris die Spur der Bären ohne Probleme ausmachen können. Und da er ein guter Fährtenleser ist, hatte er erkannt, dass ein Junges stets ein bisschen nachhing und die Mutter offensichtlich immer wieder zurückgehen musste, um es zum Weiterlaufen zu ermuntern. Das hieß, dass sie nur langsam vorankamen.

Also nichts wie hinterher. Im letzten Tageslicht fanden wir – beziehungsweise Morris – die Bärenfamilie. Als Morris plötzlich seinen Motorschlitten abbremste und zum Stehen brachte, sah ich erst einmal gar nichts. Bis er auf eine Gruppe von vielleicht zehn kleinen, gerade mal mannshohen Fichten in etwa 120 Meter Entfernung deutete. Zwischen den Bäumen hatte sich Schnee verfangen und einen Haufen geformt. Und in dessen Windschutz lag die Bärin und säugte ihre Jungen. Sie blieb erstaunlich entspannt und gelassen, obwohl sie die Motorschlitten gehört haben musste. 100 Meter war die magische Grenze, näher durften wir nicht rangehen, um die Bären nicht zu beunruhigen. 100 Meter ist als Filmentfernung für gerade mal hasengroße Eisbärjunge allerdings sehr, sehr viel, da braucht man ein großes Objektiv.

Ich sah, dass zwei der Jungen oben an der Brust tranken und das dritte ständig wegtraten. Erst als seine Geschwister satt waren, kam es an eine Zitze heran, doch dann hatte die Bärin keine Lust mehr, drückte das Kleine weg und fing an, ein Loch in die Schneewehe zu graben. Die ersten beiden Jungen waren relativ groß, hatten ein sehr kräftiges, blütenweißes Fell, schwarze Knopfaugen, schwarze Stupsnase: das perfekte Kindchenschema, unheimlich süß – wie Knut, als er das erste Mal ins Freie kam. Während die Mutter für das Nachtlager sorgte, tollten die beiden umher, kletterten auf die Schneewehe, rutschten wieder herunter und balgten sich. Das dritte Junge war deutlich kleiner, hatte ein strubbeliges Fell und wirkte sehr unbeholfen und schwach.

»Ich glaube nicht, dass der Kleine es packt«, meinte Morris. »Solange sie in der schützenden Geburtshöhle sind, kommen Schwächere meist so gerade noch über die Runden, aber wenn das harte Leben draußen anfängt ...« Er ließ den Satz unbeendet in der Luft hängen.

Wir traten den Rückzug an. Wir wussten ja nun, wo sich die Bären aufhielten. Ich bat Morris, auf dem Weg zur Lodge an der Geburtshöhle anzuhalten, da ich noch nie eine von innen gesehen hatte. Die Höhle war sehr klein, um möglichst viel Wärme im Raum zu halten, etwa zweimal so groß wie die Bärin; sie und ihre Jungen atmeten durch den Schnee. Was mich am meisten erstaunte, war, dass der Boden der Höhle bis zur Erde hinunterreichte. Das erklärte, warum die Bärinnen im Frühjahr so ein gelbes Fell haben: Durch das lange Liegen auf der Erde nimmt ihr Fell die Säure aus dem Torf auf. Die Jungen schienen demnach vorwiegend auf der Mutter gelegen zu haben, denn sie waren blütenweiß.

Als wir am nächsten Morgen zu der Stelle kamen, an der wir die Bären zurückgelassen hatten, war die Familie bereits weitergezogen. An einer Raststelle fanden wir sie wenig später. Kleine Bären können natürlich nicht zehn Kilometer am Stück zurücklegen, außerdem müssen sie alle paar Stunden gesäugt werden. Uns fiel sofort auf, dass das kleinste der Jungen fehlte. Frank und ich postierten unsere Kameras und filmten, doch es passierte nicht viel. Die Bärin lag einfach da, äugte nur hin und wieder zu uns herüber. Die Jungen turnten auf der Mutter herum und spielten in ihrem Fell. Von Zeit zu Zeit legten sie eine Verschnaufpause ein und drückten sich dabei nahe an die Mutter, um möglichst wenig mit dem blanken Schnee in Berührung zu kommen.

Frank und ich merkten erst, dass Morris verschwunden gewesen war, als er plötzlich wieder neben uns auftauchte und sagte: »Ihr werdet nicht glauben, was ich unter der Jacke habe. Ich habe ihn durch Zufall gefunden. Filmt das jetzt bitte nicht. Ich will nicht, dass das Nachahmer findet, die dann womöglich ein gesundes, kräftiges Kleines hochnehmen und damit riskieren, dass die Mutter es danach ablehnt.« Und dann holte er unter seiner Jacke einen kleinen Eisbären hervor.

»Das gibt es doch nicht! Die kann den doch nicht einfach allein lassen, die muss sich doch um ihn kümmern!«, empörte sich Frank.

»Nein, muss sie nicht, Frank«, versuchte ich ihn zu beruhigen. »Das ist bei vielen Tieren so. Wenn ein Junges nicht folgen kann, macht die Mutter zwei, drei Versuche, es anzuspornen, doch wenn sie merkt, das Kleine schafft es nicht, lässt sie es zurück.«

»Aber Tiere haben doch auch einen Mutterinstinkt! Dachte ich zumindest.«

»Gerade der Mutterinstinkt sagt ihr, dass sie sich – um den Preis des kranken oder schwachen Jungen – um ihren *gesunden* Nachwuchs kümmern muss, will sie nicht riskieren, den auch zu verlieren. Für den Außenstehenden mag das unverständlich und schwer zu akzeptieren sein, aber genau so ist das Leben hier draußen.

Das schlimmste Erlebnis, das ich in der Hinsicht jemals hatte, war mit einem Wildschwein, das ich über Monate beobachtet hatte. Die Bache hatte Ende März sechs Frischlinge geworfen, zwei davon waren von Geburt an ziemlich schwach. Das eine war irgendwann von einem Tag auf den anderen verschwunden, das andere konnte sich bald kaum mehr auf den Beinen halten und verendete schließlich in einem verspäteten Schneesturm. Die Bache ging hin, stupste es an, merkte, dass es tot war, und fraß es sofort auf. Es wurde praktisch zu neuer Muttermilch recycelt.«

Das war definitiv die falsche Wortwahl, denn Frank schaute mich mit großen Augen kurz an und drehte mir dann abrupt den Rücken zu.

»Hey, wollt ihr den Kleinen nicht mal anfassen?«, fragte Morris, der den deutschen Wortwechsel zwar nicht verstanden hatte, aber die Missstimmung spürte und sie aufzulösen versuchte.

Ich hatte mir das Fell viel flauschiger vorgestellt. Es war eher ein bisschen borstig. Davon abgesehen sind kleine Eisbären einfach nur putzig, weshalb Knut ja auch einen solchen Hype ausgelöst hat.

»Was machen wir mit dem Kleinen?«, wollte Frank wissen.

»Ich fahre mit dem Motorschlitten relativ nah an die Mutter heran und setze ihn in den Schnee. Und dann gucken wir mal, was passiert«, meinte Morris.

Gesagt, getan. Morris fuhr mit dem Motorschlitten auf 50, 60 Meter an die Eisbärin heran, setzte das Fellknäuel fast ein bisschen grob in den Schnee – das war wahrscheinlich Absicht –, und der Kleine fing sofort an zu schreien. Die Bärin kam wie von der Tarantel gestochen angeschossen – da war der Mutterinstinkt wieder da –, die beiden anderen Jungen tapsten hinterher. Das Kleine kuschelte sich sofort an sie, war sicherlich heilfroh, wieder bei ihr zu sein. Die Mutter brachte ihre Jungen in sichere Entfernung, und dann wurde der Kleine erst einmal richtig durchgebürstet, geleckt, beschnüffelt. Auch seine Geschwister schnupperten an ihm herum. Kurze Zeit später zogen sie weiter, und wieder hatte der Kleine Probleme, seiner Familie nachzukommen.

»Mich wundert, dass die Mutter ihn nicht abgelehnt hat, er muss doch nach Mensch riechen«, sagte Frank erstaunt.

»Hm, anscheinend war der Mutterinstinkt stärker – oder sein Eigengeruch. Als unsere Jungs klein waren, sagte Birgit auch immer, dass sie die beiden trotz Penatenöl am Geruch erkennen würde.«

Am Abend kamen wir noch mal darauf zu sprechen, dass manche Tiere ihren schwachen Nachwuchs einfach aufgeben.

»Ich kann einfach nicht glauben, dass die Mütter dabei nichts empfinden«, sagte Frank.

»Na ja«, antwortete ich, »nicht alle. Du hast sicher auch schon mal im Fernsehen gesehen, dass eine Affenmutter tagelang ihr totes Junges mit sich herumtrug« – wir sollten das später bei den Berggorillas selbst erleben – »aber im Allgemeinen gehen Tiere mit dem Tod offensichtlich anders um als wir Menschen.«

Da Mike, Morris und die mittlerweile ebenfalls in der Lodge eingetroffene Laureen mit am Tisch saßen, sprachen wir Englisch, und Laureen sagte: »Früher, als die Frauen fast jedes Jahr ein Kind bekamen und viele Kinder oft schon kurz nach der Geburt oder im ersten Lebensjahr starben, war es in vielen Kulturen üblich, einem Kind erst recht spät einen Namen zu geben. Das hatte vermutlich den unbewussten Grund, emotionale Distanz zu wahren, bis ein Kind die gröbste Phase überstanden hatte. Damals war der Tod eines Kindes Alltag und hatte deshalb nicht diese Bedeutung wie heute. Ich weiß, das klingt brutal und ist kaum vorstellbar, aber so war es halt nun mal. Und heute? Heute geht so manch eine Frau, die ein Kind – vielleicht sogar ihr einziges – verloren hat, psychisch daran zugrunde.«

»Genau das ist der Punkt«, spann ich den Faden fort, »dass der moderne Mensch meist nur ein einziges Kind hat. Und was selten ist, ist kostbar. Umso mehr, wenn ein ungeheurer Aufwand betrieben wird, um dieses eine Kind zu kriegen. Da unterziehen sich Frauen monatelang einer Hormonbehandlung mit allen möglichen Nebenwirkungen und stellen sonst was an, um schwanger zu werden. Damit ihr mich nicht falsch versteht: Ich kann den Wunsch nach einem Kind sehr gut nachvollziehen, andererseits sage ich mir, dass sich die Natur vielleicht schon was dabei gedacht hat, wenn eine Frau nicht fruchtbar oder ein Mann nicht zeugungsfähig ist. Und nicht nur das Kind an sich, auch die Geburt wird zu etwas Unglaublichem hochstilisiert. Ebenso die Erziehung. Schaut doch mal in einer Buchhandlung in die entsprechende Ecke: zig Ratgeber über Geburten und noch mehr über Erziehung. Und vor lauter guten Tipps und Ratschlägen, die sich auch noch widersprechen, weißt du bald überhaupt nicht mehr, was nun richtig und was falsch ist.«

»Früher«, sinnierte Laureen, »gehörte der Tod generell – ob von Babys, Kindern, Jungen oder Alten – zum Leben dazu, und weil er zum Leben gehörte, nicht tabuisiert wurde, konnten die Menschen besser damit umgehen. Sie haben den Tod als Teil des Lebens akzeptiert.«

»So wie die Tiere«, meldete sich nun erstmals Mike zu Wort. »Meiner Meinung nach trauern sie genauso wie Menschen, aber die Trauer ist irgendwann vorbei, und dann gehen sie sozusagen wieder zum Tagesgeschäft über. Wenn man so wie wir einen Großteil des Jahres in und mit der Natur lebt, erkennt man, dass ihre Gesetzmäßigkeiten oft viel klarer und härter sind, als wir Menschen das gern sehen.«

Am nächsten Tag, es war sehr klar und nicht das kleinste Wölkchen zeigte sich am Himmel, folgten wir wieder der Fährte der Bärin – immer weiter weg von der wärmenden Lodge, immer näher hin zum Meer. Ihre Trittsiegel waren relativ gut erkennbar, die Spuren der Kleinen allerdings verweht. Irgendwann stießen wir auf die Überreste des Kleinsten, an denen Kolkraben fraßen, und eine einzelne Wolfsspur. Zeichen eines Kampfes waren nicht zu erkennen, und so vermuteten wir, dass die Bärenmutter ihn endgültig zurückgelassen hatte, als sie erkennen musste, dass er mit ihr und seinen Geschwistern nicht mithalten konnte.

Bei einer kleinen Fichtengruppe, an der die Mutter eine Rast einlegte, holten wir die Familie ein. Bis die Bärin das Zeichen zum Aufbruch gab, spielten und rangelten die zwei Geschwister ohne Unterlass. Allein das zu beobachten war ein unglaubliches Erlebnis. Geboren in einer dunklen Höhle, sahen sie nun lauter unbekannte Dinge: Licht, Schnee, Eis, Bäume. Sie strotzten vor Lebenslust – und vor Kraft. Zwar schwelgten sie nicht im Überfluss, denn allmählich wurde die fetthaltige Muttermilch knapp, aber sie standen »gut im Futter«, während die Mutter durch die lange Hungerperiode und das Stillen dreier Babys regelrecht ausgezehrt war und sich jeden Schritt, jede Bewegung zweimal zu überlegen schien.

In der folgenden Nacht sank die Temperatur auf minus 45 Grad, und am Morgen kam über Funk eine Wetterwarnung. Man solle nicht ins Freie gehen, die Temperatur würde weiter sinken, auf bis zu minus 55 Grad; außerdem ziehe eine Schlechtwetterfront heran.

Da wir die Bärin unbedingt bis zum Meer begleiten wollten, fuhren wir trotzdem los. Es wurde die reinste Tortur. Zu der Kälte kam heftiger Wind, der sich bald zu einem Sturm auswuchs. Als wir die Bärenfamilie hinter einer riesigen Schneewehe in offenem Gelände entdeckten, bot sich uns ein Bild von dramatischer Schönheit: Die Bärin saß mit dem Rücken zum Sturm und hatte ihre Vorderpranken schützend um die Jungen gelegt, die sich an das Fell der Mutter kuschelten. Streifen gelblich-weißen, schräg einfallenden Sonnenlichts wogten durch den Sturm, der fast waagerecht über die Ebene fegte und pulverfeinen Schnee mit sich führte. Wenn ich das filmen wollte – und ich *musste* diese Aufnahme haben –, musste ich mich frontal zum Sturm stellen. Ich näherte mich den Tieren auf 80 Meter. Ich hatte große Probleme, die Kamera auf dem Stativ ruhig zu halten, und konnte nur hoffen, dass die Bilder gelingen würden, denn wenn man mit langer Brennweite dreht, bekommt man selbst ohne dass ein Sturm am Equipment rüttelt leicht Unruhe ins Bild.

In dem Moment, in dem ich die Schutzbrille abnahm, um durch den Sucher zu schauen, gefror mir innerhalb von Sekunden die Tränenflüssigkeit auf den Augen. Ich konnte nichts mehr sehen, daher natürlich auch die Schärfe nicht nachstellen. Mehrmals musste ich die Schutzbrille wieder aufsetzen, damit sich meine Augen erholen konnten, während ich die Einstellungen justierte. Frank, vom Wind abgewandt, filmte mich. Auf dem kleinen LCD-Monitor seiner Kamera war bald nichts mehr zu erkennen, erzählte er mir später, da die Kristalle gefroren. In meiner großen Kamera steckte eine Röhrensucherlupe, und das Bild funktionierte zum Glück.

Die Kameras waren beide dick in Schutzanzüge eingepackt, in denen zusätzlich kleine Wärmepads steckten, wie man sie zum Beispiel für die Manteltasche verwendet. Die Kamera, die ich benutzte, hatte statt eines Bands zum Aufzeichnen eine Speicherkarte. Diese Kameras haben sich bewährt, da nichts Mechanisches mehr in ihnen läuft. Im Prinzip sind sie reine Rechner. Vom Monitor abgesehen, lief auch Franks Kamera tadellos.

Was uns unvorstellbar schien, geschah: Der Sturm nahm noch zu. Wir waren hin- und hergerissen. Sollten wir den Dreh abbrechen oder weiterfilmen, weil wir so grandiose Bilder erhielten? Irgendwann merkte ich, der ich dem Sturm am stärksten ausgesetzt war – Frank und Morris hatten ihn wenigstens im Rücken, und Frank, der nur die großen Totalen von mir mit den Tieren drehte, musste nicht immer wieder durch die Sucherlupe schauen –, irgendwann merkte ich also, dass mein Geist, meine Gedanken sehr, sehr träge wurden. Solange sich die Bären nicht bewegten, waren die Kameras ausgeschaltet, um die Akkus zu schonen, die bei solcher Kälte schnell in die Knie gehen. Wenn sie sich dann rührten, brauchte ich zunehmend mehr Zeit, mich aus meiner Erstarrung zu lösen. Kamera anschalten, auf die richtige Blende gehen, Schärfe einstellen, Auslöser drücken: All das dauerte von Mal zu Mal länger

An dem Tag holten wir uns alle Frostbrand im Gesicht. Das Scheußliche daran ist, dass betroffenes Gewebe – anders als bei einem Sonnenbrand – bis in tiefe Schichten geschädigt und nie mehr so stark durchblutet wird wie gesundes. Man ist an diesen Stellen fortan besonders empfindlich, und wenn man wieder in starken Frost hinausgeht – was bei mir ja seit vielen Jahren der Fall ist –, hat man sehr schnell neue Erfrierungen.

Was noch nie gedreht – nur fotografiert – wurde, ist, wie eine Bärin mit ihrem Nachwuchs das Packeis erreicht; und wovon es gar keine Bilder gibt – weder bewegte noch unbewegte –, ist, wie eine Bärin mit so kleinen Jungen jagt. Um es vorwegzunehmen: Auch ich sollte, was das anbelangt, mit leeren Händen zurückkommen. Das Ende der Geschichte war, dass die Bärin raus aufs Eis zog, mit den Kleinen auf dem Rücken einen kleinen Kanal, der sich im Packeis gebildet hatte, durchquerte, bis zum nächsten marschierte, auch diesen durchschwamm – und irgendwann unseren Augen entschwand.

»Da zieht sie ihres Weges«, seufzte Frank frustriert. »Wohin wohl?«

Morris zuckte mit den Achseln, und Frank schaute fragend mich an.

»Man weiß nur wenig über die Wanderung von Eisbären. Man weiß, dass sie sehr standorttreu sein können und dann relativ kleine Gebiete – ›klein‹ heißt hier etwa in der Größe von Schleswig-Holstein – so gut wie nie verlassen. Andererseits gibt es Polarbären, in erster Linie sind es nicht-führende Bärinnen oder jüngere Männchen, die extreme Wanderungen auf sich nehmen. Es wurden schon Tiere, die man in Alaska betäubt und mit einem Lefzentattoo markiert hatte, dreieinhalb oder vier Jahre später in Grönland entdeckt. Da sie nicht direkt über den Nordpol gewandert sein können, müssen sie eine Entfernung von 6000 Kilometern zurückgelegt haben! Ein Eisbär ist, wenn er will, der größte Nomade der Erde.«

»Lefzentattoo?«, lachte Frank. »Wieso das denn? Mit Satelliten ist doch heute alles ganz einfach. Man legt den Tieren einen Halsbandsender um und weiß über den Satelliten genau, wo sie sind und welche Routen sie nehmen.«

»Das geht mit Gnus oder Löwen in der Masai Mara oder meinetwegen mit Karibus in Kanada oder Alaska, aber bei Eisbären funktioniert das leider nicht.«

»Weil die Sender die Kälte nicht vertragen?«, riet Frank.

»Das ist nicht das Problem, sondern dass die Eisbären einen so kleinen Kopf haben. Ihr Hals ist fast dicker als ihr Schädel, sodass sie sich das Halsband leicht abstreifen könnten. Irgendwo hat man es mal mit ganz kleinen Sendern versucht, die man den Eisbären ins Ohr knipste, aber die hatten keine große Leistung und vor allem keine lange Lebensdauer. Das war also gradewegs für die Katz gewesen. Auf Spitzbergen hat man Eisbären Nummern aufs Fell gemalt; war auch nicht der Weisheit letzter Schluss.«

»Mich wundert, wie die Eisbären sich in dieser Schnee- und Eiswüste zurechtfinden.«

»Zumal es im Winter, also dann, wenn sie unterwegs sind, in ihrem Lebensraum auch am Tag stockdunkel ist. Dazu die Eisdrift, denn das nordpolare Eis ist keine Festlandmasse, sondern beweglich. Wenn du eine Fahne am geografischen Nordpol aufstellst, ist sie irgendwann später unter Umständen 20 Meilen davon entfernt. Deshalb gab es ja auch Leute, die liefen und liefen und liefen und dem Nordpol nicht näher kamen, weil sie auf dem Eis gegen die Eisdrift gelaufen sind.

Landmarker können die Eisbären also nicht benutzen, weil sich die ständig verändern. Wahrscheinlich, man weiß es nicht, orientieren sich die Eisbären am Gravitationsfeld der Erde, das im Norden sehr stark ausgeprägt ist – und natürlich über ihren Geruchssinn. Ihre Mutter zeigt ihnen Jagdgründe – oder sie entdecken selbst welche –, deren Geruch sie sich einprägen und an die sie zurückkehren.«

Als Nächstes wollten wir Bären auf dem Packeis filmen, und da es in der kanadischen Arktis schwierig bis unmöglich ist, ihnen dorthin zu folgen, brachen wir die Zelte ab und rüsteten uns für Svalbard, die Inselgruppe, die in Deutschland unter dem Namen ihrer Hauptinsel – Spitzbergen – bekannt ist. Rolf Larsen, ein Schwede, den ich von früher kenne und der in Spitzbergen zwar keinen Eisbrecher, aber ein eisgehendes Schiff hat, hatte sich bereit erklärt, mit uns ins Eis zu fahren.

Vor allem wollte ich eine Robbenjagd vor die Linse bekommen. Alles, was man bisher im Fernsehen dazu gesehen hat, sind zusammengeschnittene Bilder: Robbe guckt aus dem Atemloch – Schnitt; Blick auf Eisbär – Schnitt; Robbe taucht ab – Schnitt; Eisbär läuft übers Eis – schnelle Schnitte, dramatische Musik – Schnitt; und auf einmal sieht man den Eisbären an der toten Robbe fressen. Wie der Eisbär die Robbe packt, sie aus dem Wasser zieht, die Robbe zappelt, der Eisbär sie tötet – davon gibt es keine Aufnahmen.

Spitzbergen hat einen recht seltsamen Status. Es wird zwar von Norwegen verwaltet und von einem Repräsentanten der norwegischen Regierung geleitet, der gleichzeitig Hilfsrichter und Polizeichef ist und noch weitere offizielle Funktionen bekleidet, was allein schon eigenartig ist, Norwegen darf aber keine Einkünfte aus der Inselgruppe beziehen, weshalb die Steuern in Spitzbergen verbleiben. So wurde es im Svalbard-Vertrag von 1920 festgelegt, der außerdem allen 39 (!) Vertragsparteien das Recht einräumte, Spitzbergen wirtschaftlich zu nutzen und dessen Bodenschätze auszubeuten. Von Letzterem machen heute allerdings nur Norwegen und Russland Gebrauch. Die Russen haben zum Beispiel eine riesige Steinkohlemine, die mit Sicherheit keinen Gewinn abwirft, aber ihre Präsenz demonstriert. Die Norweger haben auch eine, allerdings, wie sie behaupten, um Longyearbyen mit Strom und Wärme zu versorgen. Der Status Spitzbergens ist also ähnlich dem der Antarktis, und es entwickelte sich so zum »größten Labor der Welt« für die Arktisforschung inklusive eines Startplatzes für Forschungsraketen.

Die Insel Spitzbergen ist, wie der Name schon sagt, recht spitz und gebirgig – und traumhaft schön. Unser erster Eindruck bei der Ankunft in der Hauptstadt Longyearbyen war jedoch: trostlos. Die Menschen wirkten alle ein bisschen frustriert. Nur etwa 3000 Menschen leben in Spitzbergen, knapp 2000 davon in Longyearbyen. Die Stadt an sich ist erstaunlich modern, hat sage und schreibe vier Hotels und einen sehr modernen Hafen. Für skandinavische Verhältnisse ist hier alles recht preisgünstig, vor allem Alkohol, weshalb viele Norweger und Schweden übers Wochenende nach Longyearbyen kommen, sich ordentlich die Kante geben und mit einem dicken Kopf am Sonntagabend zurück nach Oslo, Hammerfest oder Stockholm fliegen. Das ist ziemlich schräg.

Im Hafen lag zu dem Zeitpunkt außer einem riesigen Schiff der norwegischen Küstenwache nur ein weiteres.

»Das muss die *Polarstern* von Rolf sein«, sagte ich zu Frank, als wir uns näherten.

»*Das?* Mit dem Ding sollen wir ins Eis fahren?«, fragte der entgeistert. »Die sieht ja aus wie ein Seelenverkäufer!«

Tatsächlich machte die *Polarstern* auf den ersten Blick nicht gerade den besten Eindruck, was mich im Unterschied zu Frank nicht sonderlich schreckte, da ich wusste, dass sie bereits mehr als 50 Jahre auf dem Buckel hatte, die natürlich Spuren hinterlassen haben.

»Sie ist zwar alt, hat aber eine sehr robuste Maschine, verstärkten Bug und Kiel«, gab ich an Frank weiter, was mir Rolf erzählt hatte.

»Und das da?«, deutete Frank auf ein paar Roststellen am Rumpf, als wir vor dem Schiff standen.

»Der Rumpf schrappt ständig das Eis entlang, da gibt's halt mal Blessuren. Wenn du zum Segeln gehst, dann wohl nur mit Schiffen, die gerade erst vom Stapel gelaufen sind, oder wie?«, zog ich ihn auf.

»Nein, aber wenn da was passieren sollte, ist rund um mich warmes Wasser – und da gibt es vor allem keine Eisbären!«

Ein Kopf tauchte über der Reling auf, verschwand wieder, und im nächsten Moment kam Rolf zu uns herunter. Er ist ein grundsolider, zupackender, sehr ruhiger, zurückhaltender Mann, der nie viele Worte verliert, und so begrüßte er uns lediglich mit einem knappen »Hallo, alles klar?« und einem kräftigen Händedruck.

Nachdem das Gepäck an Bord gebracht und verstaut war und Rolf uns seiner Mannschaft vorgestellt hatte, machten Frank und ich einen Rundgang. Die *Polarstern* war etwa 35 Meter lang und 500 Tonnen schwer. Entgegen dem ersten Anschein war sie in einem hervorragenden Zustand. Rolf hatte sie liebevoll restauriert, sodass man fast glauben konnte, man befände sich auf einem Museumsschiff. So war zum Beispiel alles Holz perfekt abgeschliffen und mit Bootslack neu überzogen worden. Auch Frank war schwer beeindruckt und revidierte seine Meinung.

»Tut dir das nicht weh, mit diesem schönen Schiff ins Eis zu fahren?«, fragte er, als wir uns schließlich zu Rolf setzten, der inzwischen frischen Kaffee aufgebrüht hatte.

Der zuckte nur mit den Achseln und ging in medias res: »Die Packeisgrenze ist momentan ziemlich weit oben, aber der Wind drückt das Eis mit einer relativ großen Geschwindigkeit Richtung Süden. Bei Franz-Josef-Land, im Norden von Grönland und von Spitzbergen hat es enorm viel Eis. Das wird uns zu schaffen machen.«

Denn: Eisbären gibt es zwar überall auf Spitzbergen, aber ihr eigentliches Gebiet liegt im Norden. Dort gibt es große Fjorde, in denen sich sogenanntes Jahres- oder Jährlingseis bildet. Dieses Eis wird bei großen Stürmen in das offene Meer hinausgespült, und die Fjorde sind dann für kurze Zeit – bis sich wieder junges Eis bildet – eisfrei. Robben, in erster Linie sind es hier Bart- und Ringelrobben, mögen das Jahreseis sehr, weil es nur etwa 50 Zentimeter dick ist und die Atemlöcher daher leicht offen zu halten sind. Und die Eisbären wissen das.

Noch vor dem Eis setzte uns ein schlimmer Sturm zu, wie sich das für das beginnende Polarmeer gehört, und die See tobte. Frank und ich sind zum Glück absolut seefest, aber es war schon beängstigend, wie die *Polarstern* hin und her geworfen wurde. Rolf jedoch trank in aller Ruhe seinen Tee mit Rum und meinte lapidar: »Übermorgen wird es besser, wenn die Windrichtung dreht.«

Und tatsächlich hatte sich zwei Tage später der Sturm gelegt. Noch bevor wir das eigentliche Eisbärengebiet erreichten, machten Frank und ich in einem kleinen Fjord, in den ein Gletscher mündete, unseren ersten – und wie sich bald herausstellen sollte letzten – Landgang auf dieser Reise. Frank hatte zwei Gläser dabei und eine Flasche irischen Whiskey. Er wollte unbedingt mit einem Whiskey mit echtem Gletschereis mit mir anstoßen. Wir haben also einen Schluck getrunken, ein bisschen gefilmt, wieder einen Schluck getrunken – und waren schließlich nicht nur überzeugt, den Unterschied zwischen ordinärem Kühlschrankeis und Gletschereis zu schmecken, sondern auch ziemlich beschickert.

Der Fjord, den wir drei Tage später anliefen, war voller Eis. Der Steuermann rammte das Schiff ein paarmal dagegen und versuchte uns einen Weg zu bahnen. Das Eis knackte zwar, aber die *Polarstern* ist nun mal kein Eisbrecher. Ursprünglich war das Schiff dafür gebaut worden, im Winter im Norden der Ostsee Güter zu transportieren, nur musste es da nicht gegen solche riesigen Eisfelder ankämpfen. Während die anderen von der Brücke oder vom noch höher gelegenen Radardeck aus Eisbären auszumachen versuchten, kletterte ich des Öfteren ins »Krähennest«, weil man von dort die beste Aussicht hatte.

Als ich das erste Mal zu dem Ausguck an der Mastspitze hochstieg, sorgte das für ziemliche Überraschung bei Rolf und seiner Crew, denn das hätten sie einer Landratte nicht zugetraut. Sie konnten aber auch nicht wissen, dass ich in meinen ersten Jahren als Jäger und Förster nebenher als sogenannter Wipfelköpfer und Zapfenpflücker gearbeitet habe, um den mageren Verdienst aufzubessern: Mit Steigeisen an den Schuhen und einer Säge am Gürtel – ich nahm immer eine Handsäge, weil mir eine Motorsäge zu gefährlich war –, stieg ich zunächst mithilfe einer langen, dreiteiligen Leiter so hoch wie möglich in die Bäume hinauf. Dann ging es weiter bis in die Spitze, wo ich die Wipfel köpfte. Das war eine sehr effektive Art, Bäume, vor allem klassische Tellerwurzler wie zum Beispiel Fichten, gegen Stürme zu schützen. Am meisten gefährdet sind übrigens nicht die Randfichten, da sie starke, kräftige Wurzeln haben, sondern die weiter innen stehenden Bäume, die auf der Suche nach Licht zu schnell nach oben schießen und dabei nur schwache Wurzeln ausbilden. Und: Hat ein Orkan erst einmal eine Schneise in den Wald geschlagen, fressen sich die folgenden Stürme von Jahr zu Jahr immer weiter in den Wald hinein. Um das zu verhindern, wurden die Bäume entlang der Schneise eines Großteils der Krone (bis zu drei Meter) beraubt, und zwar derart, dass sie mit dem übrigen Bestand ein schräges Dach bildeten und so weniger Angriffsfläche bildeten.

Die Arbeit des Wipfelköpfers wurde sehr gut bezahlt – aus gutem Grund, denn man musste jeden Baum hoch- und wieder runterklettern. Theoretisch. Denn als guter Wipfelköpfer, und zu denen zählte ich mich, wenn ich auch nicht an »Eifeltarzan« herankam, der es in seiner Jugend zu wahrer Meisterschaft im Wipfelköpfen gebracht hatte, brachte man den Stamm, dessen Krone man gerade abgesägt hatte, zum Schaukeln, sodass man die Zweige des Nachbarbaums zu fassen bekam. Und dann kam der spannende Moment, in dem man den einen Baum loslassen und sich mit der nun freien Hand blitzschnell am anderen Baum einen zweiten Halt suchen musste. Manchmal konnte man auf diese gefährliche Art und Weise bis zu 15-mal von einem Baum zum nächsten wechseln. Durch diese Methode sparte man natürlich viel Zeit und Kraft und verdiente noch mehr Geld, da das Wipfelköpfen pro Baum bezahlt wurde. Leider funktionierte sie nur bei Bäumen, die sehr zähes Holz haben, für Douglasien zum Beispiel war sie nicht geeignet. Da musste man wohl oder übel erst auf den Boden hinunter und dann den nächsten Baum wieder nach oben klettern. Obwohl man maximal vier, fünf Stunden am Tag Wipfel köpfen konnte, bevor man völlig ausgepowert war, machte ich das jahrelang im Nebenerwerb – und baute nebenher, ganz ohne Fitnessstudio, so viel Muskulatur auf, dass bereits nach einem halben Jahr meine Uniform und die Hemden zu eng wurden.

Zweimal verlor ich beim Überwechseln von Baum zu Baum den Halt und stürzte gut 20 Meter in die Tiefe. Beim ersten Mal landete ich, nachdem mein Sturz auf den ersten gut zehn Metern – wie in solchen Fällen unvermeidlich – von einigen Ästen schmerzhaft abgebremst worden war, unversehrt in einem Reisighaufen. Beim zweiten Mal schlug ich auf einen Baumstumpf auf und war mehrere Tage mit starken Prellungen, Stauchungen und Zerrungen außer Gefecht gesetzt. Andere hatten nicht so viel Glück. Ein Wipfelköpfer aus dem Nachbardorf war nach einem solchen Sturz querschnittsgelähmt.

Beim Zapfenpflücken, ähnlich gefährlich, aber weniger anstrengend, stieg man mit einem großen Sack im August oder September zertifizierte Saatgutbäume hoch bis in die Krone und sammelte deren Zapfen ab. Einfacher wäre es natürlich gewesen, einfach zu warten, bis die Zapfen von allein herunterfielen, aber dann hatten sie die Samen bereits in alle Winde verstreut. Bei großen Douglasien oder Fichten konnte es zwei, drei Stunden dauern, bis ein Baum abgeerntet war.

Dann kamen rumänische, jugoslawische und polnische Steiger in die Eifel und arbeiteten für ein Viertel des Preises. Damit waren unsere fetten Jahre vorbei. Aber da fing ich bereits mit der Tierfilmerei an.

Im Krähennest zu stehen war ein Erlebnis der besonderen Art. Nicht nur schaukelte das Schiff auf den Wellen, es stieß auch hin und wieder gegen das Eis, was jedes Mal einen ordentlichen Schlag tat. Nichtsdestotrotz machte ich da oben Moderationen. Frank wäre als alter Segler und schlankster Kameramann Deutschlands gerne mit ins Krähennest gegangen, aber für uns beide war dort oben einfach kein Platz. Als zweiter Kameramann fungierte wieder einmal mein ausgestreckter Arm: Daran war eine Steadicam befestigt, ein komplexes Halterungssystem für tragbare Kameras, das verwacklungsarme Bilder garantiert, obwohl sich der Kameramann bewegt. Ich filmte mich also selbst, während ich direkt in die Kamera sprach. Im Bild sieht man dann nur meinen Kopf bis zur Schulter, und der Zuschauer hat das Gefühl, er selbst sei als zweiter Kameramann, der perfekt mitschwenkt, ganz nah an mir dran.

Es war toll da oben. Ich hatte einen unglaublichen Blick, sah in der Ferne große Gletscher. An ihren steilen Abbruchkanten, die zum Teil 35 Meter hoch sind, lösen sich immer wieder gewaltige Eismassen, stürzen ins Meer und treiben dann als wunderschöne blaue Eisberge davon. Die Blaufärbung kommt daher, dass das Eis sehr wenig Lufteinschlüsse hat und sehr, sehr stark gepresst ist.

Als ich das vierte- oder fünftemal in das Krähennest hochgeklettert war, entdeckte ich endlich, in etwa anderthalb Kilometer Entfernung, zwei Eisbären: eine führende Bärin mit einem Jungen, die an einer Robbe fraßen. Ich konnte mein Glück kaum fassen.

»Da drüben, seht ihr? Zwei Bären«, rief ich zu den anderen hinunter und fuchtelte wie wild mit den Armen. Wenige Sekunden später stand ich neben Frank. »Los, die Sachen holen und raus aufs Eis!«

Aber Rolf sagte: »Nein, ist nicht drin.«

Verständnislos starrten Frank und ich ihn an.

»Was soll das heißen, ›ist nicht drin‹?«, brachte ich schließlich hervor.

»Jungs, ihr könnt hier auf dem Boot machen, was ihr wollt. Aber ich lass euch nicht allein zu Fuß aufs Packeis. Und weder ich noch einer meiner Männer will mitkommen und euch bewachen müssen.«

»Wieso bewachen?«, fragte Frank verdattert.

»Na, wegen der Eisbären! Wenn da ...«

»... hör mal«, unterbrach ich Rolf, »ich bin gewohnt, selbst zu entscheiden, was ich mache und welches Risiko ich eingehe. Außerdem habe ich 15 Jahre Arktiserfahrung und kenne mich gut mit Bären aus.«

»Das mag ja alles sein, aber das ist mein Schiff, ich bin der Kapitän. Ich bin für euch verantwortlich, auch wenn ihr das nicht wahrhaben wollt, und hier wird gemacht, was ich sage!«

So etwas hatte ich in der Form noch nie erlebt. Es folgte eine hitzige Diskussion.

»Ich unterschreibe dir jeden Wisch, dass ich auf eigene Verantwortung aufs Eis gehe. Dann bist du aus dem Ganzen heraus«, versuchte ich es ein letztes Mal.

»Das ist mir alles völlig egal. Wenn euch da draußen was passiert oder vielleicht sogar ein Eisbär angreift und wir ihn erschießen müssen, muss ich ungefähr zwei Ordner voll Papierkram erledigen, weil einen Eisbären zu schießen hier fast wie ein Mord behandelt wird, und darauf habe ich keinen Bock. Schluss, basta!«

Widerwillig gab ich mich geschlagen, denn ich war mir ziemlich sicher, dass Rolf und seine Männer uns notfalls mit Gewalt daran hindern würden, das Schiff zu verlassen.

Frank und ich waren beide mit einer hohen Erwartung nach Spitzbergen gekommen: Da leben reichlich Eisbären – um die dreitausend –, und wir sind auf einem Schiff, kommen also nah an die Tiere heran; es ist nicht so kalt wie in Nordkanada – die Temperaturen fallen selbst nachts nur auf etwa minus acht Grad; wir haben gutes Essen, eine Koje, können heiß duschen, die ganze Quälerei an der Hudson Bay vergessen. Und nun scheiterten unsere Träume an einem sturen, übervorsichtigen Kapitän. Kaum zu fassen.

Dann stellte sich auch noch das Wetter gegen uns. Ein Sturmtief jagte das nächste. Es gab eine Menge neuen Schnee, die Sichtweite war gleich null. Für das Schiff war das dank Radar kein Problem, aber wir konnten keine Bilder drehen. Wir konnten nur lesen, schlafen, herumhängen. Als es schließlich zu schneien aufhörte, zogen dicke Nebelbänke auf und umhüllten uns tagelang wie Watte. Das Einzige, was zu hören war, war Eis, das sich knirschend und knackend am Schiffsrumpf rieb.

Frank hatte die Tatsache, dass wir das Schiff nicht verlassen durften, gelassener als ich genommen. Zwar hatte auch er den Ehrgeiz, außergewöhnliche Aufnahmen zu drehen, aber nah an Eisbären heranzugehen war ihm nach wie vor nicht geheuer. (»Denk dran, Andreas, es ist nur fürs Fernsehen.«) Dafür hatte er mehr als ich damit zu kämpfen, dass wir überhaupt so wenige Eisbären zu Gesicht bekamen, da ich ja aus jahrelanger Erfahrung wusste, wie schwer es ist, Eisbären zu filmen. An meinem ersten Eisbärenfilm hatte ich fast zwei Jahre gedreht, bis ich genügend gutes Material hatte – für einen 30-Minuten-Film!

Das und nicht zuletzt die Tatsache, dass die Chemie zwischen Rolf und uns grundsätzlich stimmte, waren der Grund dafür, dass die Auseinandersetzung keine Missstimmung hinterließ.

Endlich lichtete sich nach drei Tagen der Nebel, und wir sahen auf einer riesigen Packeisfläche einen Eisbären vor einem Atemloch lauern. Wir machten vom Schiff aus fünf weitere

Atemlöcher aus, an denen immer wieder mal eine Robbe ihren Kopf herausstreckte, sich umguckte und wieder abtauchte, wahrscheinlich, um unter Wasser weiter nach Heringen, Dorschen oder Rotbarschen zu jagen. Nur da, wo der Eisbär hockte, ließ sie sich kein einziges Mal blicken. Nach geschlagenen acht Stunden warf er das Handtuch und trollte sich. Für heute hatte die Robbe Glück gehabt. An einem Atemloch Luft zu holen ist in der Arktis wie russisches Roulette zu spielen. Anders in der Antarktis, wo es keine Eisbären gibt und die Robben auch keine anderen Fressfeinde haben; da teilen sich zum Teil fünf bis acht Robben ein einziges Atemloch.

In den nächsten Tagen wurden wir für die schlechte beziehungsweise überhaupt nicht vorhandene Sicht der vergangenen Woche entschädigt. Je weiter wir in den Norden vordrangen, umso mehr Eisbären bekamen wir zu sehen. Einmal schwamm sogar ein großes Männchen in nur etwa 60 Metern Entfernung am Schiff vorbei.

»Stimmt es, dass Eisbären enorme Entfernungen im offenen Wasser zurücklegen können?«, wollte Frank wissen, nachdem er das Tier eine Zeit lang beobachtet hatte. »Denn sonderlich elegant ist der Schwimmstil nicht. Sieht auch nicht gerade kräfteschonend aus.«

»So 60, 70 Kilometer schaffen sie damit trotzdem, was ja nicht ohne ist. Geschichten von 100 und mehr Kilometern halte ich aber für übertrieben. Eisbären haben ja nur ganz kleine Schwimmhäute. Und keine dichte Unterwolle, sodass das Wasser relativ schnell bis auf die Lederhaut durchdringt; was andererseits natürlich den Vorteil hat, dass das Fell schnell trocknet.«

»Kommt es mir nur so vor, oder sind die Eisbären hier kleiner als die in der Gegend um Churchill?«, fragte Frank weiter.

»Sind sie, ja. Die Eisbären von Spitzbergen gelten sogar als die kleinsten weltweit, die in der Nähe der Beringstraße als die größten. Früher dachte man, der Eisbär würde auf der Suche nach Robben unermüdlich wandern und mit der Eisdrift rund um den Nordpol ziehen. Mittlerweile weiß man, dass die Tiere relativ standorttreu sind, also verschiedenen Populationen angehören. Und die unterscheiden sich halt ein bisschen voneinander. Das ist ähnlich wie ...« – ich suchte nach einem Beispiel – »wie bei den Elefanten.«

»Indische und afrikanische«, nickte Frank.

»Nein, die meine ich nicht, die unterscheiden sich ja recht deutlich. Ich dachte an die großen Elefanten etwa im Krüger Nationalpark in Südafrika und ihre kleineren Verwandten im Addo Nationalpark weiter im Südwesten.«

»Und wie groß wird ein großer Eisbär?«

»Der Größte hatte angeblich 3,60 Meter, gemessen vom Kopf bis zum Rumpf, und eine Schulterhöhe von über 1,60. Das größte Weibchen, von dem ich weiß, erreichte 2,50 Meter. Im Durchschnitt sind es 2,40 bis 2,60 bei den Männchen; dann wiegen sie so zwischen 420 und 500 Kilo. Weibchen werden 1,90 bis 2,10 Meter groß und bringen dann zwischen 150 und 300 Kilo auf die Waage.«

»Na, die hier mögen zwar zu den Kleineren zählen, aber bestimmt nicht zu den Leichtgewichten. Die sind richtig fett, total vollgefressen. Schau mal, der da drüben«, Frank wies mit dem Kopf auf einen Punkt hinter meiner Schulter, und ich drehte mich um.

»Dem schleift der Bauch ja schon fast übers Eis. Schlecht geht es ihnen bestimmt nicht, sonst würden nicht so viele Robbenkadaver auf dem Eis liegen, denen nur der Blubber fehlt.«

»Der was?«, fragte Frank.

»Der Blubber. So nennt man die dicke Speckschicht bei Robben und Walen. Wenn die Eisbären nur den Blubber fressen und den Rest den Möwen und Eisfüchsen überlassen, *müssen* sie im Überfluss schwelgen. Das würde zu der Theorie passen, dass sich durch die Erderwärmung und das Abschmelzen der Eismassen die Nahrungskette der Eisbären enger zusammenzieht und die Eisbären erst einmal wie im Schlaraffenland leben, denn da, wo das Eis ist, pulsiert das Leben.«

Solange Frank und ich nicht zu den Eisbären aufs Eis wollten, war Rolf ein ausgesprochen gelassener Typ. Einmal wurde plötzlich ziemlich viel Eis ziemlich schnell vom Meer her in einen Fjord getrieben. An sich nicht weiter schlimm – wenn man nicht gerade mit einem Schiff in diesem Fjord ist und das Eis den Weg hinaus blockiert. Als klar wurde, dass die 500 PS der *Polarstern* gegen das Eis nicht ankamen, meinte Rolf nur: »Macht euch mal keine Sorgen, das erleben wir jedes Jahr ein paarmal. Wir warten hier einfach ab. Das Eis wird sich auch wieder drehen und dann in die andere Richtung ziehen.«

»Und wie lange kann das dauern?«, wollte Frank wissen.

»Einen Tag. Drei Wochen. Kann man nicht sagen«, antwortete Rolf und zuckte gleichmütig mit der Schulter. Als er unsere zweifelnden Blicke sah, grinste er jedoch und meinte: »An drei Wochen glaube ich selbst nicht, keine Bange.«

Während der Mond aufging, schickte die Sonne ihre letzten Strahlen über den Horizont und tauchte die Landschaft um uns herum in ein eigenartiges Licht, was eine tolle Stimmung erzeugte.

Gegen Morgen wurde ich wach, weil sich ein großes Stück Eis am Rumpf des Schiffes rieb. Verschlafen stolperte ich an Deck und sog die frische Luft tief in meine Lungen. Eine fahle Dämmerung machte sich gerade daran, die Nacht zu vertreiben. Plötzlich nahm ich im Augenwinkel eine Bewegung wahr – und war im nächsten Moment hellwach: Ein junges Eisbärmännchen stand nur 50 Meter vom Schiff entfernt! So leise wie möglich schlich ich nach unten und holte meine Kamera.

Es wurden starke Bilder, keine spektakuläre Aktion, aber von der Gesamtkomposition her unglaublich schön: im Hintergrund die Gebirgskette von Spitzbergen, das viele Packeis, im Morgenlicht alles rosa und rötlich eingefärbt: Der Bär läuft über das Eis auf das Schiff zu, stellt sich an die Schiffswand, richtet sich auf und schnuppert.

Da wir sämtliche Nahrungsmittel und sogar die Essensreste in geruchsdichten Behältern hatten, konnte ihm nur der Geruch von Öl, Diesel und anderem nicht Genießbaren in die Nase steigen. Zweimal umkreiste er das Schiff, dann verlor er das Interesse und zog weiter. Normales Eisbärenverhalten. Keine Aggression. Theoretisch hätte er aufs Schiff klettern können, ist er aber nicht. Schade, dass Frank gerade die Kameratechnik in der Kajüte checken musste. Leider bekam er nur noch das Ende der wunderschönen Eisbärenauftritte mit – Tierfilmerpech!

Unterm Strich war diese Reise eine der teuersten, die ich jemals gemacht habe, aber nicht sehr erfolgreich, denn die Bilder, von denen ich eigentlich geträumt hatte – Eisbären, wie sie eine Robbe schlagen – haben wir leider nicht bekommen.

»Weißt du«, sagte ich zu Frank, als wir in Longyearbyen auf unseren Flug nach Hamburg warteten, »um den Eisbären richtig auf den Grund zu gehen und ganz nah an sie heranzukommen, müsste man mit einem eigenen Schiff im Herbst hier hochsegeln und sich vom Eis einschließen lassen. Das würde bestimmt eine harte Zeit werden, die lange Dunkelheit, die Kälte, aber man wäre mitten im Geschehen und könnte ab Februar die Bilder drehen, die man sich immer gewünscht hat.«

»Dein Schiff ist dafür aber definitiv zu klein«, gab Frank zu bedenken.

»Ja, klar, aber ein Freund wollte mir mal sein altes Segelschiff schenken, auf dem er lebt – ein großes Stahlboot, 17 Meter lang, fürs Eis durchaus geeignet, mit dem er jahrelang um die Welt gesegelt ist. Ich habe abgelehnt, weil ich nicht wusste, was ich damit anfangen sollte. Erst neulich hat er wieder zu mir gesagt, dass er sich lieber ein Zimmer nehmen würde und ob ich sein Schiff wirklich nicht haben wolle. Das wäre doch die Gelegenheit! Was meinst du?«

Die Idee gefiel uns beiden sehr gut, und während des Fluges haben wir sie noch ein bisschen weitergesponnen.

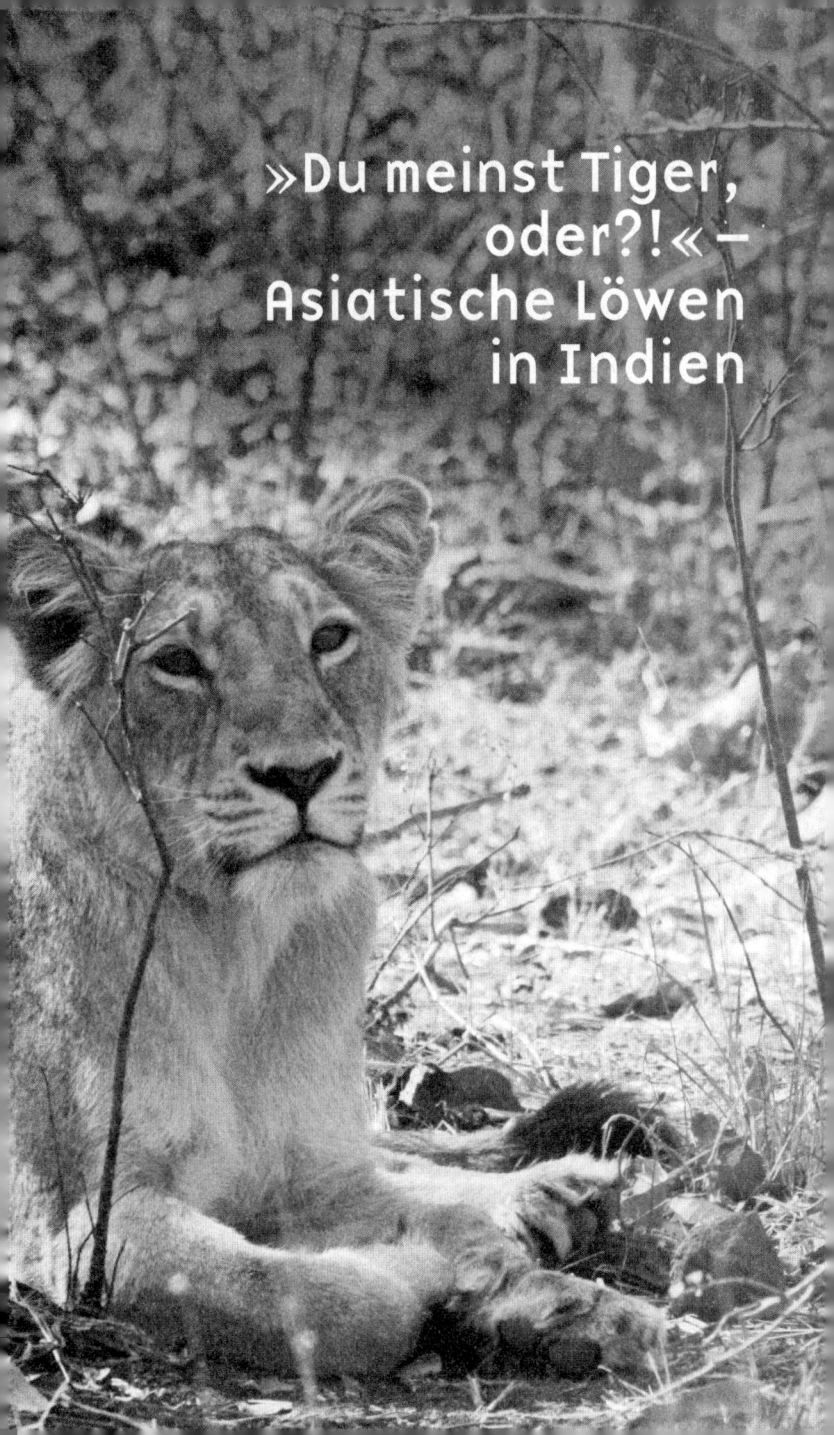

»Du meinst Tiger,
oder?!« –
Asiatische Löwen
in Indien

Die Provinz Gujarat nordwestlich von Mumbai (Bombay) hat nur wenig von dem, was man von Indien erwartet. Die Menschen sind schlicht gekleidet, Farbe in den Alltag bringen nur die Lkws, die mit farbenfrohen Stoffen behangen oder bunt bemalt sind. Es gibt kein Menschengewusel, keine Dschungel, keine großen Tempel und nur relativ wenige heilige Kühe, dafür riesige Zuckerrohr-, Baumwoll- und Weizenfelder, eine große Zink- und Bleimine, ein Braunkohletagewerk und ein gigantisches Zementwerk.

Jetzt, im Frühjahr, war es heiß und trocken, wie in einem Backofen, denn die letzte Regenzeit war seit September vorüber und die nächste würde erst im Juni beginnen. Nach den sehr kalten und ungemütlichen Wochen im Norden war das für mich das reinste Kontrastprogramm.

Luana und ich fuhren in einem Jeep von Diu, dem ehemaligen portugiesischen Kolonialstützpunkt an der Südküste Gujarats, zum ein Stück weiter nördlich gelegenen Gir-Nationalpark, als wir an eine große Straßensperre kamen und ein Beamter uns fragte, ob wir Alkohol dabeihätten. Auf unseren fragenden Blick erklärte er uns, dass die Region, in die wir jetzt fuhren, absolutes Alkoholsperrgebiet sei, aber weil wir Ausländer seien, würde er ein Auge zudrücken. Das war in etwa das, was wir verstanden, denn sein Englisch war mit dem unsrigen nicht unbedingt kompatibel. Wir hatten jedoch nicht einmal ein einziges Döschen Bier dabei, weil wir davon ausgegangen waren, dass man sich überall was kaufen könne. Nun, offensichtlich war dem nicht so.

»Ts«, schüttelte ich den Kopf, nachdem wir den Kontrollposten passiert hatten, »ich bin ja wirklich schon weit herumgekommen, aber dass ein ganzes Gebiet mit einer Alkoholsperre belegt ist, habe ich noch nie erlebt. Bin gespannt, welche Überraschungen Indien noch bereithält.«

Als ich beim ZDF das erste Mal von meinen Plänen zu »Expeditionen zu den Letzten ihrer Art« erzählt und die Asiatischen Löwen erwähnt hatte, hatte mich ein Redakteur korrigiert: »Du meinst Tiger.«

»Nein, nicht Tiger, Löwen!«

»Löwen in Indien?«, hatte er verdattert gefragt.

Ähnlich war es, als ich Luana fragte, ob sie mit nach Indien kommen wolle, um Löwen zu filmen.

»Du meinst Tiger.«

»Nein, ich meine Löwen.«

Na ja, dachte ich mir damals, in Deutschland oder vielleicht generell in Europa assoziiert man Löwe halt mit Afrika. Ich hätte aber vermutet, dass zumindest die Inder den Asiatischen Löwen kannten, wo doch vier Rücken an Rücken stehende Löwen sogar das indische Wappen zieren. Umso überraschter war ich dann bei unserer Ankunft am Flughafen von Mumbai.

»Wo wollen Sie denn mit dem ganzen Filmequipment hin?«, fragte uns ein Zollbeamter, und ich antwortete: »In den Gir-Wald, um Löwen zu filmen.«

Und was sagte der Beamte? Richtig: »Sie meinen Tiger.«

Früher war der Asiatische Löwe beziehungsweise der persische *(Panthera leo persica)* von Griechenland bis nach Indien verbreitet. Aus Europa verschwand die Großkatze bereits zu Beginn der Zeitenwende vor zweitausend Jahren, im 19. Jahrhundert wurden die letzten Löwen der Türkei und Syriens geschossen. Auch in Indien schrumpfte das Verbreitungsgebiet immer weiter zusammen, und heute gibt es nur noch eine einzige in freier Wildbahn – eben im Gir-Nationalpark – lebende Population mit etwa 250 bis 300 Exemplaren. Was erklären mag, warum selbst viele Inder nichts von Löwen in ihrer Heimat wissen.

Wie molekularbiologische Untersuchungen der DNS zeigten, hat sich der Indische Löwe erst vor 50 000 bis 100 000 Jahren von seinem afrikanischen Vetter abgespalten. Die beiden Löwenarten sind sich genetisch derart ähnlich, dass sie sich kreuzen lassen – wobei die Hybriden sehr anfällig für Infektionen sind und ihre Hinterläufe so schwach, dass sie kaum laufen können. Andererseits gibt es ein paar Körpermerkmale, in denen sie sich unterscheiden. Der indische Vetter hat generell eine Hautfalte am Bauch, der afrikanische nur in seltenen Fällen. Der Asiatische Löwe hat stärker behaarte Ellbogen, dafür keine so imposante Kopfmähne. Auch ist er im Durchschnitt etwas kleiner und leichter. Das größte je gemessene indische Männchen brachte es auf 292 Zentimeter, das längste afrikanische schaffte über einen halben Meter mehr. Erwachsene Männchen wiegen in Indien zwischen 160 und 190 Kilogramm, in Afrika im Schnitt 225; erwachsene afrikanische Weibchen bringen mit durchschnittlich 150 Kilogramm immerhin noch etwa 30 Kilogramm mehr auf die Waage als ihre Cousinen in Indien.

Dass der Persische Löwe als Art überhaupt überlebte, ist dem Nawab (Fürst) von Junagadh zu verdanken, der die letzten Löwen um die Wende zum 19. Jahrhundert in seinem Jagdrevier, dem Gir-Wald, unter Schutz stellte. Der Gir-Wald umfasste zu jener Zeit noch rund 2600 Quadratkilometer, die seither durch Abholzung auf etwa die Hälfte geschrumpft sind. Angeblich war damals der Bestand auf weniger als 20 Exemplare geschrumpft. Vermutlich war das aber eine bewusst gestreute Fehlinformation, um Trophäenjäger von vornherein durch schlechte Erfolgsaussichten abzuschrecken. Einiges spricht dafür, dass an die 100 Löwen überlebt hatten.

In Tierparks werden Asiatische Löwen zum Teil recht erfolgreich gezüchtet, so zum Beispiel im Zoo in Zürich, wo eine 2006 eröffnete Anlage für Asiatische Löwen auf knapp 2000 Quadratmetern einen Ausschnitt des Gir-Waldes nachbildet. Unter der Leitung von Alex Rübel, der mir wertvolle Informationen gab und einige Kontakte in Indien vermittelte, unterstützt der Zoo Zürich außerdem den Aufbau einer Forschungsstation, die die Auswilderung von Löwen aus Zoobeständen vorbereiten soll.

Ein erster Versuch im nordindischen Bundesstaat Uttar Pradesh war fehlgeschlagen. Zunächst versprach das Projekt ein Erfolg zu werden, und die Tiere vermehrten sich. Doch als sie begannen, Haustiere zu reißen, besiegelten sie ihr Schicksal. Die Bewohner der umliegenden Dörfer griffen zur Selbsthilfe und vergifteten die Tiere. Die Toleranz der Maldharis – dazu später mehr – ist nicht allen Indern eigen. Nun sollen in zwei anderen Bundesstaaten Löwen aus Zoozuchten angesiedelt werden, und es bleibt zu hoffen, dass die dort ansässige Bevölkerung die Tiere auch dann akzeptiert, wenn sie sich ab und zu ein Rind oder einen Wasserbüffel holen. Noch steht allerdings die Genehmigung der indischen Zentralregierung aus, und so bleibt der Asiatische Löwe eine vom Aussterben bedrohte Art.

Das Headquarter für den Gir-Wald befindet sich in Sasan Gir, einer kleinen Siedlung, in der geschäftiges Treiben herrschte. Alte Rikschas, Lkws und dreirädrige Tuk-Tuks drängten sich in den Straßen, dazwischen kleine Mopeds, streunende Hunde, heilige Kühe – und überall Kuhfladen.

Vor dem Büro lungerten etliche Männer herum, offensichtlich Guides und Fahrer, die auf Kundschaft warteten. Das Büro selbst wirkte fast wie eine Filmkulisse. Es war ein bisschen düster, sodass Luana und ich eine Zeit brauchten, bis wir überhaupt etwas erkennen konnten, alt, verstaubt und vollgestopft mit Ordnern, Akten und Papieren. An der Decke drehte sich ein riesiger Ventilator, ein zweiter stand neben dem Schreibtisch. Dazu passte der Chief Ranger des Nationalparks: ein ebenfalls alter, würdiger Inder mit Zwirbelbart. Während unseres Gesprächs glitt sein Kugelschreiber beständig über Papier und hinterließ für uns unlesbare Notizen. Alle paar Minuten reichte der Ranger seinem Gehilfen ein Blatt oder Formular, das dieser dann sofort lochte und in einem der unzähligen Ordner abheftete.

»Wie groß ist deine Kamera?«, wollte er wissen.

Ich antwortete: »Nicht sehr groß.«

»Ist es eine professionelle Kamera?«, fragte er als Nächstes.

»Ja, fürs Fernsehen.«

»Ah ja, okay. 1000 Dollar am Tag.«

Da musste ich erst einmal schlucken. »1000 Dollar? Am Tag?«, hakte ich ungläubig nach.

»1000 Dollar ist hier normal«, nickte er. »Dreht ihr Dokumentar- oder Spielfilm? Wenn ihr Spielfilm dreht, sind es 2500 Dollar pro Tag.«

»Nein, nein, Dokumentarfilm«, sagte ich sofort, was ja auch der Wahrheit entsprach. Dann stellte ich Luana vor und erklärte dem Ranger, dass sie den Ton aufnehme und mit der zweiten Kamera filme.

»Ach, ihr habt zwei Kameras dabei?«

»Ja, damit Luana mich filmen kann, wie ich die Tiere filme.«

»Tja, also zwei Kameras. Das wären dann 2000 Dollar pro Tag«, meinte er lapidar und hielt mir eine vergilbte Liste vor die Nase.

Ich hätte mich beinahe verschluckt, denn ich sah unser Budget schon wie Schnee in der Sonne schmelzen. »Die zweite Kamera ist aber sehr klein«, wandte ich ein.

»Kann ich die mal sehen?«

»Ähm, ja. Ich muss sie aber erst holen. Die liegt in der Herberge«, flunkerte ich und trat Luana unter dem Tisch kurz gegen den Fuß.

»Ich habe gar nicht mitbekommen, dass wir schon in einer Herberge eingecheckt haben«, grinste Luana, kaum dass wir die Tür hinter uns zugezogen hatten.

Hatten wir ja auch nicht, denn wir hatten uns nach unserer Ankunft in Sasan Gir nur einen ersten Eindruck verschafft und waren dann direkt zum Büro des Nationalparks gefahren.

In Sasan Gir gibt es mehrere Unterkünfte, zum Teil sehr luxuriös, sogar die Camps. Die kosteten aber auch viel Geld. Wir entschieden uns schließlich für ein relativ simples, aber nettes Bed and Breakfast auf einer Plantage etwas außerhalb, wo Mangos und Zitrusfrüchte gezüchtet werden – und, wie sich später herausstellen sollte, ständig ein Haufen freundlicher Leute um uns herumwuseln und versuchen würde, uns abzustauben, wenn wir völlig versandet von einer Fahrt mit dem Jeep zurückkamen.

Als wir zwei Stunden später wieder bei dem Ranger auftauchten, hatten wir von der Kamera alles entfernt, was man abbauen konnte: Mikrofon, Sonnenblende, Griff und so weiter, und präsentierten praktisch das nackte Gehäuse.

»Die Kamera ist ja wirklich ziemlich klein«, stimmte uns der Ranger zu, und ich schöpfte Hoffnung, aber noch war die Sache nicht ausgestanden. »Wie groß ist denn das Band, das in die Kamera hineinkommt?«, war seine nächste Frage.

Da hatten wir Glück, denn diese Kamera zeichnet mit hoher Geschwindigkeit auf ein relativ kleines Band auf, das kleiner als eine Zigarettenschachtel ist.

»Hm, das ist ja eher eine Amateurkamera. Da will ich mal nicht so sein. 1000 Dollar für beide Kameras zusammen.«

Das war immer noch viel zu viel. Wir sahen ja nicht gerade aus wie die große Filmcrew von der BBC oder von National Geographic. Aber das war dem Inder egal. Er ließ nicht mit sich reden. Auch mein Bestechungsversuch scheiterte. Damit war klar, dass unser Aufenthalt hier sehr viel kürzer ausfallen musste als geplant.

Die Behörden in Indien sind ein Fall für sich, eine perfekte Mischung aus englischer Bürokratie und indischer – ja was eigentlich? Korruption ist ein zu hartes Wort. Wobei der Ranger von Gir dagegen gefeit war. Dazu kommt, dass die Inder zum Teil völlig falsche Vorstellungen davon haben, was Ausländer bereit sind zu zahlen, um bestimmte Sachen zu sehen. Und null Flexibilität. Das hatten wir schon bei der Einreise in Mumbai zu spüren bekommen. Bei einer Kamera stimmte die Gehäusenummer am Gerät nicht mit der in den Papieren überein: zwei Ziffern waren verdreht. Es kostete unheimlich viel Zeit, Nerven und meine ganze Überzeugungskraft, den Beamten klarzumachen, dass es sich trotz des Zahlendrehers um die richtige Kamera handelte. Man hat es da ja nicht nur mit einem Beamten zu tun, da stehen gleich vier oder fünf herum. Einer vergleicht die Papiere, gibt sie dem Nächsten, der sie unterzeichnet, der Dritte schüttelt den Kopf ... Vielleicht hatten sie auch nur Langeweile und wollten einfach mal sehen, was ein Filmteam so mit sich führt – und ein gutes Trinkgeld.

»1000 Dollar am Tag?«, empörte sich Luana, als wir uns bei einem Glas Mango-Lassi (Lassi, ein Milch-Joghurt-Mix, ist neben Tee das häufigste Getränk in Indien) von dem Schreck erholten. »Ist das woanders auch so teuer, wenn man professionell filmt?«

»Nein, sonst hätte ich mir schon längst einen Nebenjob suchen müssen. In den USA und in Kanada zum Beispiel wird man manchmal nur dazu verpflichtet, ein oder zwei Prozent vom Gewinn abzugeben. Was dann in der Regel kein Mensch macht, außer große Firmen.

Ansonsten liegt der gängige Preis für eine Drehgenehmigung in den meisten Ländern bei so 350 Dollar. Damit hatte ich auch hier gerechnet. Aber es gibt halt Länder, da wirst du richtig abgezockt. Und Indien gehört offensichtlich dazu. Die sagen sich: Die verdienen Geld mit dem, was sie drehen. Dieses Gebiet ist Staatsgebiet oder Privatgebiet oder was auch immer, also melken wir die so richtig, damit wir auch was daran verdienen.

Nimm zum Beispiel die Wrangel-Insel. Die ist ideal, um Eisbären zu filmen. Dreimal darfst du raten, warum Frank und ich nicht dorthin sind.«

»Lass mich mal überlegen«, stieg Luana auf das Spielchen ein und runzelte nachdenklich die Stirn. »Zu teuer?«

»Bingo! 30000 Dollar für die Drehgenehmigung.« Luana zog scharf die Luft ein. »Bei Orten wie dem Gran Canyon, den Victoria Falls oder der Masai Mara setzt man auf Masse«, fuhr ich fort, »da kommen viele Leute hin, und die brauchen alle eine Unterkunft, mieten ein Auto, vielleicht sogar samt Fahrer, kaufen Souvenirs und so weiter. Da bleibt reichlich Geld hängen. An interessanten Orten abseits der Touristenströme aber berappst du schnell mal 6000 Dollar die Woche für Lodge und Drehgenehmigung. Brauchst du ein Boot, vielleicht sogar ein Wasserflugzeug, geht das natürlich noch extra. Seit einigen Jahren findet ein regelrechter Ausverkauf dieser Highlights statt.

Früher musstest du dir diese Orte oft sehr, sehr hart erarbeiten, hast manchmal Jahre gebraucht, um die richtigen Stellen zu finden, musstest mit viel Erfindungsreichtum an die Sache herangehen. Telexe, Faxe oder vielleicht sogar Briefe schicken und ewig auf Antwort warten. Leute befragen, Karten heraussuchen, versuchen, das Gebiet einzukreisen, in dem die Tiere, die du filmen wolltest, sein könnten. Wie ein Kriminologe. Du hörst von einem Fischer oder einem Fotografen, der es wiederum von jemand anderem gehört hat, da, in der Gegend muss es sein, da leben die weißen Schwarzbären oder der Gletscherbär. Das waren echte Geheimnisse, und das ist noch gar nicht lange her, zehn, 15 Jahre.

Ich weiß noch, wie ich mit Steve, einem Freund, jahrelang versuchte herauszukriegen, wo der Kermode- oder ›Geister‹bär‹ lebt, eine Unterart des Amerikanischen Schwarzbären, von der etwa jedes zehnte Tier ein ganz helles, fast weißes Fell hat. Wir waren ziemlich sicher, dass es auf Queen Charlotte Islands sein müsste, aber keiner hat es uns verraten. Die wenigen Fotografen, die es wussten, sind auch nicht damit herausgerückt. Irgendwann erschien dann ein großer Artikel im *Outdoor Photographer*, der größten amerikanischen Zeitung für Naturfotografie, in dem genau beschrieben wurde, wo man diesen Bären findet, bei wem man sich melden muss, wer Camps vermietet, wo man ein Schiff kriegt, mit welchem Wasserflugzeug man in welchem Monat in welche Bucht fliegen muss. Damit waren die Tiere entzaubert, damit war auch in gewisser Weise die Region entzaubert. Der Mythos ›Geisterbär‹ verblasste. Wobei natürlich jeder, der ihn in freier Wildbahn sieht, immer noch sehr beeindruckt ist. Aber gib heute mal bei Google das Stichwort Kermodebär ein – da landest du über 100 Treffer!«

Am nächsten Tag ließen wir uns in einem offenen alten Suzuki-Jeep durch den Nationalpark fahren, um uns einen ersten Eindruck und Überblick zu verschaffen. Der erste Eindruck war: Es ist unglaublich staubig. Der Staub setzte sich in unserer Kleidung fest, kroch in den Mund, verklebte die Augen. Zum Glück hatten wir die Kameras in große Plastiksäcke gepackt.

Die knapp 260 Quadratkilometer große Kernzone, der eigentliche Nationalpark, ist von einem 1400 Quadratkilometer umfassenden Naturreservat umgeben, das als Pufferzone dient. Kein Disney World, sondern eine natürlich gewachsene Landschaft. Mischwälder mit Teak-, Akazien-, Jamun- und Tendubäumen, durchzogen von Flüssen, von denen einige selbst in den Jahren Wasser führen, da der regenbringende Monsun am Gir-Wald vorbeizieht, dazwischen offenes Buschland prägen das hügelige Gelände. Im Nationalpark leben seltene Tiere wie Leopard oder Vierhornantilope (die dem afrikanischen Eland sehr ähnlich sieht) und weniger seltene wie Sumpfkrokodil, Sambar- und Axishirsch, Nilgauantilope, Indische Gazelle, Wildschwein, Streifenhyäne oder Goldschakal. Und eben die letzten Asiatischen Löwen in freier Wildbahn.

Atul, der Guide, der uns begleitete, war ein eher zurückhaltender und zunächst sehr wortkarger Mensch. Nachdem er aber aufgetaut oder – wir waren bei Tagesanbruch losgefahren – auch einfach nur richtig wach geworden war, erwies er sich als kundiger Führer.

»Es gibt zwei Dörfer im Nationalpark«, begann er unvermittelt, »in denen die Menschen Landwirtschaft betreiben und Vieh halten. Das kam so: Der Nawab von Junagadh hatte den Maldharis um 1860 erlaubt, ihr Vieh in seinem Wald weiden zu lassen. Im Lauf der Zeit wurden die Herden aber zu groß und überweideten das Gebiet. Hirsche, Gazellen und so weiter fanden kaum mehr Nahrung, sodass die Wildbestände stark zurückgingen. Den Löwen blieb in der Folge nichts anderes übrig, als sich an den Zeburindern, Wasserbüffeln und anderen Haustieren schadlos zu halten, die schließlich ihre Hauptbeute ausmachten.«

»Wie kommt es, dass überhaupt Menschen hier leben?«, unterbrach ihn Luana. »Normalerweise werden sie umgesiedelt, wenn wo ein Nationalpark oder ein Tierschutzreservat entsteht.«

»Darauf wollte ich gerade zu sprechen kommen«, entgegnete Atul leicht ungehalten, aber höflich. »Als die Forstbehörde von Gujarat zu Anfang der 1970er-Jahre eine Mauer um den Nationalpark ziehen ließ, um die Nutztiere draußen zu halten, damit sich die Vegetation und somit die Wildtierbestände erholen konnten, wurden die Maldharis tatsächlich umgesiedelt; allerdings nur etwa die Hälfte, der Rest durfte bleiben, warum auch immer.

Mittlerweile gibt es wieder reichlich Wildtiere, derzeit zum Beispiel rund 38 000 Axishirsche. Eigentlich ist der Nationalpark ziemlich groß, doch für 250 bis 300 Löwen ist er im Grunde zu eng.«

»Könnte man den Nationalpark nicht vergrößern?«, fragte ich.

»Nein, um den Nationalpark ist ja das Reservat als Schutzzone. Da gibt es etliche Dörfer, und das Land wird genutzt, um Bananen, Zuckerrohr, Süßkartoffeln, Hirse, Mais und so etwas anzubauen. Das heißt, man müsste wieder Menschen umsiedeln. Nur, wohin? Gujarat ist für indische Verhältnisse zwar eher dünn besiedelt, das hängt aber damit zusammen, dass es nicht sehr fruchtbar ist. Selbst hier, im Gir-Wald, wo es ja Flüsse gibt, ist jetzt, in der Trockenzeit, alles staubig.

Es gab auch mal die Idee, Wanderkorridore anzulegen, als zwei Löwenmännchen ans Meer ausgewandert sind. Doch irgendwann waren die beiden verschwunden. Wahrscheinlich waren sie getötet worden.«

»Nachdem sich die Wildbestände erholt hatten, haben die Löwen sicher nicht aufgehört, Nutztiere zu reißen«, griff ich das vorherige Thema auf. »Ich könnte mir denken, dass sich so mancher Löwe hier sagt, bevor ich lange einem Axishirsch hinterherrenne oder mich mit einem wehrhaften Wildschwein anlege, schnappe ich mir lieber ein Zebu oder einen Wasserbüffel von den Maldharis.«

»Ja«, lacht Atul, »da hast du recht. Speziell die Männchen, die selbst Beute machen müssen und nicht wie ihre afrikanischen

Vettern vom Rudel mitversorgt werden, holen sich mal ein Tier. Im Schnitt verliert jede Familie drei bis fünf Rinder im Jahr an die Löwen.«

»Das ist viel! Wie reagieren denn die Betroffenen darauf?«, fragte Luana.

»Nun ja. Für manche ist es nur legitim, den Löwen einen Tribut zu zollen, wenn sie schon ihre Herden in deren Revier weiden lassen. Und der Staat zahlt ja auch eine Entschädigung für gerissenes Weidevieh. Die ist allerdings nicht sehr großzügig; bei einem Wasserbüffel etwa macht sie nur ein Drittel des tatsächlichen Werts aus, weshalb andere die Löwen nur widerwillig akzeptieren. Und wieder andere zeigen überhaupt keine Toleranz. Erst vor Kurzem wurden in der Pufferzone innerhalb von drei Wochen zwei Löwen vergiftet.«

»Greifen die Löwen auch Menschen an?«, wollte ich wissen.

»Ab und zu, ja. Aber in der Regel sind die Menschen selbst daran schuld. Manchmal versucht ein Hirte zum Beispiel, Löwen von ihrer Beute zu verjagen, um wenigstens das Fell und das Fleisch zu retten. Meistens mit Erfolg, aber das ein oder andere Mal wird dabei ein Mensch verletzt oder sogar getötet. Unsere Löwen sind jedoch keine Menschenfresser.

Im Grunde geht es den Löwen hier richtig gut. Sie haben von den Maldharis kaum etwas zu befürchten, es gibt reichlich Wild, und die Parkverwaltung hat rund 500 Leute, die sich um Wohl und Wehe der Tiere hier kümmern. Daher im Übrigen die vielen Wärterhäuschen. Was natürlich nicht heißt, dass die Art nicht gefährdet wäre. Die Löwen hier haben gleich mehrere Probleme, zum Beispiel, dass der Gir-Wald keinen höheren Bestand als den jetzigen verträgt und der Park nicht vergrößert werden kann, worüber wir ja schon gesprochen haben. Deshalb können wir auch kein frisches Blut reinbringen. Und Löwen aus einer Zoozucht hätten ohnehin keine Chance, sich gegen in Freiheit aufgewachsene Artgenossen durchzusetzen.

Dabei hätten wir frisches Blut bitter nötig, denn ein anderes Problem ist, dass die Löwen hier *alle* miteinander verwandt sind, was unter anderem Erbkrankheiten Vorschub leistet, die Widerstandsfähigkeit schwächt und zu einer hohen Anfälligkeit gegenüber Infektionen führt. Eine einzige Epidemie könnte sie auslöschen.«

Im Ngorongoro-Krater in Tansania wäre das vor einigen Jahren fast geschehen. Dort wurde eine ebenfalls recht isoliert lebende Löwenpopulation innerhalb kurzer Zeit durch Hundestaupe, die vermutlich von den Hirtenhunden der Massai übertragen worden war, derart dezimiert, dass der Bestand stark gefährdet war. Im Gir-Wald ist die Gefahr, dass eine Krankheit eingeschleppt wird, sogar größer. Nicht nur leben über 7000 Maldharis innerhalb des Schutzgebiets, es führen auch noch sage und schreibe fünf Hauptstraßen durch den Gir-Wald; ferner kommen immer wieder Pilger, die die vier Tempel im Reservat besuchen; und dann sind da noch die Menschen, die zwar außerhalb leben, aber im Reservat zum Beispiel Feuerholz sammeln.

Dankbar nahmen Luana und ich Atuls Vorschlag auf, im Schatten eines Baumes eine Rast einzulegen. Mittlerweile hatte die Sonne ihren höchsten Stand erreicht und brannte gnadenlos auf uns herunter. Der viele Staub und die unerträgliche Hitze – selbst im Schatten dürfte es gut 40 Grad gehabt haben – setzten Luana und mir zu. Vor allem mir, der ich die Wochen zuvor in Schnee und Eis verbracht hatte. Wir beide sahen schon jetzt leicht derangiert aus, während Atul und Mohan, der Fahrer, unter der Staubschicht, die auch sie überzogen hatte, wie frisch aus dem Ei gepellt wirkten. Als ich Atul darauf ansprach, meinte er, jetzt sei es noch angenehm, in den nächsten Wochen, wenn die Trockenzeit ihrem Höhepunkt zustrebe, werde es noch viel heißer, trockener und staubiger werden.

Schließlich machten wir uns wieder auf den Weg. Wie schon am Vormittag wurde ich das Gefühl nicht los, dass Mohan ständig im Kreis fuhr. Als ich Atul darauf ansprach, verneinte er das vehement.

»Nein, nein, das sind die besten Wege, hier haben wir die größte Chance, Löwen zu sehen.« Als er meine zweifelnde Miene sah, schlug er vor: »Wenn ihr euch fit genug fühlt, klettern wir da rauf« – er deutete auf einen Berg – »von da hat man einen guten Ausblick.«

Also bestiegen wir den Berg, was relativ lange dauerte, da er nicht nur hoch, sondern fast bis obenhin mit Bäumen und Büschen bewachsen war, was – neben der Hitze – den Aufstieg erschwerte. Millionen von Zikaden saßen in den Bäumen und veranstalteten ein ohrenbetäubendes Konzert. Als der Wald allmählich lichter wurde, gab er den Blick auf die nackte Felskuppe frei, auf der zig rote Wimpel an einem Gestell im Wind flatterten.

Seit dem frühen Morgen hatten wir nur ursprüngliche Natur um uns herum gesehen und uns wider besseres Wissen weit weg von der Zivilisation gefühlt; hier oben nun wurde uns die dramatische Lage der letzten Asiatischen Löwen deutlich vor Augen geführt: Ihre letzte Rettungsinsel war rundherum umgeben von Feldern, Kulturlandschaften, Ansiedlungen.

Am nächsten Morgen trafen wir uns mit Atul zu einer Morgenpirsch. Wieder war die Kernzone unser Ziel. Hier leben angeblich die meisten Löwen, wobei wir genau dort die wenigsten sehen sollten. Wir waren vielleicht eine Stunde unterwegs, als wir Warnlaute von Axishirschen hörten, was nur bedeuten konnte, dass ein Beutegreifer in der Nähe war. Kurioserweise war es ein Leopard, kein Löwe.

Atul flüsterte: »Ihr habt so viel Glück, das könnt ihr euch nicht vorstellen. Leoparden sind schwer zu finden und extrem scheu. Ich habe seit Monaten keinen gesehen, und ihr seid gerade erst den zweiten Tag hier.«

Der Leopard war ungefähr 80 Meter vor uns, äugte nur kurz zu uns herüber, schlich sich dann an einen Axishirsch an, der auf die Warnrufe hin nur ein paar Meter weitergezogen war. Aber bis ich meine Kamera mit dem Stativ aufgebaut hatte, um ihn zu filmen, war er weg. Atul erklärte uns, dass die Leoparden ihr Jagdverhalten zum Teil ebenfalls geändert hätten. Zwar täten sie sich nach wie vor an den vielen Hirschen gütlich, kämen aber auch nachts in die Dörfer und holten sich dort leichte Beute.

»Leoparden haben eine Vorliebe für Hundefleisch«, erzählte er weiter. »Warum das so ist, weiß man nicht. Aber die umliegenden Dörfer und Städte machten sich das zunutze, indem sie ihre streunenden Hunde einfingen und hier aussetzten. Eine einfache Methode, die Tiere loszuwerden, ohne gegen das religiöse Gebot, nicht zu töten, zu verstoßen. Und weil die Hunde gewohnt sind, in der Nähe von Menschen Nahrung zu finden, zogen sie in die Dörfer der Maldharis. Denen ist das nur recht. Denn wenn die Leoparden einen Hund reißen können, lassen sie die Ziegen in Ruhe.«

Nach der Morgenpirsch stiegen wir wieder in den Jeep und ließen uns fahren. Obwohl der Nationalpark ziemlich voll besetzt ist mit Löwen, heißt das nicht, dass man ständig über sie stolpern würde. Im Gegenteil: Wir hörten sie grollen, bekamen sie aber nicht zu Gesicht. Im Unterschied zum klassischen Löwenhabitat, der offenen Savannenlandschaft mit hier und da ein paar Schirmakazien, bot der Wald hier natürlich eine bessere Deckung, obwohl er nicht mit unseren dunklen, dichten Forsten zu vergleichen ist. Zum Teil konnte man sogar 200 Meter weit hineinschauen, ohne dass einem die Sicht verwehrt war.

Was unsere Suche zusätzlich erschwerte, war die Tatsache, dass die Asiatischen Löwen recht kleine Rudel aus nur zwei bis drei – statt wie in Afrika vier bis sechs – erwachsenen Weibchen mit ihren Jungen bilden. Für erwachsene Männchen ist in einem indischen Löwenrudel kein Platz. Die müssen sich selbst versorgen und bilden eigene Rudel mit zwei bis vier Mitgliedern. Die »Jugendbanden« bleiben zunächst im angestammten Revier. Erst wenn ihre Mähne zu sprießen beginnt, werden die Jungen von der »Altherrenclique« des Territoriums vertrieben und streifen dann weit umher. Im Alter von fünf bis sechs Jahren beginnen sie sesshafte Männchenrudel anzugreifen und erobern schließlich irgendwann ein eigenes Territorium mit den darin lebenden Weibchen.

Die wenigen Flüsse, die es im Gir-Wald gibt, führten nur noch wenig Wasser. Da, wo Vertiefungen kleine Pools bildeten, tummelten sich unter der Aufsicht von Hirten Wasserbüffel. Wir fragten Atul, warum in einer so trockenen Gegend hauptsächlich Wasserbüffel gehalten würden und kaum Rinder. Anscheinend hatte das eine lange Tradition, deren Ursprung Atul allerdings nicht kannte. Außerdem, so beschied er uns, würde es in der Regenzeit ja richtig nass.

Plötzlich stoppte Mohan und deutete nach rechts. Ein großer Keiler mit gewaltigen Eckzähnen schickte sich an, eine Bache zu decken, und Atul geriet wie schon bei dem Leoparden schier aus dem Häuschen und sagte, das hätte er seit zehn Jahren nicht mehr gesehen, wir wären ja solche Glückspilze. Luana und ich wussten generell bei den Indern und speziell bei Atul in diesen ersten Tagen nie so recht, ob etwas gespielt war oder nicht. In diesem Fall jedoch hätte Atul ein wirklich guter Schauspieler sein müssen, denn er war völlig außer sich. Auch auf so manch anderes mussten wir uns erst einstellen. Zum Beispiel nicken Inder nicht, wenn sie ja sagen wollen, sondern kippen ihren Kopf kurz zur Seite, was auf den ersten Blick unserer »Na ja«-Kopfbewegung täuschend ähnlich sieht.

Natürlich habe ich die Paarung gefilmt.

»Gibt es bei euch auch Wildschweine?«, ließ sich auf einmal Mohan vernehmen, der sonst kaum je den Mund aufmachte und das Reden lieber Atul überließ.

»Wildschweine kommen doch fast auf der ganzen Welt vor«, antwortete ich überrascht. Immerhin sind sie die am weitesten verbreiteten Paarhufer überhaupt, leben sogar im Norden Sibiriens. Da lassen sie sich einfach eine dickere Unterwolle wachsen und längere Borsten, um den kalten Wintern zu trotzen. Hier, im Westen Indiens, wo es sehr heiß ist, haben sie dagegen ein fast durchscheinendes Borstenkleid.

Die beiden gestanden, dass sie sich bislang nicht sonderlich für diese Tiere interessiert hätten. »Vielleicht« fügte Atul noch an, »weil sie hier nichts Besonderes, sondern allgegenwärtig sind.

Die sind wirklich überall, eine richtige Plage! Jeden Abend kommen sie aus den Wäldern und verwüsten die Felder. Große Keiler dringen sogar bis in die Dörfer vor und durchwühlen die Müllhaufen nach Fressbarem.«

Am folgenden Abend zogen Luana und ich eine erste Bilanz. Wir waren nun drei ganze Tage im Gir-Wald unterwegs gewesen, das hieß, wir hatten bereits 3000 Dollar verbraten – um einen Leoparden, unzählige Wildschweine und immer wieder Hirsche zu sehen: kleine Hirsche, große Hirsche, Hirsche mit Kälbern, Hirsche mit Geweih und welche ohne ... aber keinen einzigen Löwen! Nicht einmal wilde Pfaue hatten wir vor die Kamera bekommen. Zwar hörten wir sie immer wieder mal rufen, sahen auch mal einen im Wald durch die Büsche huschen – und das war's dann. Dabei hofften wir, sie dabei beobachten – und natürlich filmen – zu können, wie sie bei Einbruch der Dämmerung zum Schlafen in die Bäume flogen.

»In zwei Monaten ist es viel einfacher, Löwen zu sehen«, meinte Atul, »so im Juni, wenn die Trockenzeit ihren Höhepunkt erreicht hat. Dann ist es so trocken, dass es nur noch ganz wenige Wasserstellen gibt, und da versammeln sich natürlich auch die Löwen.«

Wie schön, dachte ich mir, nutzt mir bloß nichts, denn ich bin *jetzt* hier und nicht in zwei Monaten.

Am vierten Tag sahen wir vom Auto aus ganz kurz eine einzelne Löwin, wahrscheinlich ein junges Tier. Atul und ich beschlossen, sie zu Fuß zu verfolgen, und während Luana und Mohan im Jeep blieben, pirschten wir beide los. Das Problem war, dass es wegen des vielen trockenen Laubs am Boden fast nicht möglich war, sich lautlos fortzubewegen. Bei jedem Schritt raschelte, knisterte und knackte es unter den Füßen, und viele Tiere, denen wir begegneten, flüchteten. Wir schafften also eine gewisse Unruhe im Wald.

Ich selbst war ebenfalls nicht gerade die Ruhe in Person. Wenn mir zwei Jahre vorher jemand erzählt hätte, dass ich mal zu Fuß in einem Gebiet mit sehr vielen Löwen herumlaufen würde, hätte ich gesagt: »Ne, bestimmt nicht.« Einen Bären kann ich, glaube ich, einschätzen, aber große Katzen, speziell Löwen, nicht. Zudem hatte Atul zu unserer Verteidigung nichts weiter als einen Stock dabei.

»Du brauchst dir keine Sorgen zu machen, Andreas«, versicherte er mir immer wieder. »In diesem Wald gibt es zwei Dörfer. Hier ziehen Hirten mit ihrem Vieh durch die Gegend. Die Löwen sind an Menschen gewöhnt.«

»Aber ich bin ein Weißer und deswegen für die Löwen vielleicht ein Fremdkörper«, gab ich zu bedenken.

»Ich glaube nicht, dass sich Löwen gegenüber Europäern anders verhalten, nur weil ihr anders riecht und euch anders bewegt als wir. Außerdem seid ihr viel kräftiger. Wenn, dann müsste sich ein Löwe eher einen kleinen, schwachen Inder wie mich packen als einen so großen Kerl wie dich. Ich wäre eine viel leichtere Beute als du. Außerdem habe ich dir doch erzählt, dass unsere Löwen nur selten Menschen angreifen. Selbst wenn ein Hirte sie von ihrer Beute verjagt, ziehen sie meist kampflos ab.«

Ganz kurz sahen wir die Löwin noch mal, aber sie zog zielstrebig von uns weg. Sie war offensichtlich auf der Pirsch und interessierte sich relativ wenig für uns.

Am Nachmittag kam über Funk die Meldung, dass ungefähr 45 Kilometer entfernt, am Rand der Pufferzone, zwei Löwen gesichtet worden seien. Auf der Fahrt dorthin wich der Wald allmählich einer verkarsteten, fast felsigen und mit Dornenbüschen übersäten Buschlandschaft.

Da, wo die Löwen in etwa sein mussten, fährteten wir das Gebiet ab – und fanden nichts, nicht einen einzigen Tatzenabdruck. Der Boden war einfach zu trocken, zu fest. Auf einmal tauchten ein paar Leute auf und meinten, für ein paar Dollar würden sie uns den Weg zu den Löwen weisen. Also drückte ich ihnen nach kurzem Überlegen einen Zehner in die Hand. Wir folgten den Hinweisen – und kamen zu den nächsten Leuten. Sie wüssten genau, wo die Löwen seien, ließen sie verlauten, wollten aber

20 Dollar haben. Nachdem ein paar Scheine den Besitzer gewechselt hatten, wies einer der Männer auf einen Berg: »Da sind sie.«

Das Licht wurde immer schöner, denn mittlerweile ging es auf Spätnachmittag zu. Wir stiegen den Berg hinauf, und oben standen – richtig: wieder ein paar Leute. Sie wüssten nun aber *ganz* genau, wo die Löwen seien, behaupteten sie, uns an sie ranzubringen würde allerdings noch mal 20 Dollar kosten. Natürlich habe ich bezahlt, denn wir waren ja dem Ziel so nah.

Und dann sind wir an einer etwa einen halben Quadratkilometer großen Buschgruppe entlanggelaufen. Luana und ich waren ganz aufgeregt, wähnten uns kurz vor dem Ziel, doch alles, was aus den Büschen herauskam, war eine Nilgauantilope. Die musterte uns etwas irritiert und zog dann gemächlich von dannen. Generell zeigten die Huftiere in Gir relativ wenig Scheu. Das hing offensichtlich damit zusammen, dass die Menschen hier fast durchwegs Vegetarier waren und die Tiere nicht jagten.

Inzwischen senkte sich der Abend herab, und ich wurde langsam, aber sicher nervös.

»Jetzt wird es wirklich Zeit, Blaue Stunde«, brummte ich. Die Blaue Stunde bezeichnet die Zeit, wenn die Sonne untergeht und ihre letzten Strahlen über den Horizont schickt. Dann herrscht ein ganz spezielles Licht, das man mit Kunstlicht noch aufhellen kann.

Zikaden und Grillen fingen an zu singen, aber von den Löwen keine Spur. Dann schwand das schöne Licht, und die Blaue Stunde war vorüber. Wir waren maßlos enttäuscht.

»Mein Bruder könnte in einem Dorf ein Kalb kaufen und es im Wald anbinden«, schlug Mohan auf der Rückfahrt vor. »Das schreit nach seiner Mutter, und wenn man ihm nur Wasser, aber nichts zu fressen gibt, blökt es bald auch vor Hunger. Spätestens nach zwei, drei Tagen ist ein Löwe da und reißt das Kalb, dann habt ihr eure Löwen.«

Solche Vorschläge bekomme ich sehr oft und in den unterschiedlichsten Weltgegenden. Es gibt natürlich ein Basisempfinden für Recht und Unrecht, das jeder Mensch hat, egal auf welchem Kontinent er lebt, dennoch gibt es in den verschiedenen Kulturen eine unterschiedliche Auffassung von Ethik oder Moral – speziell gegenüber Tieren. Ich glaube, die Krönung ist China, wo man Tiere vor dem Schlachten extra quält, damit sie besonders viele Stresshormone ausschütten oder auch bestimmte Endorphine, die schmerzunempfindlicher machen, da das einen ganz besonderen Geschmack im Fleisch hervorrufen soll. Man kann halt nicht erwarten, dass überall dieselben Normen herrschen wie bei uns.

Würde ich in solchen Fällen sagen, dass ich es verwerflich finde, ein Tier bewusst seinem Feind auszusetzen, es auch noch leiden zu lassen, würde ich die Menschen vor den Kopf stoßen, denn sie sehen ja nichts Unrechtes in ihrem Tun.

»Nein, das will ich nicht!«, sagte ich daher möglichst gelassen, obwohl mich ein solches Ansinnen immer wieder entsetzt.

»Das ist eine völlig gängige Methode«, insistierte Mohan, der mein Unbehagen wohl gespürt haben musste. »Fast alle Touristen, denen man das anbietet und die genug Zeit haben, lassen sich darauf ein. Das ist eine sichere Möglichkeit, einen Löwen zu sehen.«

»Das mag schon sein«, versetzte ich nun doch leicht ungehalten, »es gibt aber einen Ehrenkodex unter Tierfilmern. Wir hetzen ein Tier nicht auf ein anderes, um Situationen zu kreieren. Entweder passiert so was von allein, dann haben wir unsere Aufnahmen, oder wir haben eben Pech.«

Das schien Mohan irgendwie einzuleuchten, denn er hakte nicht weiter nach.

Die nächsten Tage verliefen sehr eintönig. Morgens und von nachmittags bis in den späten Abend hinein – die heiße Mittagszeit ließen wir aus, weil Löwen dann in aller Regel nicht aktiv sind – machten wir Touren mit dem Jeep, und Atul und ich fährteten die Fahrwege ab, die fast einzige Chance, Spuren zu entdecken.

Diese Sandwege waren sozusagen die Pirschsteige der Löwen, weil hier kaum Laub lag und die Löwen sich lautlos fortbewegen konnten. Da sah man nicht nur die Abdrücke der Pranken, sondern auch, wo sich ein Löwe in typischer Lauerstellung flach auf den Boden gedrückt hatte. Man konnte alles gut ablesen: Da ist einer gemächlich dahingetrottet, hier hat einer gelauert, dort ist einer gespurtet. Man konnte sogar erkennen, ob es ein jüngeres oder ein älteres Tier war. Nun ist Atul ein recht guter Fährtenleser, und ich verstehe ja ebenfalls was davon, aber sobald eine Fährte in den Wald führte, verloren wir sie.

Auf den Wegen kamen uns hin und wieder Dorfbewohner entgegen und begegneten wir offiziellen Wächtern in Uniform, Rangern im weitesten Sinn, die in einem ähnlich alten, klapprigen Jeep unterwegs waren und genauso verstaubt aussahen wie wir. Seit Tagen hatte keiner von ihnen – weder einer der Dorfbewohner noch ein Ranger – Löwen gesehen.

»Das kann doch nicht sein!«, ließ ich beim x-ten Mal meinem Unmut und meiner Enttäuschung freien Lauf. Der Wald bot eigentlich recht gute Sicht, die Rudel der Axishirsche waren nicht sonderlich groß, die Sambarhirsche standen nur zu zweit oder zu dritt zusammen, die Nilgauantilopen zogen sowieso jede für sich allein herum. Alles in allem also alles sehr übersichtlich – sieht man davon ab, dass die Gegend ein bisschen bergig war, da mal wieder ein kleines Tal, dann wieder ein paar Felsen.

Mittlerweile war ich der Verzweiflung sehr nahe, weil ich dachte: Mensch, du gibst hier so viel Geld aus, und es passiert nichts. Unsere, speziell meine Stimmung sank rapide auf den Tiefpunkt zu. Obwohl ich weiß, wie Tierfilme funktionieren, dass man oft wochenlang keinen Erfolg hat, schließlich anfängt, irgendetwas zu filmen, was eigentlich gar nicht spannend ist, nur um sich abzulenken und bei der Stange zu halten: *desperate shots;* und dann bezahlen oft zwei, drei Tage den ganzen Trip, weil man außergewöhnliche Aufnahmen bekommt.

Selbst Atul wusste nicht mehr weiter und versuchte uns mit Sightseeing bei Laune zu halten: »Jetzt gucken wir uns mal dies und jenes Dorf an«, »Lasst uns mal zu der Zuckerrohrplantage fahren«, »Wir können ja mal bei den Maldharis vorbeischauen« ...

»Wie kommt es eigentlich, dass du in einem kleinen Dorf lebst und nicht in einer Stadt mit einer großen Fernsehanstalt, mit Schnittstudios, Tonstudios etcetera?«, fragte Luana, als wir wieder einmal die heißen Mittagsstunden im schattigen Hof unserer Unterkunft vorbeiziehen ließen.

»Ich bin kein Stadtmensch. Ich könnte mir nie vorstellen, in einer Stadt zu leben. Wenn ich aus dem Fenster schaue, will ich einen gewachsenen Horizont sehen und nicht die Kulisse einer Großstadt.«

»Und warum ausgerechnet in der Eifel?«

»Ich hab dort nach meiner Ausbildung mein erstes Revier als Revierjäger übernommen und dachte zunächst, die Eifel wäre nur eine weitere Station in meinem Leben. Aber dann kam es halt anders. Die Eifel erinnerte mich sofort an meine Heimat. Das war das eine. Die Landschaft des Thüringer Waldes ist noch etwas rauer und charismatischer, aber auch die Eifel hat etwas sehr Urtümliches, mit ihren tief eingeschnittenen Tälern, die von Flüssen durchzogen sind, den Hochplateaus, die früher große Heide- und Unlandflächen waren, den großen Ginsterfeldern, die ihresgleichen in Deutschland suchen, weiten Arnikawiesen, wilden Narzissen und sehr seltenen Orchideenarten.

In der Eifel fand ich eine für deutsche Verhältnisse heile Welt vor. Es gab eines der größten Rotwildvorkommen, wobei Hirsche und Hirschkühe bei Weitem noch nicht so häufig waren wie heutzutage, und das größte Wildkatzenvorkommen Mitteleuropas, was aber nicht heißt, dass es viele Wildkatzen gab. Die Eifeler sind zwar sehr stolz darauf, dass es bei ihnen noch Wildkatzen gibt, und der neue Nationalpark Eifel wirbt auch damit; er ist ein Wildkatzenschutzgebiet, und das ›Nationalparktier‹ des Tores in Heimbach ist die Wildkatze. Zu Gesicht bekommen hat eine Wildkatze aber auch in der Eifel außer ein paar Biologen und Jägern kaum jemand. Es sei denn eine überfahrene, was leider ab und zu vorkommt. Gleich in meinem ersten Jahr in der Eifel kam eines Nachts ein Mann zu mir und sagte: ›Mir ist da was ganz Seltsames passiert. Ich habe gerade eine riesige Katze auf der Straße durch den Wald überfahren.‹ Tatsächlich war es eine Wildkatze, ein Kuder, wie ein Blick in den Kofferraum des Mannes ergab. Und was für einer! Allein die Fangzähne waren enorm. Und dann das Gewicht! Das Tier brachte, stell dir das mal vor, 9,5 Kilogramm auf die Waage! Kein bisschen Fett, alles Muskeln. Das war wirklich ein gewaltiges Exemplar, denn normalerweise wiegen Wildkatzen nicht recht viel mehr als Hauskatzen, also so zwischen 3,5 und fünf Kilo. Ich habe auch nie wieder eine so riesige Wildkatze gesehen – weder lebend noch in einem Museum, noch bei Jägern.«

»Wieso bei Jägern? Ich dachte, Wildkatzen stehen unter Schutz?«, fragte Luana irritiert.

»Ganz einfach: Früher, als die Jäger im Winter Fallen mit Fischresten für Füchse und Marder aufstellten, tappte da immer wieder mal eine Wildkatze hinein. Daher sollten in Gegenden mit Wildkatzen Fallen nie mit Ködern belegt werden, die für Katzen attraktiv sind. Na ja, jedenfalls ließen sich die Jäger, wenn sie eine Wildkatze in einer Falle fanden, das Tier ausstopfen.

Aber, wie gesagt, eine lebende Wildkatze bekommt kaum je einer zu Gesicht. Zwar behauptet immer mal wieder jemand, eine Wildkatze auf einer Wiese oder einer Waldlichtung gesehen zu haben, aber wenn ich dann noch höre, dass die Katze ihn bis auf 20 Meter herankommen ließ, weiß ich, dass es sich um eine streunende oder verwilderte Hauskatze gehandelt haben muss, die nur eine ähnliche Färbung wie eine Wildkatze hatte. Denn Wildkatzen sind derart scheu, dass sie nie einen Menschen so nah an sich heranlassen.

Eine Wildkatze nimmt die leiseste Bewegung wahr. Ihr Gehör- und ihr Sehsinn sind extrem gut ausgeprägt. Ich hatte Situationen, wo ich auf einem Hochsitz oder in einem Versteck saß und das Fernglas im Zeitlupentempo hochnahm, weil ich eine Katze auf 70, 80 oder 90 Meter Entfernung aus dem Wald kommen sah, und obwohl ich im Schatten saß und die Katze im Licht war, nahm sie entweder meine Bewegung oder die Reflexion im Fernglas wahr – und weg war sie. Wenn sie jedoch nachts von einem Lichtkegel erfasst werden, bleiben sie wie gebannt sitzen und bewegen sich nicht vom Fleck. Das machte ich mir zunutze und fuhr nachts mit meinem Geländewagen durch die Bergtäler und suchte mit einem starken Suchscheinwerfer die Hänge und Felskanten ab. Hatte ich dann eine Wildkatze entdeckt, konnte ich den Motor ausstellen und die Katze in aller Ruhe beobachten. Beziehungsweise das, was man dann halt von ihr sieht, und das sind in der Regel nur die beiden leuchtenden Augen. Dies ist im Übrigen so ziemlich die einzige Methode, sich einen Überblick über den Bestand der Wildkatze zu verschaffen.

Um festzustellen, ob es in einem bestimmten Gebiet überhaupt Wildkatzen gab, habe ich auch schon mal Fotofallen aufgestellt und Köder daran auslegt. Damit nicht andere Tiere von dem Köder angelockt werden, habe ich Baldrian verwendet. Weißt du, wie Baldrian auf Katzen wirkt?«

Luana schüttelte verneinend den Kopf.

»Ts, die Jugend von heute«, ziehe ich sie auf, »früher kannte jedes Kind die Wirkung. Konnten meine Freunde und ich jemanden nicht leiden, ich denke da an einen ganz bestimmten Lehrer, besorgten wir uns eine Flasche Baldrian und verschütteten den Inhalt unter dem Schlafzimmerfenster des Betreffenden. Alle Katzen der Nachbarschaft versammelten sich daraufhin unweigerlich unter dem bewussten Fenster und gaben ein schauriges Konzert. Wildkatzen können dem verlockenden Duft ebenso wenig widerstehen, wenn sie auch keine so nervtötende Katzenmusik wie ihre domestizierten Verwandten veranstalten.«

»Dann hast du also auch noch nie eine Wildkatze aus der Nähe gesehen?«

»Doch, ein einziges Mal. Aber das war ein besonderer Fall. Mein damaliger Hund stöberte einmal eine halb verhungerte junge Wildkatze im Wald auf. Ich habe sie mit meiner Jacke eingefangen, was vermutlich nur möglich war, weil das Tier sehr geschwächt war, und mit nach Hause genommen. Dort hat sie relativ schnell gefressen, blieb jedoch sehr scheu. Und je kräftiger sie wurde, umso scheuer und aggressiver wurde sie. Sobald ich das Zimmer betrat, hat sie gefaucht, ist an den Gardinen hochgeklettert oder hat sich unter den Möbeln versteckt. Es gab keine Chance, dieses Tier auch nur im Geringsten zu bändigen oder gar zu zähmen. Wenn überhaupt, dann klappt das vielleicht mit einem neugeborenen Kätzchen, das man noch blind an sich gewöhnt und mit der Flasche großzieht. Aber selbst in solchen Fällen, so habe ich gehört, bleiben die Katzen ihr Leben lang scheu.«

»Okay, Wildkatzen sind sehr scheu. Wenn ich nun doch einmal zum Beispiel auf einer Waldlichtung eine Katze sehe, woher weiß ich, ob es eine Wildkatze oder eine stromernde Hauskatze ist? Oder, falls es das überhaupt gibt, eine Mischung?«

»Zwischen Wild- und Hauskatzen kommt es selten zu Paarungen, und wenn, dann immer nur zwischen Wildkuder, also Kater, und – in der Regel streunender, verwilderter – Hauskätzin. Eine Wildkätzin würde sich nie mit einem Hauskater einlassen. Die Mischlinge nennt man übrigens Blendlinge. Die ähneln stets mehr ihrem Vater als der Mutter und sind oft genauso scheu wie eine Wildkatze. Tja, und zu deiner ersten Frage: Wildkatzen haben eine verwaschene, gräuliche Fellfarbe, einen relativ kurzen, dicken Schwanz mit in der Regel drei, selten vier schwarzen Ringen am abgerundeten, stumpfen Ende.«

»Das hilft mir recht wenig, solange nicht eine Hauskatze zum Vergleich direkt daneben sitzt. Und sonst?«

»Nichts sonst. Es gibt zwar zwei charakteristische Unterscheidungsmerkmale, aber die kann man erst an einem toten Tier feststellen. Das eine ist, dass Wildkatzen als reine Fleischfresser einen Darm von nicht mehr als 1,50 Meter Länge haben, während der von Hauskatzen etwa zwei Meter lang ist. Und das andere ist, dass Wildkatzen ein Gehirnvolumen von mindestens 35 Kubikzentimetern, Hauskatzen von maximal 32 Kubikzentimetern haben.

Tja, aber um auf die damalige Eifel zurückzukommen: Fast genauso selten wie Wildkatzen waren dort vor knapp 30 Jahren Wildschweine – ganz im Unterschied zu heute. Als ich das erste Wildschwein schoss, lief das halbe Dorf zusammen, und sogar aus dem Nachbardorf kamen die Leute, um das Tier zu bestaunen. Heute werden jede Woche Wildschweine geschossen, und keiner kommt mehr gucken. In den Felsen brüteten Uhus, und in den Althölzern der Eifel, in entlegenen, dicht belaubten Buchen und riesigen Eichen, hatten ganz scheue Waldbewohner, die Schwarzstörche, ihre Nester. Es gab außerdem den Baumfalken, das Haselhuhn, die Geburtshelferkröte, die nun kurz vor dem Aussterben steht, oder das Blaukehlchen, ein Vogel, der mittlerweile in Rheinlandpfalz und Nordrheinwestfalen als fast nicht mehr existent gilt.

Die Eifel ist herb, und ihr Wetter ist rau, und so schienen mir zu Anfang auch die Menschen. Sie waren zurückhaltend, scheu, verschlossen, ganz anders als das lustige Volk in Niedersachsen, wo ich meine Ausbildung gemacht hatte, das so gern große Feste feiert: Schützenfest, Musikfest, egal was. Es war am Anfang nicht so leicht, Kontakt zu finden, zumal ich auch den Dialekt nicht verstand, nicht wusste, was mit ›Krumpere‹, gemeint war, das sind übrigens Kartoffeln, oder mit ›Suie‹, so bezeichnen die Eifeler Wildschweine. Die Älteren lebten für ihre Landwirtschaft, waren sehr sparsam und, wie gesagt, sehr zurückhaltend – mit allem, was sie taten. Die jungen Leute, so meine Generation, waren aufgeschlossener. Die waren zum Teil richtige Autofreaks, hatten schnelle, tiefer gelegte Autos, auch wenn es nur ein Ford Fiesta war, damals ein total angesagtes Auto, ein 2er BWM oder ein Golf GTI. Ich habe ja ebenfalls eine Schwäche für Autos, und der Nürburgring ist gleich nebenan. Das war das andere. Da gab es also gemeinsame Interessen, und so freundete ich mich mit einigen relativ schnell an.«

Ich lehnte mich zurück und hing meinen Erinnerungen nach.

»Aber das war es nicht allein, oder?«, hakte Luana nach einigen Minuten nach.

»Ähm, nein. Der dritte und eigentliche Grund, warum ich in der Eifel hängen blieb, war Birgit, meine spätere Frau.«

»Erzähl«, forderte Luana mich auf. »Solche Geschichten hören junge Frauen gern.«

Also erzählte ich, wie ich eines Abends von einem Hochsitz aus am Dorfrand ein schlankes, hochgewachsenes und hübsches Mädchen mit langen Beinen und langen rotblonden, lockigen Haaren entdeckte, das mit einem großen Schäferhund spazieren ging. Ich erkundigte mich und fand heraus, dass sie die Tochter vom »Soller Werner« war. Eines Tages dann hatte ein Bauer zwei Rehkitze auf der Wiese ausgemäht und dabei eines verletzt. Wenn ein Bauer mähen wollte, gab er mir Bescheid; dann streifte ich mit Cim und Basko durch die Wiesen, suchte nach Kitzen, und wenn ich welche fand, trug ich sie mit Handschuhen zum Waldrand, damit die Ricke sie wegführen konnte. Aber man konnte natürlich nicht jedes Kitz finden, und die zwei hatte ich übersehen. Es hieß, dass sich der Soller Werner mit kleinen Huftieren auskenne, und so dachte ich, das ist vielleicht eine gute Gelegenheit, das Mädchen wiederzusehen.

Der Soller Werner bat mich ins Wohnzimmer, versorgte das verletzte Kitz und erklärte mir, wie ich die beiden aufziehen könne. Das wusste ich natürlich selbst, hörte ihm aber brav zu, nickte ab und zu und sagte ja, ja. In einer Ecke saß das hübsche Mädchen, ganz sittsam in einem langen Kleid, mit einer Brille auf der Nase, und klapperte mit ihrem Strickzeug. Hin und wieder guckte sie scheu kurz zu mir herüber, und ich guckte zurück, da drückte mir ihr Vater schon eine Milchflasche in die Hand, die für Rehkitze besonders gut geeignet war, und begleitete mich zur Tür hinaus. Hm, Mist, sagte ich mir, das musst du geschickter einfädeln.

Eines Nachmittags sah ich sie mit ihrem Schäferhund, einem Rüden, in den Wald kommen. Basko, mein Münsterländerrüde, konnte andere Hunde nicht ausstehen, schon gar nicht Rüden, so ließ ich ihn von der Leine, sagte »Lauf!«, und schon schoss er los. Es gab wie erwartet eine riesige Beißerei zwischen den beiden Hunden, da aber beide ein langes, dichtes Fell hatten, wusste ich, dass keiner groß zu Schaden kommen würde. Ich lief schnell hinzu, trennte die beiden, entschuldigte mich dann zigmal für Baskos schlechtes Benehmen und lud das Mädchen ein, mit mir abends auf die Pirsch zu gehen. Und sie hat tatsächlich ja gesagt!

Wir beobachteten Rehe und Hirsche, und sonst passierte gar nichts, außer dass wir uns erneut verabredeten. Dann kam die Kirmes, bei der wir uns zum ersten Mal ein bisschen näherkamen. Birgit war 17, ich 23, wir haben getanzt, was getrunken, uns unterhalten. Einige Zeit später löste ich sie aus. Das war damals Brauch. Wenn einer ein hübsches Mädchen aus dem Dorf haben wollte, musste er den Junggesellen, die ja quasi ein Anrecht auf das Mädchen hatten, eine Auslöse zahlen: ein paar Fässer oder Kästen Bier. Damit war die Frau sozusagen freigekauft.

Im Frühjahr darauf bekam das Ganze einen ernsthaften Anstrich: Wie auch in manchen anderen Gegenden bringt man in der Eifel als Junggeselle in der Walpurgisnacht, der Nacht auf den ersten Mai, seiner Liebsten oder Angebeteten einen »Maien«, wie der Maibaum dann genannt wird. Die Eifeler Mädchen legen noch heute großen Wert auf diese Tradition: Wenn man von seinem Freund keinen Maien bekommt, ist es mit der Liebe nicht weit her. Die Mädchen bleiben in dieser Nacht zu Hause (zumindest war es damals so, heute gehen sie aufs Dorffest), während der Mann – oft mithilfe von Freunden, denn: je größer die Liebe, desto größer der Baum – zu fortgeschrittener Stunde im Wald eine frische Birke schlägt, mit bunten Bändern schmückt und am Haus der Angebeteten befestigt. Die Burschen sind zu dem Zeitpunkt in der Regel ein bisschen betrunken und nicht sonderlich leise, aber die Mädchen – und auch deren Eltern – tun so, als würden sie nichts hören. Ist der Baum angebracht, hilft man seinen Freunden. Und hat einer die Freundin im Nachbardorf, fährt die Mannschaft mit dem Trecker und zwei Kästen Bier obendrauf halt auch noch ins Nachbardorf. Hauptsache, alle Bäume stehen, bevor es hell wird.

Mit meiner ersten Birke für Birgit hatten meine Freunde und ich einen Mordsspaß, weil wir sie nämlich direkt neben dem Schlafzimmerfenster unseres alten Försters, des Lichtentäler Wilhelm, absägten und er nichts mitbekam. Das war Holzfällerkunst vom Feinsten. Die Birke war eigentlich viel zu groß, und nur mit allergrößter Mühe schafften wir es, den Baum vor dem Haus des Soller Werner aufzurichten und am Gartentor festzubinden. Und eines war sicher: Diese Birke würde keiner klauen. Den Maibaumklau gab es natürlich damals schon. In Bezug auf Maien empfinde ich ihn allerdings eher als Unsitte denn als Sitte, denn da war ein junger Kerl guter Dinge und wollte seinem Mädchen seine Liebe beweisen, und irgendein anderer, der zu faul ist, selbst einen Maibaum zu besorgen, macht das zunichte.

Das Schöne am Maien-Brauch ist, dass die Mädchen, die keinen Freund haben, von den Junggesellen aus dem Dorf, die keine Freundin haben, einen kleinen Maibaum bekommen. Das ist dann keine Birke mit bunten Bändern, sondern eine kleine Fichte mit weißen Rosen aus Kreppppapier. So weiß jeder, der tags darauf vorbeifährt, dass das Mädchen noch zu haben ist. Und natürlich gibt es Fälle, wo gleich zwei oder drei Maibäume vor einem Haus stehen, weil ein Mädchen mehrere Verehrer hat.

Ein toller Brauch, der in der Eifel bis heute praktiziert wird. Allerdings ist der neue Förster ein grantiger Hund und verpasst jedem eine Anzeige, der im Wald eine Birke schlägt, ohne vorher dafür zu zahlen. Ich meine jedoch, ein Maibaum muss *geklaut* werden.

Birgit und ich hatten eine schöne Zeit, bis ich bei der nächsten Kirmes einem anderen Mädchen schöne Augen machte. Noch während des Fests kam es zu einem handfesten Krach mit Birgit, die mich einfach stehen ließ und nach Hause ging. Nun stand ich da, leicht beschwipst und mit schlechtem Gewissen. Und das wollte ich mit Alkohol betäuben. Ich gab mir auch alle Mühe und wankte irgendwann völlig betrunken nach Hause. Da packte mich dann das große Elend, und ich wollte unbedingt zu Birgit und mich mit ihr aussöhnen. Da Birgits Eltern keine nächtlichen Besuche duldeten, schnappte ich mir meine große Leiter, um an Birgits Fenster zu kommen, und machte mich auf den einein-halb Kilometer langen Weg zu Birgits Elternhaus, erst runter ins Tal und drüben den Berg wieder hoch, und das total betrunken. Die Leiter war eine Aluminiumleiter, die man in drei vollwertige Einzelteile zerlegen konnte, aber anstatt nur ein Teil, was für mein Vorhaben vollauf gereicht hätte, schleppte ich das Unge-tüm als Ganzes mit mir. Bei Birgit angekommen, knallte ich die Leiter gegen das Haus (das laute Scheppern hatte garantiert nicht nur Birgit, sondern auch ihre Eltern aus dem Schlaf gerissen) und kletterte hoch. Tatsächlich haben wir uns noch in dieser Nacht versöhnt, allerdings ganz sittsam und brav, denn, wie mein alter Professor Meier zu Filsendorf immer sagt: »Alkohol, meine Herren, steigert das Verlangen, aber hemmt auch das Gelingen. Merken Sie sich das für Ihr Leben. Ich weiß, wovon ich rede.«

»Nun ja«, schloss ich meine Erzählung, »mittlerweile sind 26 Jahre vergangen, und Birgit und ich sind immer noch zusam-men. Und um auf deine Frage zurückzukommen: Der Eifeler ist ein sehr heimatverbundener Mensch. Viele arbeiten in Köln, Bonn oder Düsseldorf, aber kämen nie auf die Idee, sich dort ein Haus zu bauen oder zu kaufen. Das Haus wird wenn, dann in der Eifel gebaut. Die Eltern haben meist noch ein Baugrund-stück, und dann hilft die ganze Familie und Verwandtschaft beim Hausbau. Dafür ist man allerdings sein Leben lang dazu ver-dammt, Cousins, Cousinen, Großcousinen und so weiter eben-falls beim Hausbau zu helfen. Der Eifeler bleibt in der Eifel, punktum. Ich bekäme Birgit nie da weg.«

»Möchtest *du* denn weg?«, fragte Luana.

»Nein, gar nicht, ich liebe die Eifel sehr. Und die Menschen dort, obwohl es mir viele von ihnen nicht leichtgemacht haben. Vor allem die Älteren sind am Anfang immer etwas wortkarg und reserviert, fast schon argwöhnisch, und es dauert eine halbe Ewigkeit, bis sie dich akzeptieren. Vor Kurzem war im *Eifelmaga-zin*, einer Zeitung, die in der ganzen Eifel gelesen wird, eine große Story über mich. Auf dem Titelblatt war ein Foto von mir, was an sich nichts Besonderes war, weil ich schon öfter und bei viel größeren Zeitungen auf dem Titel zu sehen war, aber da stand: ›Andreas Kieling – Abenteurer, Tierfilmer, Eifeler‹. Ein Eifeler hat mich als Eifeler bezeichnet! Du kannst dir nicht vorstellen, wie mich das bewegt hat; ich hatte urplötzlich einen Kloß im Hals und bekam feuchte Augen. Nach 25 Jahren hatte ich das Gefühl, jetzt bin ich einer von ihnen.«

Luana schaute mich ungläubig an.

»Ja, guck nur. Dazu musst du eine Geschichte kennen, die sich wenige Jahre zuvor zugetragen hatte:

›Wieso läuten denn die Kirchenglocken?‹, fragte ich meine Schwiegermutter.

›Es ist jemand gestorben.‹

›Oh! Wer denn?‹, hakte ich nach.

›Ein Fremder‹, antwortete sie.

›Aha, und wieso wird der hier beerdigt?‹

Es stellte sich heraus, dass der ›Fremde‹ seit 28 Jahren im Nachbardorf Bröhlingen gelebt hatte, das zu unserer Gemeinde gehört. Er war immer der Fremde, der Zugezogene geblieben und hatte es nie geschafft, Eifeler zu werden. Das ist typisch. Solange man nicht Eifeler Platt kaale (sprechen) kann, ist man ein Fremder. Meistens, denn auch ich spreche bis heute diese Mundart nicht; trotzdem gehöre ich jetzt dazu. Und das, obwohl die meisten mit meinem Leben und meiner Arbeit nicht so recht was anzufangen wissen. Als ich Förster war, war die Sache klar; da wusste man genau, was ich mache und womit ich mein Geld verdiene. Dass man auch mit Filmerei und Abenteuerexpeditionen seinen Lebensunterhalt verdienen kann, leuchtet den meisten Eifelern nicht ein. Und so werde ich noch heute, wenn ich die großen Filmkisten ins Auto lade, um zum Frankfurter Flughafen zu fahren, gefragt, ob ich wieder in Urlaub fahre.«

Zwei Tage später bekamen wir die Nachricht, dass zwei Löwinnen gesichtet worden seien – auf der anderen Seite des Nationalparks. Wir diskutierten nicht lange, ob es sich lohnte, die ungefähr zwei Stunden Fahrzeit auf sich zu nehmen, was hieß, dass wir erst am späten Vormittag dort eintreffen würden – also dann, wenn Löwen üblicherweise ruhen –, denn ich war an einem Punkt, wo ich nach jedem Strohhalm griff. Mohan säuberte noch schnell den Luftfilter des Jeeps, was er wegen des penetranten Staubs zweimal am Tag machen musste, dann fuhren wir los.

Am Ziel angekommen, nahmen Atul und ich die Fährte auf. Auf einmal hörten wir Warnlaute von Axishirschen. Mit dem Fernglas suchte ich das Rudel. Die Tiere standen in etwa 300 Meter Entfernung mit dem Rücken zu uns und äugten offensichtlich ganz angespannt in die entgegengesetzte Richtung.

Ich folge der Blickrichtung, und dann, auf einmal, sehe ich sie, halb von den Hirschen verdeckt. Es ist unglaublich. Trockener Wald, trockene Blätter und dann diese laubfarbenen Löwen. Vorsichtig nähern sie sich dem Rudel. So leise wie möglich bringe ich Stativ und Kamera in Position. Die Axishirsche entspannen sich, treten aber den Rückzug an, kommen dabei zunächst direkt auf uns zu, ziehen dann wenige Meter vor uns nach links und rechts weg. Die beiden Löwinnen folgen in einigem Abstand. Dann teilen sie sich auf. Die eine legt sich 200 Meter von uns entfernt im Wald auf die Lauer, drückt sich ganz flach auf den Boden. Das Einzige, was von ihr zu sehen ist, ist die zuckende Schwanzspitze. Die andere schleicht nur wenige Meter an der Kamera vorbei den Hirschen nach – ich drehe mich ganz sacht samt Stativ und Kamera mit –, nimmt kaum Notiz von uns, schaut nur kurz desinteressiert herüber. So klein, wie sie in der Literatur beschrieben werden, sind die gar nicht, fährt es mir durch den Kopf. Ich finde sie wahnsinnig groß.

Die Löwin legt etwas Tempo zu, fängt an, die Axishirsche zu treiben. Nicht dass sie sie durch die Gegend scheucht, sie beunruhigt sie einfach. Die Strategie geht auf. Auf einmal erneut überall Warnlaute, offensichtlich weiß aber keiner der Hirsche, woher genau die Gefahr kommt – bis auf ein paar Tiere, die panisch flüchten. Andere kommen wieder auf uns zu, äugen umher. Die Löwen sind wirklich kaum zu erkennen. Ich traue mich nicht, mich näher an sie heranzuschleichen. Auf der einen Seite will ich natürlich filmen, wie sie ein Tier anjagen und es niederziehen, denn das ist noch keinem Tierfilmer gelungen: Die BBC hat angeblich zwei Jahre an einem Film über Asiatische Löwen gedreht; es ist eine sehr schöne Dokumentation entstanden, sehr ruhig – und ohne eine einzige Löwenjagd. Auf der anderen Seite will ich es nicht versemmeln, indem ich die Löwen vertreibe, denn ein zweites Mal werde ich eine solche Chance wahrscheinlich nicht kriegen.

Während alle anderen Großkatzen, egal ob Tiger, Leopard oder Jaguar, solitär leben und jagen – Gepardenweibchen ebenfalls, nur die Männchen schließen sich gelegentlich zu Zweier- oder Dreiergrüppchen zusammen –, greifen Löwen, die einzig gesellig lebenden Großkatzen, entweder im Rudel gemeinsam an oder treiben sich gegenseitig die Beutetiere zu. Trotzdem führt bei den Löwen nur jede 20. Jagd – gemeint ist nicht das Auflauern, sondern der tatsächliche Sprint – zum Erfolg. Und da ein solcher Sprint sehr energieaufwendig ist, überlegen sich die Löwen sehr genau, ob und wann sie losrennen.

Die eine Löwin liegt noch immer auf der Lauer. Ich bringe mich in eine bessere Position, und auf einmal rennen die Hirsche kreuz und quer. Eine kleinere Gruppe von drei oder vier Tieren taucht vielleicht 30, 40 Meter vor der liegenden Löwin auf. Im Sucher der Kamera ist deutlich zu sehen, dass jede Sehne der Löwin aufs Äußerste gespannt ist, aber die weiß aus Erfahrung: Wenn sie jetzt anjagt, hat sie keine Chance, und lässt die Tiere ziehen.

Ich denke, das darf nicht wahr sein! Ich will kein angebundenes Kuhkalb, das vor laufender Kamera gerissen wird, aber eine reale Szene wie diese hier hätte ich verdammt noch mal schon ganz gern im Kasten! Das hat fast etwas Voyeuristisches. Aber wie oft hast du schon die Möglichkeit, so was zu filmen? Okay, vergiss das alles, ermahne ich mich, vergiss auch möglichst alles um dich herum – dass es gefährliche Tiere sind und dass es dich vielleicht erwischen könnte – und dreh einfach.

Und dann passiert etwas ganz Seltsames. Auf einmal taucht ein großer Keiler auf und läuft direkt vor der Löwin vorbei. Der ist wohl irgendwie irritiert von der Unruhe ringsum. Und wieder bleibt die Löwin ganz ruhig, zuckt nicht einmal, weil sie instinktiv weiß, der Keiler ist eine Nummer zu groß und zu wehrhaft.

Jetzt ziehen Axishirsche ziemlich nah vor der Löwin vorbei. Die zweite Löwin taucht immer nur schemenhaft im Wald auf und ist im nächsten Moment wieder verschwunden. Die beiden sind offensichtlich ein eingespieltes Team. Und endlich jagt die liegende Löwin los. Ich versuche mitzudrehen, kann mit der Kamera aber natürlich nicht so schnell folgen – und verliere sie aus den Augen.

Ohne zu überlegen, hetze ich los, bremse ab, als mir bewusst wird, wie gefährlich mein Verhalten ist, pirsche, suche die Umgebung mit dem Fernglas ab, lausche auf das Klagen eines Tieres. Überall lautes Rascheln und Warnlaute, ein Pfau schreit dazwischen, Languren geben ihren Kommentar dazu, der ganze Wald ist in Aufruhr.

Bis ich die Löwin wiederfinde, frisst sie bereits an einer Jährlingshirschkuh. Obwohl man einen Löwen am Riss nicht stören sollte, schleiche ich mich ganz vorsichtig ziemlich nah heran. Doch die Löwin nimmt so gut wie keine Notiz von mir. Es dauert nicht lange, da taucht die zweite Löwin auf. Die erste läuft ihr entgegen, und die beiden begrüßen sich fast innig, springen in Katzenmanier in die Luft, als wollten sie einen Freudentanz vollführen. Schließlich machen sie sich beide gemeinsam über den Riss her, und ich ziehe mich zurück.

Mit diesen Aufnahmen wollte ich mich noch nicht zufriedengeben, und so suchten wir weiter.

Die Menschen, die wir auf den Sandwegen trafen, waren meist zu Fuß oder mit einem Pferdekarren unterwegs, einmal aber überholte uns ein Kamelfuhrwerk. Wie das Kamel mit seiner Last so dahinlatschte, sah ziemlich schräg aus. Man muss mir meine Verwunderung wohl angesehen haben, denn ich wurde eingeladen, ein Stück auf dem seltsamen Gefährt mitzufahren – und durfte es ein kurze Strecke sogar selbst lenken. Mit Händen und Füßen verständigte ich mich mit den Leuten. »Sim?«, fragte ich, das indische Wort für Löwe benutzend, und versuchte herauszufinden, wann sie den letzten Löwen gesehen hatten und wo die meisten Löwen waren. Es wurde wild gestikuliert, und bestimmt gab es auch Missverständnisse.

Schließlich kamen wir in ein Dorf, das an einer sehr schönen Stelle fast oben auf einem Hügel liegt. Obwohl es schon spät am Abend war, herrschte noch reges Treiben inner- und außerhalb des Dornengestrüpps, mit denen die Maldharis zum Schutz vor Löwen, Leoparden und auch Wildschweinen ihre Dörfer umgeben. So war zum Beispiel an den zwei Brunnen mit Handpumpe ständig einer damit beschäftigt, Wasser zu pumpen. Und wenn der eine nicht mehr konnte, machte der Nächste weiter. Hier wird noch »richtig gelebt«, nicht wie in den künstlichen Dörfern mancher Nationalparks, in denen Angestellte für Touristen den Alltag der einheimischen Bevölkerung mimen, nach Schließung der Tore aber in ihr wirkliches Zuhause zurückkehren.

Was Luana und mich, die inzwischen mit Atul nachgekommen war, sofort und am allermeisten beeindruckte, war die Schönheit dieser Menschen: schmale, fein geschnittene Gesichter, lange schwarze Haare, schlanke, geschmeidige Gliedmaßen, glatte braune Haut, anmutige Bewegungen. Die Männer trugen weite, fast weiße Pluderhosen und ein weißes Hemd, die Frauen relativ bunte und bauchfreie Saris. Sowohl Männer wie Frauen waren mit Schmuck, auch aus Gold, behangen, der, wie wir später erfuhren, von Generation zu Generation weitervererbt wird.

»Hey, schau dir das an«, sagte ich zu Luana, »die haben sich extra für uns aufgebretzelt.«

Was natürlich nicht der Fall war, denn woher hätten sie wissen sollen, dass wir kommen würden?

Was uns ebenfalls auffiel, waren die sehr schönen Tätowierungen am ganzen Körper: am Hals, an den Armen, am Bauch, zum Teil im Gesicht. So kunstvoll waren die Zeichnungen, dass sie sicher nur dem Schmuck des Körpers oder vielleicht rituellen Zwecken dienten. Anders als im Fall des Eiszeitmenschen Ötzi. Seine Tätowierungen sollten nach Ansicht der Ärzte und anderer Forscher bestimmte Akupunkturpunkte und Meridiane stimulieren. Zwei besonders wirkungsvolle Punkte sollten den Eismann zum Beispiel widerstandsfähig gegen Kälte machen, eine Eigenschaft, die er mit Sicherheit gut brauchen konnte. Was mich schon mal auf die Idee brachte, mir ebenfalls »Blase 23« und »Niere 7« akupunktieren zu lassen, schließlich bin ich oft genug in kalten Regionen unterwegs. Bislang blieb es allerdings bei dem Gedanken.

Im Rückblick gesehen, faszinierte uns am meisten, wie friedlich die Maldharis sind und wie entspannt sie mit dem Leben umgehen. Weder in den Jahren zuvor noch auf meinen »Expeditionen zu den Letzten ihrer Art« bin ich je auf so viele gewaltlose Menschen gestoßen wie in diesem Teil Indiens, der Provinz Gujarat – aus der übrigens Mahatma Gandhi stammte. Und die Maldharis stechen noch einmal besonders hervor. Erstaunlich ist außerdem, dass die Maldharis zwar vorwiegend Tierhaltung betreiben – »Maldhari« heißt übersetzt nichts anderes als »Hirte« –, sich aber wie fast alle Menschen in dieser Region vegetarisch ernähren.

Bei den beiden Brunnen bildeten sich Rinnsale, an denen alle möglichen Tiere herumlungerten, unter anderem ein Fuchs, relativ viele Pfaue, etliche Schildkröten. Diese künstliche Wasserquelle war wie ein Wasserloch in der Wildnis eine Art Treffpunkt für Tiere. Bald erklärte sich auch, wozu die Maldharis all das viele Wasser brauchten, das sie so mühsam pumpten: Sie spritzten ihre Wasserbüffel, ihr größtes und wertvollstes Kapital, und ihre wenigen Zeburinder damit ab.

Zwar wussten wir inzwischen, dass die Wasserbüffelhaltung bei den Maldharis Tradition hatte, wir wunderten uns aber immer noch, wieso dem so war. Die Maldharis essen schließlich kein Fleisch, und Wasserbüffel geben nicht viel Milch. In Deutschland gibt es Milchkühe, die am Tag bis zu 80 Liter Milch liefern, ein Wasserbüffel schafft gerade mal fünf bis sieben Liter. Die Maldharis verarbeiten die Milch zu Joghurt – Milch wie Joghurt sind ja die Grundzutaten für Lassi – und zu Ghee. Ghee ist ein dem Butterschmalz sehr ähnliches Butterreinfett mit leicht nussigem Aroma, das zunehmend auch gesundheitsbewusste Europäer zum Kochen und Braten verwenden. Obwohl die Wasserbüffel so wenig Milch produzierten und die Maldharis nur wenige Rinder hätten, erklärte uns Atul, wäre es genug, dass die Maldharis mit Milchprodukten Handel in den umliegenden Ortschaften treiben könnten. Nun wussten wir auch, was in den Kannen und Krügen transportiert wurde, die wir des Öfteren auf einem Ochsenkarren stehen oder links und rechts an einem kleinen Motorrad hängen gesehen hatten.

Jetzt, am Abend, waren Wasserbüffel und Zebus bereits aus dem Wald, in dem sie untertags weideten, in ihre Pferche innerhalb des schützenden Dornenrings getrieben worden. Dort kauten sie nun gelangweilt auf alten Zuckerrohrstängeln herum und ließen sich fast gnädig mit dem frischen Brunnenwasser abduschen.

Luana und ich kamen aus dem Schauen nicht mehr heraus. Wir waren unversehens in einer völlig exotischen Welt gelandet. Diese schönen und friedlichen Menschen in ihren teils farbenprächtigen Kleidern und mit dem herrlichen Schmuck, simple Häuser aus Holz, mit Lehm verschmiert, in den teilweise Steinplatten eingefügt waren, überall Tiere, kein Fernsehgeplärre, kein Radiogequatsche, kein Strom, kein Generator, keine Antennen oder Satellitenschüsseln. Und das Ganze vor tief stehender Sonne – der Traum eines jeden Fotografen.

Als ich mit der Hilfe von Atul fragte, ob ich filmen und ein paar Fotos machen dürfe, schauten mich die Dorfbewohner ganz erstaunt an, als wollten sie sagen: Na klar, wieso fragst du eigentlich? Ich kenne das ganz anders, zum Beispiel von den Massai in Afrika, die von Touristen – und Filmteams – so verdorben sind, dass sie erst einmal die Hand aufhalten, bevor man auch nur ein einziges Foto schießen darf. Zwei Dollar oder 100 Schilling

»Bildhonorar« sind für unsereinen natürlich nicht viel, für einen Massai hingegen schon.

»Chai, chai«, sagten mehrere Dorfbewohner und winkten uns ins Haus – wollt ihr rein, wollt ihr einen Tee? Nach dem Tee, auf die hier typische Art mit Büffelmilch und Zucker zubereitet, wurden wir in das nächste Haus geladen, wo man uns Schalen mit Hirsebrei, Lassi und ein paar Stängel Zuckerrohr zum Knabbern reichte. Auf beiden Seiten herrschte große Neugier und gab es unzählige Fragen. So wurde es sehr spät, und gern nahmen wir die Einladung an, die Nacht im Dorf zu verbringen. Atul, Mohan, Luana und ich wurden auf verschiedene Familien aufgeteilt, und jeder bekam eine einfache Pritsche zugewiesen.

In fast jedem Haus hingen in einfachen Rahmen mit oft zersprungenem Glas uralte Fotografien von Löwen, die an einem Büffel fraßen. Die musste ihnen irgendwann mal jemand geschenkt haben, denn einen Fotoapparat hat hier bestimmt niemand. Ich war natürlich neugierig, wie die Maldharis mit der Nähe der Löwen und deren Übergriffen auf ihre Weidetiere umgingen. Zwar hatte uns Atul ja schon ein bisschen darüber erzählt, aber ich wollte gern noch aus erster Hand hören, wie sie speziell in diesem Dorf, das ja inmitten des Nationalparks lag, mit den Löwen lebten.

Die Maldharis, wie alle Völker oder Menschen, die so eng mit der Natur und so nah an wilden Tieren leben und es nicht anders gewohnt sind, fanden meine Fragen irgendwie seltsam. Als Fazit kann man festhalten: Die Maldharis sind keine Löwenfans, aber auch keine Löwenfeinde. Sie haben nie verlernt, mit dem Faktor Löwe zu leben. Er ist einfach Teil ihres Alltags. Mir fällt kein rechter Vergleich ein, aber es ist, als würde ich in Deutschland jemanden fragen, wie er es denn schafft, Tag für Tag mit dem gefährlichen Straßenverkehr zu leben. Der ist für uns so selbstverständlich, dass wir gar nicht mehr groß darüber nachdenken – obwohl er weit mehr Tote fordert als die Löwen im Gir-Wald.

»Was gäbe ich für eine Tasse Kaffee oder wenigstens mal einen einfachen Tee; der hier hängt mir langsam zum Hals raus«, maulte Luana am Morgen, als man uns im Schatten eines Hauses wie seit unserer Ankunft in Gir Tee mit Zucker und Büffelmilch servierte.

»Du bist vielleicht eine Nummer«, schmunzelte ich, »seit fast zwei Wochen nichts als Hitze und Staub, einfache Unterkünfte, das Geholpere in dem alten Jeep, wo ich mir manchmal denke, meine Bandscheiben springen gleich raus, und die erste Klage, die ich von dir höre, ist, dass dir der Tee zum Hals raushängt!«

»Sim! Andreas, Luana, sim!«, hörten wir auf einmal aufgeregte Stimmen von der anderen Seite des Hauses. Dann kamen drei Männer um die Ecke und gestikulierten und redeten wie wild durcheinander. Ich verstand nur, dass es um Löwen ging. Einer der Männer lief plötzlich wieder davon und kehrte kurz darauf mit dem noch völlig verschlafenen Atul im Schlepptau zurück.

»Einer der Maldharis hat eine Löwin mit Jungen gesehen«, übersetzte Atul, und ich sprang wie elektrisiert hoch, »sie ist wohl sehr scheu und hat sich gleich verzogen. Er glaubt aber zu wissen, wo sie zu finden sind.«

»Wirklich mit Jungen?«, forschte ich aufgeregt nach, denn von meinen Recherchen wusste ich, dass aufgrund der hohen genetischen Ähnlichkeit der Tiere manche Männchen und Weibchen unfruchtbar sind und zudem durch die für das Gebiet eigentlich zu dichte Population die Vermehrungsrate nicht sehr hoch ist, dass es also, kurz gesagt, bei den Löwen wenig Nachwuchs gibt. Auch hatte ich mit Atul erst vor ein paar Tagen darüber gesprochen, und er hatte mir bestätigt, dass man immer seltener Löwinnen mit Jungen zu Gesicht bekäme.

Löwen haben keine feste Paarungszeit. Die Tragzeit des Asiatischen Löwen dauert gut 100 Tage. Die Jungen, meist vier bis sechs je Wurf, werden etwa ein halbes Jahr gesäugt, gehen aber bereits im Alter von drei Monaten mit auf die Jagd, um zu lernen. Vollwertige Jäger sind sie erst nach zwei Jahren, und bis dahin – also relativ lange und länger als jede andere Katze – bleiben sie bei der Mutter. Geschlechtsreif werden sie weitere zwei Jahre später, und voll ausgewachsen sind sie erst im Alter von sechs Jahren, obwohl sie höchstens 18 Jahre alt werden.

Da beim Indischen Löwen erwachsene Männchen und Weibchen getrennt leben, läuft der Nachwuchs kaum Gefahr, von einem Artgenossen getötet zu werden, wie es beim Afrikanischen Löwen der Fall ist. Übernimmt dort ein Pascha ein Rudel, beißt er in der Regel den Nachwuchs seines Vorgängers tot, damit das Weibchen wieder empfängnisbereit wird. Dass sich die Männchen allein durchschlagen müssen, hat dafür andere Nachteile. Da vor allem ältere und schwerere Männchen nicht unbedingt schnelle und gute Jäger sind, vergreifen sie sich öfter als Weibchen an Haustieren und fallen deshalb öfter einem vergifteten Köder zum Opfer.

Ich wandte mich zu Luana und stutzte. Sie saß wie zuvor vor ihrem Tee und nahm keine Notiz von den Neuigkeiten.

»Luana, alles klar? Geht's dir gut?«, fragte ich verwundert.

»Hm? Weiß nicht. Gerade hast du mich noch mehr oder weniger gelobt, dass ich keine Jammerliese bin, und auf einmal tut mir alles weh, der Kopf, die Gelenke, und ich fühle mich total schlapp«, gestand sie.

»Sollen wir dich zu einem Arzt bringen?«

»Nein, woher denn! Ich brauche keinen Arzt, nur einen Tag Pause.«

»Sicher?«

»Sicher!«

Ein Gedanke, der mir schon seit ein paar Tagen verschwommen im Kopf herumgeisterte, nahm langsam Gestalt an.

»Äh ... ähm«, druckste ich fast ein wenig verschämt herum.

»Was'n los?«, wollte Luana wissen.

»Ich würde gern mal allein zwei Tage durch die Gegend streifen, da hätte ich wahrscheinlich mehr Chancen, Löwen zu sehen –«

»Von mir aus«, unterbrach mich Luana, »ich habe aber keine Lust, in dem Bed and Breakfast herumzusitzen. Lieber würde ich hier *authentisches*« – sie malte mit den Fingern Anführungszeichen in die Luft – »Dorfleben beobachten. Sofern die Maldharis einverstanden sind.«

Atul übersetzte den Maldharis Luanas Wunsch, und die fühlten sich höchst geehrt, lachten und klatschten vor Freude immer wieder in die Hände.

Wir mussten natürlich erst einmal zum Bed and Breakfast, um einige Sachen zu holen. Luana stopfte nur ein paar Kleider und Toilettenartikel in eine Tasche, ich packte zusätzlich mein leichtes Einmannzelt und die Videokamera in einen Rucksack. In Sasan Gir kauften wir Proviant für mich und verschiedene Lebensmittel, die Luana den Maldharis als Gastgeschenk mitbringen wollte, bevor uns Mohan schließlich im Dorf absetzte.

Gegen Mittag war ich dann allein unterwegs. Die Maldharis hatten mir gesagt, dass sich zwei erwachsene Löwenmännchen in der Nähe herumtrieben, weshalb bei allem Reiz, den es für mich hatte, mich allein durch die Büsche zu schlagen und mich von dem wenigen zu ernähren, was ich mit mir trug, eine gehörige Portion Unbehagen mitschwang und ich mich sehr vorsichtig bewegte, alle Sinne gespannt.

Am frühen Nachmittag traf ich unter einer Riesenfeige mit gewaltigen Luftwurzeln auf zwei Viehhirten – dem Aussehen nach Großvater und Enkel – mit ihren Wasserbüffeln. Der Kot der Flughundkolonie, die sich in den Ästen des Feigenbaums niedergelassen hatte, verströmte einen penetranten Geruch nach Trockenfrüchten und leicht fauligem Obst. Die beiden Maldharis schien das nicht zu stören – vielleicht nahmen sie es auch nur billigend in Kauf, weil der Baum weit und breit der beste Schattenspender war. Etwas abseits der Männer standen zwei Kamele und ließen in typischer Kamelmanier ihre Kiefer mahlen.

»Sim?«, fragte ich nach der Begrüßung.

»No sim«, bekam ich von dem Jüngeren zur Antwort, während der Ältere nur freundlich grinste. Unter seinem enormen

Zwirbelbart kamen dabei zwei Zähne – möglicherweise seine einzigen – zum Vorschein.

Ich spürte, dass der Alte mit mir gar nichts anzufangen wusste. Da prallten schlichtweg zwei Welten aufeinander. Ich filmte ihn mit der Videokamera und spielte ihm die Sequenz dann vor. Er geriet völlig aus dem Häuschen, als er sich auf dem kleinen Monitor sah, lachte und freute sich. Die Krönung war aber Folgendes: Ich hatte ein kleines, sehr hochwertiges Fernglas für Wildbeobachtung dabei, das ein brillantes Bild gibt. Durch dieses Glas ließ ich den Alten schauen, und was er da sah, brachte ihn total aus der Fassung. Er dachte wohl, er hätte eine Erscheinung, ließ das Fernglas sinken, hob es wieder an die Augen, schaute darüber hinweg und dann wieder hindurch. Er konnte einfach nicht verstehen, warum die Sachen so nah waren, wenn er sich das seltsame Ding vor die Augen hielt.

Zum Abschied beschrieb ich mit einem Arm einen weiten Bogen, deutete in mehrere Richtungen und fragte jedes Mal: »Sim?«, denn möglicherweise hatten sie ja ein Stück entfernt Löwen gesehen.

Wie schon zuvor grinste mich der Alte mit seinem fast zahnlosen Mund nur freundlich an, während der Jüngere in einer Geste des Nicht-Wissens die Schultern hob.

Es wurde immer später, und noch hatte ich nicht einen einzigen Hinweis auf Löwen, geschweige denn die Löwenmutter gefunden. In einem Tal schlug ich schließlich kurz vor Sonnenuntergang mein Zelt auf. Die Hitze des Tages wich allmählich, und ich stellte mich auf eine angenehme Nacht ein. Doch bei Dunkelheit erwachte der Wald erst richtig zum Leben; überall um mich herum war ein ständiges Rascheln und Knacken, Krabbeln und Huschen, Schlurfen und Hasten; ein Wildschwein grunzte, weit entfernt hörte ich den Warnlaut von Hirschen, einmal den Schrei eines Pfaus. Das war das eine, was mir den Schlaf raubte; das andere war: Ich bin zwar gewohnt, in der Wildnis zu schlafen, mit nichts als einem Zelt als Schutz – aber nicht mitten im Löwenland!

Am nächsten Morgen entdeckte ich nur wenige Meter von meinem Zelt entfernt unter einem Felsen, wo es sehr feucht war, die frisch abgestreifte Haut einer Kobra. Das so genannte Natternhemd war stolze drei Meter lang. Donnerwetter, dachte ich mir, da mache ich mir Sorgen wegen der Löwen, und dabei kriecht eine Giftschlange fast über mich drüber.

Ich machte mich auf den Weg zu dem Wasserloch, an dem ich am Abend zuvor vorbeigekommen war, um meine Trinkflasche aufzufüllen. Müde von der durchwachten Nacht, graute mir vor der Arbeit, das Wasser durch den Katadynfilter zu pumpen (ein Filter mit Wabennetz, mit dessen Hilfe man selbst aus der dreckigsten Pfütze trinkbares Wasser gewinnen kann), und so stapfte ich missmutig dahin – und hätte fast die Löwen übersehen!

Ein Maunzen ließ mich mitten im Schritt innehalten. Ich wandte den Kopf ganz langsam nach rechts, in die Richtung, aus der der Laut gekommen war. In gut 100 Meter Entfernung bewegte sich zwischen den Bäumen ein hellbrauner Fleck. Eine Löwin. Ihr folgten drei winzige Junge. Dem tapsigen Schritt und dem plüschigen Fell nach zu schließen waren die Kleinen gerade mal zwei Monate alt. Begleitet wurde die Familie von einem jungen Tier, wahrscheinlich ebenfalls ein Weibchen. Die Löwenmutter hatte mich längst bemerkt, war aber völlig entspannt, zeigte absolut kein Interesse an mir. Doch sobald ich Anstalten machte, mich ihrer Gruppe zu nähern, zog sie – ganz gemächlich, ohne Hast – ein Stück tiefer in den Wald hinein.

Gut, Andreas, sagte ich mir, sie hat dir unmissverständlich zu verstehen geben, dass und welche Distanz du halten sollst. Also sei so vernünftig und beachte ihre Signale. Und da ich nicht riskieren wollte, dass das Rudel floh oder – weit schlimmer – eine oder gar beide der erwachsenen Löwinnen mich angriffen, gab ich mich damit zufrieden, die Tiere aus der Ferne zu beobachten. Vielleicht hätte ich ja das Glück, dass, wenn ich mich ganz unauffällig und ruhig verhielte, das Rudel in meine Richtung zöge. So blieb ich an Ort und Stelle und suchte mir eine einigermaßen bequeme Sitzposition.

Wer Katzen kennt, weiß, dass diese Tiere – ob Stubentiger oder Großkatze macht da keinen Unterschied – etwa 20 Stunden am Tag schlafen. Und ich hatte das Grüppchen offensichtlich gegen Ende einer aktiven Phase entdeckt. Die Tiere zogen nämlich nirgendwo mehr hin, schon gar nicht in meine Richtung. Sie ließen sich nieder, und eine Zeit lang tollten die Kleinen wild umher, rangen miteinander, jagten dem eigenem Schwanz nach, sprangen in die Luft oder turnten der Mutter im wahrsten Sinn des Wortes auf der Nase herum. Dann, als ihre Bewegungen immer langsamer und tollpatschiger wurden, suchten sie sich eines nach dem anderen eine Zitze, nuckelten ein bisschen und waren kurz darauf eingeschlafen. Tja, und dann passierte – eigentlich gar nichts mehr. Die beiden erwachsenen Löwinnen rissen ab und zu das Maul zu einem herzhaften Gähnen weit auf und dösten ansonsten vor sich hin.

Ziemlich langweilige Tiere, befand ich für mich, als ich zwei Stunden später aufstand, um mir nun endlich Wasser zu holen. Als ich zurückkam, waren die Löwen verschwunden. Den Rest des Tages streifte ich auf der Suche nach ihnen kreuz und quer durch den Wald – vergebens. Frustriert machte ich mich kurz vor Sonnenuntergang auf den Weg in das Maldhari-Dorf.

Schon aus einiger Entfernung sah ich, dass Aufruhr herrschte, und beunruhigt legte ich einen Schritt zu. Als Luana mich bemerkte, stürzte sie auf mich zu und rief schon von Weitem: »Mensch, gut, dass du zurück bist! Die zwei Löwen, die zwei großen Männchen, von denen sie gestern erzählt haben. Sieht so aus, als hätten die, also zumindest habe ich es so verstanden, als hätten die ungefähr fünf Kilometer von hier – oder sieben, keine Ahnung –, einen Wasserbüffel gerissen. Einen sehr großen Büffel, es sind zwei Männchen, und alle wollten warten, bist du zurückkommst, und ...«

»Luana, langsam, hol erst mal Luft«, unterbrach ich sie, »ich kann dir ja kaum folgen!«

Da lachte sie, hängte sich bei mir ein und erzählte mir auf den letzten Metern ins Dorf den Rest: »Tja, also. Zuerst wollten alle auf dich warten, damit wir zusammen zu dem Riss gehen, aber jetzt haben sie, glaube ich, Schiss bekommen. Jedenfalls habe ich den Eindruck, dass auf einmal gar keiner mehr dorthin will.«

»Zwei große Löwenmännchen, das ist keine ungefährliche Nummer«, räumte ich ein. »Die können ganz schön aggressiv werden, wenn sie am Riss gestört werden. Aber sehen würde ich das Ganze schon gern.«

»Ich komm mit. Ich will es auch sehen«, rief Luana, die offensichtlich wieder voller Energie war, prompt.

Die Maldharis schauten uns gespannt entgegen. Als ich sie bat, uns zu dem Riss zu führen, stellte sich schnell heraus, dass Luanas Vermutung richtig war: Tatsächlich war keiner bereit, uns zu begleiten. Zwei der Männer, Vater und Sohn, erklärten sich nach langem Hin und Her schließlich damit einverstanden, uns ein Stück weit zu führen und dann die Stelle so gut und genau wie möglich zu beschreiben. Als das endlich geklärt war, kroch ich erleichtert auf meine Pritsche. Mittlerweile spürte ich es in jedem Knochen, dass ich in der vergangenen Nacht keinen Schlaf gehabt hatte.

Beim ersten Tageslicht brachen wir auf. Natürlich war ich heiß darauf zu sehen, wie groß der Büffel war, wie groß die Männchen, was da passierte. Als unsere beiden Führer den Rückweg antraten, waren wir, wenn wir ihre Worte und Gesten richtig interpretiert hatten, schätzungsweise noch einen Kilometer vom Ort des Geschehens entfernt. Knisternde Anspannung machte sich breit. Ausgerechnet eine Gegend mit verhältnismäßig dichter Vegetation hatten sich die beiden Löwen ausgesucht. Nicht nur dass eng stehende Bäume und Büsche die Sicht behinderten: Die scharfen Akaziendornen ritzten uns die Arme auf, Pflanzen, die wir nicht kannten, verhakten sich mit ihren Stacheln in unserer Kleidung und den Haaren und hinderten uns am Vorwärtskommen. Haufenweise trockenes Laub am Boden raschelte und knisterte bei jedem unserer Schritte.

Da wir nicht wussten, wo genau die Löwen waren, hielt ich nach Rabenkrähen, Bussarden und Geiern in der Luft Ausschau, die uns den Riss anzeigen würden. Und dann sehen wir sie kreisen und hören ihre heiseren Schreie und ihr Gekrächze. Da drüben also muss der Wasserbüffel liegen.

»Das Problem ist nur«, flüstere ich, »da, wo der Kadaver liegt, müssen nicht unbedingt auch die Löwen sein. Wenn sich ein Löwe satt gefressen hat, legt er sich irgendwo gut getarnt in die Büsche, hält ein Verdauungsschläfchen und wartet darauf, dass er wieder Hunger kriegt. Aber er ist nie weit von der Beute entfernt, um sie gegebenenfalls verteidigen zu können.«

Vorsichtig nähern wir uns der Stelle, die uns die Vögel anzeigen. Immer wieder prüfe ich dabei nach alter Jägermanier mit dem Finger den Wind.

»Der Wind steht auf uns zu, die Löwen können uns nicht direkt wittern. Nur, ehrlich gesagt, weiß ich nicht, ob das gut ist – oder eher schlecht«, gestehe ich Luana leise.

»Was?«, wispert Luana irritiert. »Was soll das heißen, du weißt es nicht?«

»Ich kenn mich mit Bären aus, aber nicht mit Löwen, schon vergessen?«, raune ich. »Bei manchen Tieren ist es besser, wenn sie wissen, dass du in der Nähe bist, und bei anderen schleicht man sich besser an.«

»Toll! Und was schlägst du vor?«

»Schleichen.«

Das hier ist auch für mich eine neue Grenzerfahrung, denn, wie gesagt, mit Löwen kenne ich mich nicht aus. Schon am gestrigen Tag, als ich auf die Löwenmutter traf, war ich nicht sicher, ob ich mich angemessen verhielt. Heute aber haben wir es mit zwei ausgewachsenen Männchen zu tun, die nicht nur aggressiver als Weibchen, sondern vor allem um einiges stärker sind. Und von Atul hatten wir ja gehört, dass fast alle Unfälle mit Löwen passieren, wenn ein Mensch sie von ihrer Beute vertreiben will.

Natürlich steht uns nichts ferner als das, aber wissen das die Löwen? Zu alledem sind wir unbewaffnet, haben nicht mal ein Spray dabei oder eine Leuchtkugelpistole.

Unsere Nerven sind nun bis zum Zerreißen angespannt. Wir kommen den Bussarden und Raben immer näher, mittlerweile kreisen sie fast über uns, und noch immer sehen wir nur Büsche, Bäume und Gestrüpp. Doch dann, von einem Wimpernschlag auf den nächsten, sehen wir ungefähr 30 Meter vor uns einen schwarzen Wasserbüffel mit gewaltigen Hörnern liegen, der durch die Hitze und die Fäulnisgase wie aufgepumpt wirkt, prall wie ein Gummitier. Er liegt mit dem Gesicht zu uns, seine Kehle ist durchgebissen, und vertrocknetes Blut zieht eine Spur hinunter ins braune Gras. Es ist definitiv ein männliches Tier, da man die Penishaare sehen kann; ansonsten haben Wasserbüffel ja ein sehr kurzes, glattes Fell.

Direkt neben dem Büffel liegt ein mächtiger Löwe, der noch schauriger aussieht als seine aufgedunsene Beute. Sein Gesicht ist von Narben und schwärenden Wunden entstellt, seine Augen sind entzündet und vereitert. Aber wo ist der zweite Löwe? Die Maldharis im Dorf und der Hirte, der den Angriff auf den Wasserbüffel miterlebt hat, haben von *zwei* großen Löwenmännchen gesprochen.

Ein Film schießt mir in den Kopf, und ohne groß nachzudenken, frage ich Luana: »Kennst du ›Der Geist und die Dunkelheit‹ mit Val Kilmer und Michael Douglas?«

»Ja, aber musst du den gerade jetzt erwähnen?«, stöhnt sie.

Der Film beruht auf einer wahren Begebenheit von 1898: John Patterson, ein junger Architekt, soll eine Brücke über den Tsavo im heutigen Kenia bauen. Das Unternehmen droht zu scheitern, weil zwei menschenfressende Löwen – von den Einheimischen »der Geist« und »die Dunkelheit« genannt – immer wieder ein Blutbad unter den Arbeitern anrichten und die Männer daraufhin die Weiterarbeit verweigern. Patterson entschließt sich, die Bestien zu erlegen – nur im Film holt er sich dazu die Unterstützung eines Großwildjägers, gespielt von Michael Douglas –, was ihm letztlich gelingt.

Bei genauerem Hinsehen erkennen wir, dass der auf den ersten Blick Furcht einflößende Löwe in Wirklichkeit ein uraltes, abgemagertes, räudiges Männchen ist, dessen Tage definitiv gezählt sind. Im Grunde gibt er ein erbarmungswürdiges Bild ab. Dafür ist sein Kumpel, von dem wir noch immer nicht wissen, wo er steckt, vielleicht umso fitter und kräftiger.

»Wir machen jetzt nicht mehr die Jägerschleichnummer«, instruiere ich Luana und schraube dabei den Flüsterton allmählich zu normaler Lautstärke hoch, »du bleibst hinter mir, falls er angreift, damit ich irgendwas machen kann: auf ihn zuspurten, ihn anbrüllen. Das hilft – hab ich jedenfalls mal gelesen.«

»So, hast du mal gelesen. Und wo? In der *Bild*?«

»Es hilft bei fast jedem Tier, wenn du dich zu voller Größe aufrichtest, einen auf stark machst und Selbstbewusstsein zeigst. Bei Bären zum Beispiel. Und meistens sind es ohnehin nur Scheinangriffe.«

Später sollte ich mal im Okawangodelta einen solchen Scheinangriff eines Löwen erleben. Von wegen stark und selbstbewusst, mir blieb schier das Herz stehen vor Schreck. Ich war mit einem Guide zu Fuß unterwegs, als wir auf ein Löwenrudel stießen. Nur Weibchen. Dachten wir zumindest, denn das Löwenmännchen, das sich etwas abseits flach auf den Boden gedrückt hatte, hatten wir schlichtweg nicht bemerkt. Urplötzlich schoss das Tier hoch und raste – den Schwanz aufgerichtet, die Mähne abgestellt – mit unglaublicher Geschwindigkeit direkt auf uns zu. Der Guide und ich standen wie angewurzelt, völlig überrumpelt, keiner Bewegung fähig.

Wenige Meter vor uns stoppte der Löwe abrupt, zog sozusagen die Handbremse an und hüllte sich in eine Staubwolke. Dann trollte er sich. Er wollte seinen Mädels und uns nur zeigen, wer der Chef war und dass wir hier gar nichts zu melden hatten. Frank, der das Ganze aus der Entfernung geistesgegenwärtig gefilmt hatte, sagte danach: »Alter Schwede, ich dachte echt, euer letztes Stündlein hätte geschlagen.«

Na, jedenfalls bewegen Luana und ich uns weiter auf den aufgedunsenen Büffel und den lädierten Löwen zu und machen uns gegenseitig Mut. Wobei Luana in ihrer jugendlichen – ich nenne es mal – Unbefangenheit die Knie wahrscheinlich nur halb so zittern wie mir die meinen.

»Jetzt bis du mittendrin in einer ›Indiana Jones‹-Geschichte«, sage ich zu ihr, weil sie mir mal erzählt hatte, dass sie diese Filme liebe und sich nichts sehnlicher wünsche, als selbst einmal solche Abenteuer zu erleben. »Bloß dass das hier real ist und keine Filmkulisse, dass ich keine Peitsche dabeihabe und meinen Hut nicht auf, aber ansonsten ist es genau so, wie du es dir immer gewünscht hast. Echtes, knallhartes Abenteuer. Es gibt wahrscheinlich keine 100 Menschen auf der Erde, die so etwas jemals in dieser Form erlebt haben – und noch davon erzählen könnten.«

»Ob wir davon werden erzählen können, steht noch nicht fest«, meint Luana, und es liegt ein leichtes Zittern in ihrer Stimme.

»Eines kann ich dir jedenfalls verraten. Das Mitschleichen mit den Löwinnen gestern, das war schon eine Nummer, aber nichts im Vergleich zu dem hier.«

Während der ganzen Zeit suchen wir mit den Augen immer wieder die Umgebung ab, in der ständigen Angst, dass uns der zweite Löwe überraschen könnte. Ich habe wirklich schon viel Spannendes und Nervenaufreibendes erlebt, aber das hier ist auch für mich etwas völlig Neues. Denn normalerweise ist nach ein paar Schrecksekunden die Aufregung vorbei, zum Beispiel beim Scheinangriff eines Bären, nun aber stehen Luana und ich bereits seit einer guten Stunde unter Strom, und das zerrt gnadenlos an unseren Nerven.

Schließlich mache ich eine völlig verunglückte Moderation, die Luana aus etwa zehn Metern Entfernung filmt. Und weil das Ganze auch für National Geographic ist, stammle ich eine Ansage in Englisch hinterher. Geschickt verlagert Luana währenddessen die Schärfe, sodass der Löwe – nur etwa 25 Meter im Hintergrund und zunächst nur als verschwommener Fleck zu sehen – immer deutlicher hervortritt. Im Film sieht man dann den »Helden« ganz nah am Geschehen, aber zum Glück nicht, dass er ganz weiche Knie hatte.

Wir drehen ein paar weitere Einstellungen und werden immer entspannter. Denn der Löwe hat zwar ein paarmal kurz zu uns herübergeschaut, aber keine Anstalten gemacht, sich zu erheben. Im Gegenteil: Mittlerweile hat er sich lang ausgestreckt – und schläft! Vermutlich ist er völlig vollgefressen, denn an der Flanke des Büffels fehlen bereits riesige Fleischstücke. Sein Kamerad hat sich in all der Zeit kein einziges Mal blicken lassen, und wer weiß, ob es ihn überhaupt gibt. Kurz vor Einbruch der Dämmerung packen wir unsere Sachen zusammen, da wir ungern in stockdunkler Nacht ins Dorf zurückmarschieren wollen. Es ist jedoch klar, dass wir am nächsten Morgen wiederkommen werden.

Die Stimmung im Dorf hatte sich inzwischen normalisiert. Die Aufregung des gestrigen Tages hatte eher damit zu tun gehabt, dass zunächst alle und dann keiner die »Ehre« haben wollte, mich zu dem Riss zu führen, als mit der Tatsache, dass ein Löwe eines ihrer Tiere gerissen hatte. Nie zuvor habe ich so harmonische, friedliche und heitere Menschen getroffen. Die Einzige, die mal lauter und ein wenig heftig wurde, war eine ältere Frau, wenn sie ihren Schwiegersohn herumkommandierte.

Wir saßen gemütlich bei Hirsebrei und Gemüse beisammen und unterhielten uns, so gut es mit Händen und Füßen halt ging. Einer der Maldharis, so erfuhren wir, war inzwischen nach Sasan Gir gefahren, um die Ranger über den Riss zu informieren. Was wir nicht wussten, war, dass zwei Ranger – die sind hier immer im Doppelpack unterwegs – sich den Kadaver anschauen würden, um den Fall ordentlich zu Protokoll nehmen zu können, damit dann die nötigen Formulare ausgefüllt und die Entschädigung beantragt werden konnte.

Im Morgengrauen marschierten Luana und ich wieder zu dem Riss. An der Situation hatte sich nichts geändert. Der Büffel lag noch in derselben Position wie am Abend zuvor, der grausig aussehende alte Löwenmann stand mal kurz auf, als er uns sah, gab aber keinen einzigen Ton, kein Grollen, geschweige denn ein Brüllen von sich und legte sich wieder hin. Wir drehten bei richtig schönem Licht etliche Einstellungen aus verschiedenen Kameraperspektiven, und ich machte Ansagen auf Englisch und auf Deutsch, etwas entspannter und konzentrierter diesmal. Aber immer noch waren wir auf der Hut vor dem zweiten Löwen.

Auf einmal hörten wir hinter uns Geräusche und schossen erschrocken herum. Es war jedoch nicht ein Löwe, was da – wild gestikulierend – auf uns zugerannt kam, sondern ein Park Ranger. Ohne Vorwarnung brüllte der Mann uns an. Wir verstanden kein Wort, denn er schrie auf Gujarati oder Hindi oder irgendeiner der 100 anderen Sprachen und Dialekte Indiens, jedenfalls nicht auf Englisch.

Luana und ich schauten uns irritiert an. Wir hatten keine Ahnung, warum der Typ sich so fürchterlich aufregte.

»Ist denn irgendwas nicht okay?«, unterbrach ich seine Schimpfkanonade in höflichem Ton.

In gebrochenem Englisch schnauzte er uns an, ob wir die Regeln für den Nationalpark nicht genau durchgelesen hätten.

»Hey, wir sind jetzt seit 14 Tagen hier und bezahlen jeden Tag brav 1000 US-Dollar, um hier filmen zu dürfen«, antwortete ich noch immer ruhig. »Von welchen Regeln redest du?«

»Dass es verboten ist, in diesem Wald an Kadavern zu filmen«, blaffte er mich an.

»Wie bitte?«, fragte ich verdattert. »*Was* ist verboten? An Kadavern zu filmen!? Wieso das denn? Es ist doch ein völlig natürliches Verhalten, dass ein Löwe ein Tier reißt. Wir haben kein Kälbchen angebunden, wir haben uns mühsam hierher gearbeitet, wir wären vor Angst fast gestorben, und trotzdem haben wir gefilmt und fotografiert. Weil das unser Job ist!« Langsam, aber sicher redete ich mich in Rage. »Wir arbeiten für *National Geographic*, und die wollen alles ganz genau wissen. Und du willst uns jetzt erzählen, wir dürften den Riss nicht filmen? Ich hab schon viel Bullshit gehört, aber so einen Bullshit noch nicht!«

»Mag sein«, erklärte er mir daraufhin in gemäßigter Lautstärke – vielleicht hatte ihn ja der Hinweis auf National Geographic etwas eingeschüchtert –, »aber es steht in den Statuten, dass nur an einem Riss gefilmt werden darf, wenn die Beute ein Wildtier ist, Axishirsch, Sambarhirsch, Nilgauantilope oder so. Aber wenn ein Löwe ein Nutztier gerissen hat, ist das für euch tabu. Also packt ein und geht.«

Ich dachte, ich bin im falschen Film. Dieses Argument war so hirnrissig, dass ich fast lauthals losgelacht hätte.

»Wasserbüffel gibt es hier seit Urzeiten«, hielt ich dagegen. »Und jeder weiß, dass Löwen hin und wieder ein Weidetier reißen und dass das zu Spannungen mit der Bevölkerung führt. Das ist ein Teil unserer Geschichte!«

Unterdessen tauchte der zweite Ranger auf, eine uralte Schrotflinte, deren Schloss noch mit einem außen liegenden Hahn gespannt wird, lässig in der Hand. Der fing nun auch noch an zu labern, erzählte in irgendeiner Sprache, durchsetzt mit ein paar englischen Brocken, wahrscheinlich das Gleiche.

»Guck dir diese beiden Popanze an«, presste ich in Richtung Luana mit mühsam unterdrückter Wut hervor, »die wollen doch nur ihre kleine, beschissene Macht dokumentieren.«

Die beiden Ranger konnten zwar nicht verstanden haben, was ich da auf Deutsch soeben gesagt hatte, aber dass es nichts Freundliches gewesen war, war ihnen natürlich klar. Unser Disput wurde zunehmend lauter und heftiger, drehte sich um immer dieselben Argumente im Kreis, und bald brüllten wir alle durcheinander.

Was für eine absurde Situation. Wenn ich das hätte filmen können!

»Es hat keinen Zweck, länger rumzudiskutieren«, wandte ich mich schließlich zu Luana, »lass uns zusammenpacken und von hier verschwinden.«

Das taten wir dann auch und zogen kurz darauf grußlos davon.

»Erstaunlich, dass sie uns die Bänder nicht abgenommen haben«, brach Luana das Schweigen, sobald wir außer Sichtweite waren. »Haben sie wahrscheinlich im Eifer des Gefechts einfach vergessen.«

»Puh, du hast recht. Aber ich weiß, wie ich sie austrickse, für den Fall, dass es ihnen noch einfällt.«

Nachdem uns Mohan abgeholt und in das Bed and Breakfast gebracht hatte, machte ich mich sofort an die Arbeit: Ich beschriftete unbespielte Bänder, von denen wir genügend hatten, und packte sie in den bereits beschrifteten Karton. Unser Filmmaterial wanderte dafür in die unbeschriftete Schachtel.

»Falls die kommen und sagen: ›Hey, ihr habt Sachen gefilmt, die ihr nicht hättet filmen dürfen‹, antworte ich: ›Okay, sorry, ihr habt recht, hier sind die Bänder, habt einen schönen Tag‹, und drücke ihnen einfach die Kiste mit den ungedrehten Bändern in die Hand.«

»Die sind doch nicht blöd. Was, wenn sie sich die Bänder gleich an Ort und Stelle anschauen?«, wandte Luana ein.

»Wie denn? Wir haben auf HD gedreht. Glaubst du, dass man in diesem Teil Indiens irgendwo dieses Format abspielen kann? Ich nicht.«

Wie sich herausstellen sollte, war die Sicherheitsmaßnahme völlig überflüssig. Weder beim Verlassen von Sasan Gir noch in Diu oder Mumbai interessierte sich irgendein Mensch für unser Filmmaterial.

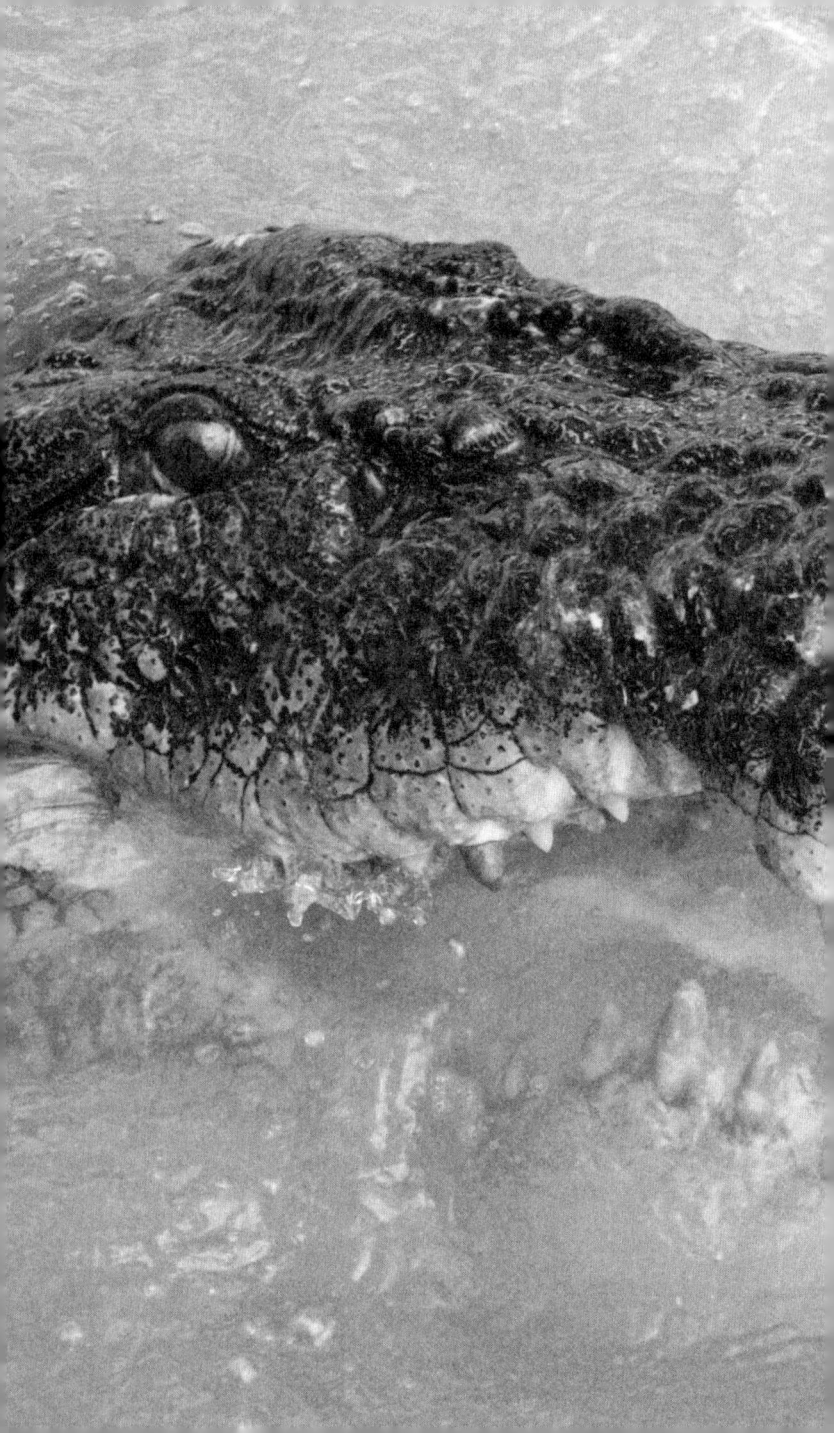

»Don't go swimming!« –
Leistenkrokodile
in Australien

Die Stewardess ging durch die Reihen und hüllte die Passagiere in einen Nebel aus Insektenvernichtungsmittel. Das entspräche den Vorschriften und den gesetzlichen Einreisebestimmungen für Australien, entschuldigte sie sich, als einige der Passagiere nach Luft schnappten oder gar heftige Hustenattacken bekamen.

Bei der Einreise in Darwin fand die Beamtin in meinem Pass mein gepresstes vierblättriges Kleeblatt, das mich seit vielen Jahren als Talisman auf meinen Reisen um die Welt begleitet. Die Frau guckte, als hätte sie gerade ein halbes Pfund Marihuana entdeckt. Dann blätterte sie meinen Pass durch und begutachtete mit wachsender Besorgnis all die Ein- und Ausreisestempel exotischer Länder. Bei meinem Passfoto stutzte sie, schaute mich an, dann wieder das Foto. Mehrmals ging ihr Blick hin und her. Der Mann darauf hatte nur wenig Ähnlichkeit mit dem, der vor ihr stand: Sie sah in ein Gesicht mit hervorstehenden Wangenknochen (neun Jahre zuvor, als das Passfoto gemacht worden war, wog ich zehn Kilogramm mehr), in dem wochen-, manchmal monatelange Aufenthalte in Kälte und Schnee, in Hitze und Dürre ihre Spuren hinterlassen hatten, lange Haare, ein unrasiertes Kinn. Vor ihr stand offenbar ein von vielen Reisekrankheiten gezeichneter, mit Gott weiß welchen Parasiten behafteter Mann, der seine letzte Ruhe in Australien finden wollte. Das viele Gepäck schien ihre Vermutung zu bestätigen.

Die Beamtin rief einen Kollegen herbei, und alles wurde mit einer Genauigkeit gefilzt, wie ich es sonst nur aus totalitären Staaten kenne: unsere persönlichen Sachen, die Kameras, die Akkus ... Doch sie fanden nichts, was zu beanstanden gewesen wäre. Die letzte Frage galt meinen Laufschuhen, ob sie neu wären oder wenigstens desinfiziert und ob ich in Deutschland aus einem Tollwutsperrbezirk käme. Es war grotesk, völlig absurd. Dann wandte sich die Beamtin wieder meinem Kleeblatt zu.

»Please, it's my lucky charme! It travels with me for years«, erklärte ich ihr.

»Not any more!«, lautete ihre harsche Antwort, und mein Talisman flog in eine Tonne, wo er sich zu Apfelsinen, Bananenchips und irgendwelchen Pflanzen gesellte. Sie gab mir meinen Pass zurück und knurrte: »Welcome to Australia. Have a nice time.«

Ich war regelrecht geschockt, denn Australien war für mich ähnlich wie Kanada bis dahin der Inbegriff von grenzenloser Freiheit gewesen. Und nun diese Filzerei und diese Bürokratie!

Als Luana und ich das klimatisierte Flughafengebäude verließen, liefen wir wie gegen eine Wand. Zwar war es nicht heißer als in Indien, es hatte gut 35 Grad, aber obwohl die Regenzeit jetzt, Ende April, längst vorbei sein sollte, herrschte eine unglaublich hohe Luftfeuchtigkeit. Im Büro der Mietwagenstation war es wiederum so frisch – der Raum war auf 20 Grad runtergekühlt (Nordaustralier geben genauso viel Geld für Klimaanlagen aus wie wir Mitteleuropäer für Heizungen) –, dass wir fröstelten.

Da ziemlich viel los war, hatten wir ausreichend Zeit, die Menschen zu beobachten. Es schien in Australien, zumindest was die Weißen anbelangte und zumindest in Darwin und Umgebung, zwei Arten zu geben – was sich später im Großen und Ganzen bestätigen sollte. Die einen haben sonnengegerbte Haut, wirken sehr sportlich, sind lässig gekleidet: derbes Hemd, kurze Hosen, alte Lederschuhe – wegen der vielen Dornen und giftigen Tiere – und tragen einen großen Hut. Bis auf den Hut also wie ein Double von »Crocodile Hunter« Steve Irwin. Und alle fahren eine alte Klapperkiste, einen Toyota Landcruiser oder Ähnliches. Offensichtlich haben sich diese Autos bewährt und sind extrem robust. Und dann gibt es den anderen Typus: etwas dicklich, konservativ bis bieder-spießig gekleidet; weißes Hemd, helle Stoffhose und schicke Schuhe. Diese Leute erzählen dir begeistert vom Fischen und von anderen Outdoor-Aktivitäten, aber du würdest ihnen nie zutrauen, dass sie wirklich mal aus ihrem klimatisierten Auto aussteigen.

Ohne viel Brimborium erhielten wir unseren vorgebuchten Mietwagen, einen fast neuen VW Touareg – natürlich mit Klimaanlage –, und Luana meinte lapidar: »Die können also auch anders.«

»Ja, offensichtlich«, stimmte ich zu. »Aber um fair zu bleiben: Wir konnten den gesamten Reiseablauf selbst planen, ohne irgendwelche Reglementierungen. Das habe ich schon ganz anders erlebt, in Afrika zum Beispiel.«

Nachdem wir uns ein Hotel für die Nacht gesucht hatten, spazierten wir ans Meer. Das war keine so gute Idee, denn der Strand war mit Tausenden angespülter Wasserpflanzen bedeckt.

»Garantiert sind die nicht alle aus Australien, sondern kamen mit den Meeresströmungen von sonst woher!«, schimpfte ich los. »Aber wegen eines läppischen Kleeblatts, das seit Jahren total vertrocknet ist und nichts mehr anstellen kann, wegen eines Kleeblatts veranstalten die einen solchen Zirkus!«

Bei einem kühlen Bier auf der schattigen Terrasse eines kleinen Restaurants stellten wir für den morgigen Tag eine Einkaufsliste auf.

»Wir könnten uns noch ›Sweetheart‹ anschauen«, schlug ich vor, als wir damit fertig waren.

Luana zog fragend die Augenbrauen hoch. »Sweetheart?«

»Ein präpariertes Krokodil in der Museum & Art Gallery of the Northern Territory – eine ziemliche Berühmtheit hier in Darwin und Umgebung. Es hat in den 70er-Jahren des letzten Jahrhunderts in einem Billabong –«

»Was ist ein Billabong?«, unterbrach mich Luana.

»Billabong ist ein Begriff aus der Sprache der Aborigines und bezeichnet einen Flussarm oder ein Wasserloch, das sich in der Regenzeit mit Wasser füllt und in der Trockenzeit mehr oder minder stark austrocknet. Tja, also ›Sweetheart‹ hat fünf Jahre lang Dinghys samt Außenbordmotor demoliert –«

»Ein richtiger Schatz also«, warf Luana in Anspielung auf den Spitznamen der Panzerechse ein.

»Die Australier haben offenbar einen schwarzen Humor«, nicke ich. »Als die Angriffe immer häufiger wurden, fingen Ranger das Kroko 1979 in einer Falle, narkotisierten es und wollten es samt Falle zu einer Bootsrampe ziehen, um es aus dem Wasser hieven zu können. Dummerweise verheddderte sich der Drahtkorb in einem Baumstumpf, und das betäubte Kroko schluckte jede Menge Wasser. Als man es endlich befreit und ihm das Wasser aus der Luftröhre gesaugt hatte, atmete es zwar noch, zeigte ansonsten aber keine Reaktion mehr. Kurz darauf starb Sweetheart, und nun kann man das Schätzchen im Museum besichtigen.«

Darwin und der Norden Australiens sind für gewaltige Wirbelstürme und Gewitter bekannt. Darwin ist die Stadt mit den meisten Gewittern weltweit. Und nicht nur das. Die blitzreichen Unwetter bieten ein imposantes Naturschauspiel mit einer unglaublichen Farbenpracht. Im Dezember und Januar, wenn die Gewitter am heftigsten sind, kommen zahlreiche Touristen nur deswegen in das Mekka der Atmosphärenphysiker.

Ein anderer Effekt dieser gewaltigen Gewitterstürme sind gigantische Niederschlagsmengen. Die Einheimischen nehmen das mit einer gewissen Gelassenheit, nichtsdestotrotz haben die Autos, mit denen sie im Outback unterwegs sind, eine Art »Luftschnorchel«, der vom Motor hoch und an der Windschutzscheibe vorbei bis fast zum höchsten Punkt führt. Und an jeder Bodensenke in Nordaustralien, durch die eine Straße führt, stehen Messlatten. An ihnen kann man im Fall einer Überflutung den Wasserstand ablesen und dann entscheiden, ob man es riskieren will, mit dem Auto durchzufahren, oder ob man es lieber bleiben lässt.

Es kommt in Nordaustralien von Dezember bis Februar so viel Wasser vom Himmel, dass ganze Landstriche so groß wie Schleswig-Holstein zum Teil für mehrere Monate überflutet werden, wobei die Panzerechsen regelrecht in die überschwemmten Gebiete gespült werden. Fließt das Wasser dann ab, kehren nicht alle Krokodile in ihre angestammten Reviere, die eigentlichen Flusssysteme, zurück.

Das ist die gefährlichste Zeit, in der es immer wieder zu Unfällen kommt, weil die Tiere an Stellen sind, wo man sie gar nicht vermuten würde.

Angestammte Reviere sind zum Beispiel der Mary River und der Adelaide River, in denen die größten Krokodile der Welt leben und wo es geführte Touren zu den berühmten »jumping crocodiles« gibt. Aber die waren nicht unser Ziel. Ich hatte uns eine andere Stelle, weiter im Osten des Landes, ausgesucht, die ich hier allerdings nicht genauer verraten werde.

Am nächsten Tag erledigten wir die Einkäufe, in erster Linie haltbare Lebensmittel und Getränke, gingen noch eine Kleinigkeit essen und machten uns gegen Mittag auf den Weg Richtung Kakadu-Nationalpark. Da wir noch mit der feuchten Hitze zu kämpfen hatten, wollten wir es auch heute ganz gemütlich angehen und uns relativ früh irgendwo ein Plätzchen zum Übernachten suchen.

Es war seltsam: Im einen Moment waren wir noch in Darwin, im nächsten schon raus aus der Stadt und mehr oder weniger allein auf der Straße – irgendwie übergangslos. Auf dem Arnhem Highway, einer der beiden Straßen, die zu dem Zeitpunkt überhaupt befahrbar waren, kamen wir aus dem Staunen nicht mehr heraus. Sowohl Luana als auch ich waren, obwohl wir wussten, dass hier ein tropisches Klima herrscht, auf Wüste, Halbwüste, Buschland eingestellt gewesen, doch nun führte uns der Weg vorbei an Plantagen mit Mangos, Papayas und anderen Früchten, an riesigen Sumpflandschaften mit Unmengen von Störchen, Reihern und vielen Greifvögeln. Überall waren kleine Flüsse sowie natürliche Kanäle – und Schilder mit der Aufschrift »Don't go swimming! Crocodile warning!«. Aber auch etliche mit »Crocodile cruises«.

»Krokodile sind hier offensichtlich eine richtige Touristen-
attraktion«, ließ sich Luana vernehmen und bat mich, ihr etwas
über Krokodile zu erzählen.

»Äh, was genau willst du denn wissen?«

»Puh, das Wichtigste. Ich wollte mich vor der Abreise im
Internet schlaumachen, aber ich war die letzten Wochen so mit
Prüfungen beschäftigt, dass ich einfach nicht die Zeit hatte. Ich
habe es gerade noch geschafft, mir die Klimatabelle für Nordaustralien anzuschauen, um hier nicht in den völlig falschen Klamotten herumzutanzen.«

Krokodile sind nicht gerade mein Schwerpunktthema, aber
ich hatte natürlich recherchiert, und so erzählte ich Luana, was
ich wusste: Bis vor etwa 60 Millionen Jahren beherrschten Reptilien die Erde. Dann nahm ihre Vorherrschaft ein abruptes Ende,
als – vermutlich infolge eines Meteoriteneinschlags, der eine glo-
bale Klimakatastrophe auslöste – die Dinosaurier und mit ihnen
viele andere Reptilienarten ausstarben. Die meisten heute exis-
tierenden Reptilien sind eher klein und unscheinbar, etwa die
Eidechse, die meisten Schildkröten und viele Schlangen, einige
jedoch haben durchaus eine stattliche Größe, so zum Beispiel
die Galapagos-Riesenschildkröte oder die Anakonda. Am spekta-
kulärsten sind aber mit Sicherheit der Komodowaran und das
Krokodil.

Krokodile gab es schon vor über 200 Millionen Jahren, Vertre-
ter der heute noch lebenden Echten Krokodile – im Unterschied
zu Alligatoren und Gavialen – bereits vor 80 Millionen Jahren.
Seither haben sich diese Tiere kaum verändert. Das größte und
mächtigste Echte Krokodil ist das Indopazifische: das Leisten-
oder Salzwasserkrokodil (*Crocodylus porosus*).

»Salzwasserkrokodil« deshalb, weil dieses Tier brackige Flussmündungen, Mangrovensümpfe und andere Grenzbereiche zwischen Süß- und Salzwasser bevorzugt, im Unterschied zu seinen
Verwandten Salzwasser gut verträgt und sogar enorme Entfernungen übers offene Meer zurücklegen kann. Ein großes Männchen muss, als es auf der Insel Pohnpei in Mikronesien auf-

tauchte, 1400 (!) Kilometer im offenen Meer geschwommen sein – die Entfernung zur nächstgelegenen Population auf Palau. Dank dieser außergewöhnlichen Fähigkeit ist das Leistenkrokodil weit verbreitet: von Sri Lanka über Malaysia bis zu den Andamanen und den Nikobaren, von Thailand über Kambodscha und Vietnam bis zu Indonesien und den Philippinen. Außerdem findet man es an den Küsten von Neuguinea, auf den Salomonen oder eben in Nordaustralien.

Der »Saltie«, wie ihn die Australier zur Unterscheidung vom »Freshie«, dem Süßwasserkrokodil, kurz nennen, gilt als das aggressivste Krokodil der Welt. Und da Australien zwar als der Kontinent mit den meisten giftigen Tieren bekannt ist – unter anderem diverse Schlangen- und Spinnenarten, Würfelquallen oder Kegelschnecken –, aber nicht allzu viel *große* gefährliche Tiere zu bieten hat, drehen sich die meisten Horrorgeschichten um Krokodile, so wie in Alaska um den Grizzly und in Afrika um den Löwen.

Wohin man auch kommt, immer ist gerade mal wieder einer von einem Krokodil angefallen, verletzt oder sogar getötet worden. Und von Mal zu Mal, da die Geschichte erzählt wird, wird das Krokodil größer. Neun oder gar zehn Meter lange Exemplare entspringen aber eher der Phantasie des Erzählers als der Realität. Das größte, nachweislich richtig vermessene Leistenkrokodil kam auf eine Länge von »nur« 6,2 Metern – und auf ein Gewicht von weit über einer Tonne! Schon das sind Dimensionen, die unsere Vorstellung von Reptilien oder Echsen schlichtweg sprengen. Aber eigentlich sind Krokodile sehr vorsichtig, auch im Umgang mit Menschen. Wenn sie ein Boot hören oder etwas, was sie nicht kennen, verhalten sie sich erst mal sehr zurückhaltend, gehen meistens auf Tauchstation.

»So, so, vorsichtig und zurückhaltend«, meinte Luana und warf mir einen zweifelnden Blick zu. »Und was ist mit ›Sweetheart‹? Und du hast doch sicher von der Deutschen gehört, die das Bombenattentat auf Bali überlebt hatte und dann im Kakadu-Nationalpark eines Nachts in einem Billabong von einem Krokodil getötet und komplett aufgefressen wurde, sodass von ihr nichts übrig blieb.«

»Ja sicher, so was kommt vor. Natürlich können Krokos aggressiv werden; du magst es vermutlich auch nicht so gern, wenn ein Fremder in dein Wohnzimmer eindringt, aber es ist – nach allem, was *ich* weiß – eben doch die Ausnahme. In der Regel sind sie scheu, weil sie lange Zeit gejagt wurden. Speziell hier in Australien, wo man sie als Bedrohung gesehen hat. Die Farmer sagten: ›Wir haben hier Weideland, Schwemmland umgeben von zig kleinen Kanälen und Sümpfen, und guckt euch unsere Rinder an. Bissverletzungen an den Beinen, halbe Nasenschwämme weggebissen oder ganze Tiere getötet, das machen alles diese scheiß Krokodile!‹ Also bekam jedes Krokodil, das sie auf ihrem Land erwischten, eine Kugel zwischen die Augen. Das Fleisch der Tiere ließ sich außerdem relativ gut verkaufen ...«

»Hast du schon mal Krokodilfleisch probiert?«, unterbrach mich Luana.

»Ja, auf Kuba.«

»Und, wie schmeckt das?«

»Ähnlich wie Hühnchen, ist genauso hell, aber fester. Wie gesagt, das Fleisch ließ sich ganz gut verkaufen, und für große Krokodilschädel, die mit diesen gewaltigen langen Zähnen aussehen wie Saurierschädel, werden von Sammlern bis heute relativ hohe Preise bezahlt. Systematisch gejagt wurden die Tiere aber erst, als Krokoschuhe und -taschen in Mode kamen. Als Ende der 70er-Jahre durch das Washingtoner Artenschutzabkommen der kommerzielle Handel mit Leistenkrokodilen und deren Häuten verboten wurde, war die Art beinahe ausgerottet.«

»Krokooptik ist seit einiger Zeit wieder richtig in, und ich denke mal, die High Society gibt sich nicht mit einem Imitat zufrieden.«

»Da magst du recht haben, aber echtes Krokoleder stammt mittlerweile von Tieren aus Zuchtfarmen.«

»Was das Ganze nicht besser macht.«

Am späten Nachmittag bogen wir vom Arnhem Highway, einer zweispurigen Landstraße, auf ein Nebensträßchen ab, um uns einen Platz zum Übernachten zu suchen. Die Abzweigung führte uns zwischen vereinzelten roten Felsen zu einem schmalen, sacht dahinfließenden Fluss, der aus einem kleinen See gespeist wurde, in den sich drei Wasserfälle ergossen. Das kristallklare Wasser und ein flaches Ufer luden geradezu zum Campen ein.

»Wow, ist das schön hier. Das reinste Postkartenmotiv«, rief Luana begeistert.

Während wir das Zelt aufstellten, ließ sie ihren Blick ein weiteres Mal über die Umgebung schweifen und fragte dann wie beiläufig: »Was fressen denn eigentlich Krokodile so?«

»Am liebsten Kameraleute«, antwortete ich grinsend – und fand mich im nächsten Moment auf meinem Hosenboden sitzend wieder. Verdattert schaute ich zu Luana hoch. »Was war denn das jetzt?«

»Hab ich vergessen zu erwähnen, dass ich in Brasilien Capoeira gelernt habe?«, fragte sie scheinheilig.

»Alle Achtung«, murmelte ich und rappelte mich auf. »Tja, also kleine Krokodile fressen in erster Linie kleine Fische; wenn sie größer werden, fressen sie größere Fische. Und wenn sie dann noch größer werden, machen sie sich an Warmblüter heran, in erster Linie Wallabys, also Kängurus, junge Wasserbüffel, Wildschweine und so.«

Als alles für die Nacht hergerichtet war, durchstreiften wir die nähere Umgebung.

»Ich glaub, hier könnte man sogar schwimmen«, meinte ich nach einer Weile. »Das Wasser ist total klar, da würde man ein Kroko gleich sehen, was meinst du?«

»Och, tu dir keinen Zwang an, aber mich kriegen da keine zehn Pferde rein«, lehnte Luana meinen Vorschlag rundheraus ab.«

Kaum waren wir ein paar Schritte weitergegangen, blieb Luana abrupt stehen und fuchtelte mit ihrem Arm an meinem Gesicht vorbei zum See. »Du, dahinten, wo der Fluss aus dem See kommt, steht eine riesige Falle direkt im Wasser.«

Wir liefen sofort hin, um das Ding genauer zu begutachten: ein enorm großer Zylinder aus verzinktem Draht mit rechts und links je zwei großen Schwimmern, einem Rutschschieber am vorderen Ende und einer Stange mit einem Kabelmechanismus am hinteren Ende. An dieser Stange war ein stinkender Schweinekopf als Köder befestigt. Das Ganze war am Ufer vertäut und schwamm auf dem Wasser.

»Das ist offensichtlich eine Krokodilfalle«, erklärte ich Luana. »Solche Fallen werden aufgestellt, um Krokodile, die es in der Zeit der Überflutung in alle möglichen Gewässer hineinspült, einzufangen und so zumindest einige Flüsse krokodilfrei zu halten – sprich frei von großen Krokodilen, die einem Menschen gefährlich werden können. Das muss ich mir unter Wasser ansehen!«, rief ich und war schon auf dem Weg zum Auto, um meine Tauchausrüstung und die beiden Unterwasserkameras zu holen.

Während ich Flossen, Bleigurt, Schnorchel und Maske anlegte, versuchte mich Luana von meinem Vorhaben abzubringen. »Was glaubst du eigentlich, warum diese Falle hier ist?«

»Was ist los mit dir? Du bist doch sonst nicht so ängstlich? So kenne ich dich gar nicht«, entgegnete ich.

»Diese Falle ist riesig. Also gibt es hier riesige Krokos! Du kennst die Gegend nicht, und du kennst diese Tiere nicht! Ich weiß von dir, dass man einen Bären durch lautes Schreien und Fuchteln auf Abstand halten kann, wenn man Glück hat. Das hätte vielleicht auch mit einem Löwen im Gir-Park funktioniert, aber ein Kroko kannst du damit sicher nicht beeindrucken!«

»Du hast ja recht, aber wenn ein großes Krokodil in der Nähe wäre, wäre es bestimmt längst in der Falle, denn für ein Krokodil riecht dieser Schweinskopf wahrscheinlich unwiderstehlich. Außerdem ist das Wasser total klar, man hat supergute Sicht.«

Dann bemerkte Luana, dass ich beide Unterwasserkameras mitgebracht hatte.

»Wozu ist die?«, wollte sie ahnungsvoll wissen und deutete auf das zweite Gehäuse.

»Ähm, ich hätte gern einen zweiten mit der Kamera, der mich –«

Das Ende des Satzes ließ ich in der Luft hängen, und es passierte das, was ich gehofft hatte. Luana schreckt manchmal im ersten Moment vor Unbekanntem, Ungewohntem zurück – was ja ganz normal und in vielen Situationen durchaus richtig ist –, doch dann schlagen meist ihre Neugier, ihre Abenteuerlust und ihre Risikobereitschaft durch. Zu riskanten Dingen überredet oder gedrängt habe ich Luana im Übrigen nie, sondern immer ihr die Entscheidung überlassen. So wie jetzt.

»Hm, ja, dann geh ich mit rein«, meinte Luana nach kurzem Abwägen, »aber ich gehe nicht ins tiefe Wasser und schwimme nicht herum. Damit das klar ist. Ich bleibe in Ufernähe und drehe kleine Einstellungen von hier aus.«

»Okay, damit bin ich voll zufrieden«, beruhigte ich sie und watete in den See. »Mensch, ist das Wasser warm!«, rief ich verblüfft. »Das hat bestimmt an die 30 Grad.«

Das war insofern überraschend, als der See ja von drei Wasserfällen gespeist wurde, und Wasserfall hieß für mich bis zu diesem Zeitpunkt immer: kaltes Wasser. Während ich mich langsam vorantastete, prüfte ich immer wieder, ob sich am Ufer oder im Wasser etwas bewegte, und bat Luana, ebenfalls ein Auge offen zu halten. Nachdem sich nichts rührte, glitt ich schließlich ganz in das Wasser und tauchte unter.

Unter Wasser war die Sicht nicht ganz so gut. Es wimmelte nur so von Fischen, relativ großen sogar, etwa zwei bis vier Pfund schwer, in erster Linie Schwarzbarsche, und überall waren Wasserpflanzen. Und das da hinten, ist das nicht ein Krokodil? Nein, nur eine Wurzel. Aber da drüben, das ist eines! Nein, auch nicht, ein alter Baumstamm. Einige der Barsche zeigten überhaupt keine Scheu vor mir, verfolgten mich regelrecht und versuchten an mir zu knabbern. So etwas kannte ich bislang nur von Tauchgängen aus dem Meer, wo Fische für Tauchtouristen angefüttert werden. Die Barsche waren zwar nicht gefährlich, aber ständig irgendwo berührt und angestupst zu werden, trug nicht gerade dazu bei, meine Nerven zu beruhigen, denn: Obwohl ich mich Luana gegenüber ganz cool gegeben hatte, war ich angespannt und aufgeregt.

Schließlich tauchte ich in die Falle hinein und schwamm ans andere Ende, wo der riesige, schon etwas gammelige Schweinskopf halb über, halb unter Wasser an der Stange hing. Das Ganze war eine echte Gruselnummer: Unter Wasser knabberten Fische an dem Köder, über Wasser umschwirrten ihn die Fliegen, und ich steckte in einer Röhre, aus der es nur einen einzigen Ausgang gab. Was machst du, wenn gerade jetzt doch ein Krokodil kommt?, fragte ich mich. Das Einfachste wäre, den Schieber auszulösen, *bevor* das Krokodil in die Falle schwimmt. Dann wäre ich zwar gefangen, aber das Krokodil hätte keine Chance, an mich heranzukommen ...

»Dahinten im Dschungel ist ein Krokodil!«, riss Luana mich aus meinen Gedanken.

In Sekundenschnelle war ich aus dem Käfig heraus und stolperte an Land. Dort streifte ich die Tauchflossen ab, und wir hasteten am Ufer entlang in die Richtung, in die Luana gedeutet hatte. Auf etwa 20 Meter Entfernung blieben wir wie auf Kommando stehen. Tatsächlich war da ein Reptil, allerdings kein Krokodil, sondern ein stattlicher, fast anderthalb Meter langer Waran! Genauer gesagt war es ein Wasserwaran, wie an seinem schmalen Körper und stromlinienförmigen Kopf zu erkennen war.

Die Echse schaute uns unverwandt an, aufmerksam, die Muskeln gespannt. Alle drei standen wir wie zu einem Foto erstarrt. Als sich Luana schließlich als Erste bewegte, glitt der Waran blitzschnell ins Wasser. Und ich nichts wie hinterher.

Bis ich jedoch in meine Tauchflossen geschlüpft und ebenfalls im Wasser war, vergingen einige Sekunden. Ich fand mich in einem erstaunlich tiefen Kolk (eine durch Erosion entstandene Vertiefung, auch als Strudelloch bekannt) wieder und schaute mich verwundert um – der Waran war weg! Der kann doch nicht so mir nichts, dir nichts verschwinden, schimpfte ich in mich hinein und suchte die Umgebung ab. Dann plötzlich sah ich in ungefähr zweieinhalb, drei Meter Tiefe eine Schwanzspitze aus einer Felsspalte lugen. Na, ist vielleicht keine so gute Idee, den jetzt am Schwanz zu ziehen, sagte ich mir. Also hielt ich mich so ruhig wie irgend möglich an der Oberfläche – da ich keine Pressluftflasche dabeihatte, konnte ich ja nur durch den Schnorchel atmen – und wartete. Irgendwann würde der Waran Luft holen müssen.

Nach, wie mir schien, endlosen Minuten kam die Echse schließlich aus ihrem Versteck, schwamm, auf einmal völlig entspannt, nur etwa zwei Meter an mir vorbei und kletterte aus dem Wasser. Dort nahm sie zwar Notiz von Luana, zog aber ohne Eile ihres Weges.

Wir folgten ihr in einigem Abstand, während ich mich nach und nach von Flossen, Maske, Schnorchel und Bleigurt befreite.

»Ich will versuchen, ihn zu fangen«, raunte ich Luana zu, drückte ihr das ganze Tauchequipment samt Kamera in die Hand und spurtete los.

Der Waran flüchtete diesmal nicht ins Wasser, und nach ein paar Metern bekam ich ihn zu fassen und hob ihn hoch. Zunächst schlug er mit seinem Schwanz, lang und dünn wie eine Peitsche, ein paarmal aus und traf mich dabei ziemlich schmerzhaft am Schenkel. Dann fauchte er noch mal kurz – und gut war's. Nun hielt er sich ganz ruhig. Nachdem wir ihn ausgiebig betrachtet hatten, setzte ich ihn ab, und er marschierte seelenruhig davon. Kurios.

Luana und ich hatten genug Aufregung für den ersten Tag gehabt und marschierten zurück zum Zelt, wo wir den Tag bei kaltem Brathühnchen, das ich in einem Supermarkt in Darwin entdeckt hatte, und Rotwein aus dem Tetrapak ausklingen ließen.

»Hier liegen relativ viele tote Tiere auf der Straße, mal ein Wallaby oder Känguru, mal eine Schlange und« – Luana schüttelte sich – »zu Hunderten fette Kröten! Widerlich! Und jede Menge

Dingos laufen neben der Straße her. War das gestern auch schon so und ist mir nur nicht aufgefallen?«, fragte Luana, als wir am nächsten Morgen die ersten Kilometer auf dem Arnhem Highway zurückgelegt hatten.

»Hm, jetzt, wo du es sagst«, stimmte ich ihr zu. »Gestern war's nicht so schlimm.«

»Weil wir noch näher an Darwin waren?«, mutmaßte Luana.

»Nein, ich glaube, das hat eine andere Ursache«, entgegnete ich, lenkte beim nächsten überfahrenen Wallaby den Wagen von der Straße und stellte den Motor ab. »Die Tiere werden höchstwahrscheinlich vorwiegend nachts überfahren. Im Morgengrauen suchen die Dingos dann die Strecke ab und bedienen sich am reich gedeckten Tisch. Und bis mittags oder nachmittags haben sie ihn dann so ziemlich abgeräumt.«

Und tatsächlich dauerte es nicht lange, bis ein Dingo antrabte, den Kadaver vom Asphalt herunter in einen Busch zerrte und zu fressen begann.

»Hier rein«, gab Luana, die mehrere Karten auf ihrem Schoß ausgebreitet hatte, wenig später das Kommando, und wir verließen den Highway und holperten eine schmale Piste entlang.

»Bist du sicher, dass wir hier richtig sind?«, fragte ich Luana nach etwa 20 Kilometern.

»Da«, deutete sie in dem Moment nach links, und ich bremste vor einem Hausboot, dessen Besitzer Boote vermietete, mit denen man für einen halben Tag, für mehrere Tage oder auch Wochen fernab der Touristenpfade die Wildnis des hiesigen Flusssystems erkunden konnte. Oder fischen gehen. Die Australier sind begeisterte Sportangler. In Nordaustralien scheint jeder zu angeln. Vielleicht, weil man keine Genehmigung braucht, es also nichts kostet.

Wenige Sekunden später kam ein Mann auf uns zu, wieder mal so ein Bilderbuch-Australier: stämmig, großer Hut, dickes, zur Hälfte offen stehendes Safarihemd, kurze Hosen, großes Messer am Gürtel, knöchelhohe feste Lederschuhe.

»Ihr habt richtig Glück«, begrüßte Jim uns mit einem kräftigen Händedruck, »wir hatten in dieser Saison die heftigsten Regenfälle seit 50 Jahren! Hier stand bis vor ein paar Wochen das Wasser bis zu drei Meter höher als jetzt. Seht ihr das Gras und die Wasserpflanzen da oben im Baum hängen? Und es hat immer noch mehr Wasser als sonst um diese Jahreszeit – und tonnenweise Moskitos; die Mistviecher machen uns total zu schaffen. Aber kommt, trinken wir erst mal ein Bierchen«, forderte er uns auf und ging voraus zu seinem Hausboot.

»Und keiner weiß genau, wo die Krokodile stecken«, erklärte er uns über die Schulter hinweg. »Irgendwo da drin« – er ließ seinen Arm über die gigantische Schwemmlandschaft schweifen, den Everglades ähnlich, bloß mit etwas weniger Bäumen und mehr offenen Stellen – »oder nur wenige Meter von meinem Hausboot entfernt. Also: Geht ja nicht ins Wasser, auch nicht in einen Billabong. Überall könnte ein Krokodil drin sein. Die Alten bleiben in ihren angestammten Flüssen, aber die Jüngeren suchen sich gern mal ein neues Territorium, und schon ein drei Meter langes Saltie kann euch gefährlich werden.«

Ein kurzer Blick zu Luana zeigte mir, dass sie wie ich an den gestrigen Ausflug ins Wasser dachte.

Jim holte für jeden von uns eine Dose Bier, dann breitete er eine Karte vor uns aus und gab uns mehr verwirrende als klärende Hinweise, während er mit dem Finger auf verschiedene Stellen tippte: »Den Wasserarm könnt ihr noch befahren, den auch; und den hier, aber in zwei Wochen kommt ihr da nicht mehr durch, weil dann das Wasser schon zu flach ist; dann könnt ihr noch da und da langfahren. Hier müsst ihr aufpassen, an der Stelle ist schon seit Jahren ein großer Krokodilbulle, der attackiert regelmäßig Boote, die vorbeifahren. Da drüben gibt es viele Rinder und Pferde, die werden regelmäßig von großen Krokodilen angegriffen. Ihr müsst überall aufpassen, hier sind jede Menge Schlangen, auch im Wasser.«

»Wir haben auf dem Arnhem Highway unter anderem zwei riesige, etwa drei Meter lange schwarze Wasserpythons auf der

Straße liegen sehen«, erzählte ich Jim. »Die konnten allerdings niemandem mehr gefährlich werden.«

»Ja, die legen sich nachts gern auf den Asphalt und lassen sich wärmen. Dabei erwischt es immer wieder mal eine. Sind jede Menge Tiere nachts auf der Straße, ist nicht ungefährlich.«

Als Luana die vielen überfahrenen Kröten erwähnte, warnte Jim uns eindringlich: »Rührt die bloß nicht an! Das sind Zuckerrohr-Kröten.«

»Süßer Name«, kalauerte Luana.

»Der kommt daher, weil die Tiere in den 30er-Jahren des letzten Jahrhunderts zur Bekämpfung von Schädlingen insbesondere in den Zuckerrohrplantagen eingeführt wurden. Wartet mal ...« – Jim kratzte sich nachdenklich das Kinn – »Wie war das gleich noch? Ah, jetzt weiß ich es wieder. Ein Deutscher, der vor Kurzem hier war, sagte, bei euch heißen die Dinger ›Aga‹.«

Luana und ich schauten uns an und zuckten mit den Schultern.

»Nie gehört«, gestand ich Jim.

»Na, jedenfalls sind die Biester alles andere als süß, sondern verdammt gefährlich!«

»Gefährlich? Kröten?«, fragten Luana und ich aus einem Mund.

»Ja, die Haut ist hochgiftig! Das Gift schafft selbst Krokodile.«

»Ach komm«, schmunzelte ich, »verscheißere uns nicht.«

»Tatsache! Man hat in letzter Zeit mehrere tote junge Salzwasserkrokodile gefunden und konnte sich nicht erklären, woran die gestorben sind. Also hat man sie obduziert – und festgestellt, dass sie mehrere Zuckerrohr- oder eben Aga-Kröten gefressen hatten. Krokodile schnappen ja nach allem, was sich bewegt und in ihr Beuteschema passt.«

»Weißt du noch mehr über diese Kröten?«, fragte ich Jim.

Und der wusste so einiges. »Sie wird bis zu 22 Zentimeter lang und gehört wie gesagt zu den Neozoen – wie so viele Tierarten Australiens.«

»Was sind Neozonen?«, unterbrach ihn Luana.

»Nicht Neozonen, sondern Neozoen. Das sind Tiere, die durch Menschen – ob bewusst oder unabsichtlich – in Gebiete eingeführt werden und sich dort etablieren. Ein Paradebeispiel für Australien, eines, von dem ihr sicher schon gehört habt, ist das Kaninchen. Neozoen vermehren sich oft massenhaft, weil sie in dem neuen Lebensraum meist keine natürlichen Feinde haben, und werden zum ökologischen Problem, da sie viele einheimische Tierarten verdrängen oder zumindest stark reduzieren.

Tja, so auch die Aga-Kröte. Die nämlich hat sich zwar durchaus für die Larven und Käfer interessiert, zu deren Vernichtung sie importiert worden war, fraß aber außerdem so ziemlich alles andere, was ihr vors Maul kam: Insekten, kleinere Frösche und Kröten und andere Amphibien. Und da sie in Australien keine natürlichen Feinde hat und außerdem sehr wanderfreudig ist, ist sie mittlerweile eine richtige Plage. Vor Kurzem erst habe ich gelesen, dass der Bestand um geschätzte 25 Prozent pro Jahr wächst! Stellt euch das mal vor! Außerdem hat sich ihr Verbreitungsgebiet explosionsartig ausgedehnt. Das ist, vermute ich, der Grund, warum man jetzt öfter junge tote Krokodile findet.

Also, passt auf! Und wenn ihr irgendwo so ein Mistvieh seht, tretet es am besten tot.«

»Pfui Teufel«, entfuhr es Luana, »so groß, wie die Kröten sind, ist das bestimmt ziemlich unappetitlich und eklig!«

»Ach was«, winkte Jim ab, »daran gewöhnt man sich. Hier läuft gerade eine Kampagne gegen die Kröte. Praktisch überall – an jeder Bar, an jedem Campingplatz, an jedem Supermarkt – hängen Flugblätter oder Plakate mit der Aufforderung ›Tretet die Zuckerrohr-Kröten tot!‹ oder ›Tötet die Zuckerrohr-Kröten!‹. Habt ihr vielleicht selbst schon gesehen. Wer sich nicht überwinden kann, das Tier totzutreten, der soll es mit einem Stock durchbohren oder sich einen Plastikhandschuh überstreifen, das Tier in einen Gefrierbeutel stecken und in die Gefriertruhe legen. Mit Kälte haben es die Mistviecher nicht«, grinste er.

»Tolle Vorstellung, so ein Gifttier neben meinem Schnitzel liegen zu haben!«, brummelte Luana, während Jim noch drei

Bier holte. »Die Australier haben da scheint's eine etwas rustikalere Einstellung als meinereiner.«

»Und glaubt bloß nicht«, warnte Jim, als Luana und ich eine Stunde später schon aufbruchbereit im Boot saßen, »dass, wenn ihr in einem Baum sitzt, um die Krokodile zu filmen, dass die nicht in der Lage wären, euch da runterzuholen. Salties sind extrem gute Springer und können sich mit ihrem breiten Schwanz weit aus dem Wasser katapultieren. Nicht die großen, schweren Bullen, aber die Tiere bis zu zweieinhalb, drei Meter. Nehmt euch vor allem vor den Weibchen in Acht. Die sind in der Regel schlanker und schnittiger und können sich unheimlich weit aus dem Wasser hochschrauben.«

»Was heißt ›weit‹?«, hakte ich zur Sicherheit nach.

»Na, so bis zweieinhalb Meter«, schätzte Jim.

»Ne, oder?«

»Habe ich selbst schon gesehen, Mann! Nicht nur einmal. Die holen sich gern Flughunde – ihr wisst schon, die großen Fledermäuse –, die tagsüber in den Ästen hängen und pennen. Kommen von unten an, gucken hoch, sehen oder riechen den Flughund – keine Ahnung –, also anders kann es ja nicht gehen. Und du denkst, dem kann nichts passieren, der hängt und schläft da, Krokodil hat schlechte Karten. In dem Moment taucht das Krokodil ab, schießt kerzengerade aus dem Wasser heraus, beschleunigt noch mal mit seinem breiten Ruderschwanz, und – schnapp! – ist der Flughund im Schlaf vom Ast geholt. Dasselbe kann euch passieren.«

Sechs Tage kämpften wir uns mal zu Fuß, mal per Boot auf der Suche nach Krokodilen durch das schwierige, unzugängliche Gebiet, bekamen aber nur einige kleinere Exemplare zu Gesicht. Dabei hofften wir gerade hier, an den brackigen Flussmündungen und in den Mangrovensümpfen, in die sich nur wenige Touristen verirren, besonders große Vertreter ihrer Art zu finden.

Wir versuchten uns anhand von Jims Karte zu orientieren, aber mal kamen wir an einen Abzweig, der nicht eingezeichnet war, dafür fehlte ein Stück weiter ein Flüsschen, das in Jims Karte vermerkt war. Zum Glück hatten wir GPS; aus dem Labyrinth herausfinden würden wir also auf jeden Fall. Hin und wieder kletterte einer von uns beiden eine der vielen steilen Klippen aus rotem Sandstein hoch, um sich einen Überblick zu verschaffen.

Es war unerträglich schwül und heiß, dennoch pulsierte das Leben. Das bekamen wir am laufenden Band zu spüren. Sobald wir das Boot verließen, saugten sich Blutegel an uns fest, und unablässig attackierten uns Riesenmoskitos – speziell Luana, die bald völlig zerstochen war. Ich hatte noch nie zuvor so große Moskitos gesehen, selbst die in Alaska sind dagegen klein. Höchst unangenehm war, dass die Stiche dieser Quälgeister regelrecht schmerzten, das war nicht einfach nur ein kleiner Pieks, den man kaum spürte, und unheimlich juckten. Das einzig Gute, was man über australische Moskitos sagen kann, ist, dass sie keine Malaria übertragen.

Die Natur entschädigte uns für die Mühsal mit in Rot und Blau blühenden Seerosen, immer wieder roten Felsen, die einen herrlichen Kontrast inmitten des Grün bildeten, Wallabys, bunten Bienenfressern, Kakadus, Australischen Zwergenten mit grün schillerndem Rücken. Sie erteilte uns aber auch unmissverständliche Warnungen, bei der Suche nach den Panzerechsen nicht alles andere aus dem Blick zu verlieren: Ab und an seilte sich eine der fünf giftigsten Spinnen der Welt direkt vor uns von einem Baum ab, und schon zweimal war ich auf eine junge Wasserpython getreten, die der zweitgiftigsten Schlange der Welt, der Brown Snake, ziemlich ähnlich sieht – und die es hier ebenfalls gibt.

Das wahre Highlight in diesen Tagen waren die Wasserfälle, die eine willkommene Erfrischung und Abkühlung boten.

Dann endlich gelangten wir in ein Gebiet, das mehr Erfolg versprach. Während des Tages hatten wir mehrere, darunter auch größere Krokodile gesehen, und die Nacht sollte eine Überraschung für uns bereithalten. Apropos Nacht. Die Abende und Nächte brachten kaum Erholung von der unerträglichen Schwüle.

Zwar suchten wir uns wegen der Krokodile immer einen Schlafplatz auf einer Anhöhe, aber selbst dort regte sich kein Lüftchen. Und da wir nicht schon vor Einbruch der Dämmerung, der aktivsten Zeit der Moskitos, ins Zelt kriechen wollten, mussten wir zum Schutz vor den aggressiven Biestern möglichst »stichdichte« Kleidung tragen und zusätzlich ein stark qualmendes Lagerfeuer unterhalten. Im Zelt konnten wir uns zwar der warmen Kleidung entledigen, aber obwohl wir nur das Innenzelt – ein reines Moskitozelt – aufstellten und die Regenplane wegließen, war an Schlaf kaum zu denken. Wer schon einmal unter einem Moskitonetz geschlafen hat, weiß, dass es, so dünn es sein mag, einen Teil der Körperwärme speichert.

Es war fast Mitternacht, und obwohl wir müde waren, hatte keiner von uns Lust, in das Moskitozelt zu kriechen. Wir würden ohnehin wieder kaum Schlaf finden.

Luana griff nach der Taschenlampe und verschwand mit einem »Ich muss mal« hinter meinem Rücken. Sekunden später hörte ich sie scharf die Luft einziehen. »Andreas!«, wisperte sie aufgeregt, »Schau dir das an!«

Im Schein der Taschenlampe funkelten unzählige Krokodilaugen auf dem Wasser – wie Sterne am Himmel. Blaugrün schimmernd, bewegten sie sich paarweise langsam über das Wasser; mal tauchten welche ab, dafür an anderer Stelle neue auf. Schweigend betrachteten wir das faszinierende Schauspiel.

»Los, runter und filmen!«, brach ich schließlich den Bann.

Wir schnappten uns das Equipment und stiegen so leise wie möglich die Anhöhe hinab zum Flussufer.

»Unglaublich! Die können doch nicht aus dem Nichts aufgetaucht sein! Die müssen schon die ganze Zeit da gewesen sein. Wir haben sie nur nicht gesehen, weil am Tag die Augen nicht leuchten!«, flüsterte Luana.

Die meisten Augenpaare standen nur wenige Zentimeter auseinander. Das Gros waren also junge, kleine Krokodile. Wir entdeckten aber genauso Augen mit einem Abstand von acht und mehr Zentimetern.

»Donnerwetter! Da sind ziemliche Kaliber darunter!«, raunte ich Luana zu.

Ursache für das Leuchten von Tieraugen in der Nacht ist das Tapetum lucidum, eine reflektierende Schicht hinter der Netzhaut. Diese Schicht wirft Lichtteilchen zurück auf die Netzhaut, wodurch eine wesentlich bessere Lichtausbeute erzielt wird und Tiere selbst nachts gut sehen können.

Das Tapetum lucidum wurde vielen Salzwasserkrokodilen zum Verhängnis und brachte die Art an den Rand der Ausrottung. Da Krokodile sehr robust und außerdem gut gepanzert sind, muss ein Jäger auf das Gehirn zielen, um einen tödlichen Treffer zu landen. Leichter gesagt, als getan, denn Krokodile haben zwar einen großen Schädel, aber ein kleines Gehirn; die sicherste Methode ist daher, direkt zwischen die Augen zu schießen. Und die wiederum waren am besten zu sehen, wenn man sie in der Dunkelheit anleuchtete. Also gingen die Krokodiljäger von früher nachts in Booten auf die Jagd und suchten das Wasser mit einem Scheinwerfer ab.

Nun ist die Krokodiljagd zwar seit 30 Jahren verboten, da Salzwasserkrokodile aber durchaus 60 bis 90, vielleicht sogar über 100 Jahre alt werden können, findet man noch heute Exemplare, die eine Gewehrkugel im Kopf stecken haben oder denen ein Auge fehlt. Diese Überlebenden, die vermutlich nicht nur einmal gejagt worden waren, wissen trotz der sehr einfachen Denkweise von Echsen: Wenn etwas »tuck tuck tuck« macht – und dazu womöglich noch Licht hat –, bedeutet das nichts Gutes. Sobald ein solches Tier einen Bootsmotor hört, ergreift es die Flucht.

Die erste Begegnung mit einem Riesenexemplar, am nächsten Vormittag, war nur von kurzer Dauer. Das gut fünf Meter lange Tier lag auf einer Schlickbank, wenige Meter vom Ufer entfernt, und döste in der Sonne. Ich schaltete den Motor des kleinen Beiboots aus, mit dem wir häufig unterwegs waren, klappte ihn hoch und paddelte so leise wie möglich auf das Ufer zu. Das Reptil zeigte keinerlei Reaktion. Luana saß hinter mir und filmte über meine Schulter. Ganz, ganz langsam, um das Tier nur ja nicht zu verscheuchen, glitten wir näher. Wir hatten vielleicht noch drei Meter bis zu der Schlickbank, als das Krokodil urplötzlich hochschoss – und direkt auf uns zusteuerte! Schlamm spritzte meterhoch nach allen Seiten. Acht Meter, fünf Meter, drei Meter ...

»Oh, oh, Scheiße!«, hörte ich Luana hinter mir murmeln, und im nächsten Moment platschte das Ungetüm – *paff!* – mit einem gewaltigen Schwanzschlag haarscharf an unserer Nussschale vorbei ins Wasser. Ein riesiger Schwall aus Wasser und Schlamm ergoss sich über uns, und Luana und ich schrien gleichzeitig auf.

Das Krokodil ging auf Tauchstation und ließ zwei ziemlich verdatterte und verdreckte Tierfilmer zurück. Mit einer solch enormen Reaktionsfähigkeit und Schnelligkeit bei einem so großen und massigen Tier, das immerhin etwa eine Tonne Gewicht in Bewegung setzen musste, hatten wir schlicht nicht gerechnet. Obwohl wir vorgewarnt waren, denn Jim hatte uns geraten, im Fall des Falles vor einem Krokodil immer im Zickzack wegzulaufen, weil diese Tiere auf kurze, gerade Strecken ziemlich hohe Geschwindigkeiten erreichen können ...

»Was war denn das? Ein Scheinangriff? Oder wollte es uns wirklich angreifen und hat es sich im letzten Moment anders überlegt?«, brachte Luana schließlich als Erste hervor.

»Ich glaube, weder das eine noch das andere. Das hat sich einfach nur furchtbar erschrocken, und wir hatten ihm dummerweise den kürzesten Weg zum Wasser abgeschnitten«, vermutete ich.

Dann sahen wir uns an und brachen in Lachen aus.

»Heute brauchen wir definitiv noch eine Dusche«, stellte ich fest. »Komm, lass uns erst das Equipment so gut wie's im Moment geht sauber machen, dann schauen wir, ob wir einen Wasserfall finden.«

Einen Wasserfall, der diesen Namen verdient hätte, fanden wir nicht, doch was sich über den Felsen ergoss, reichte, um den

Schlamm abzuwaschen. Weit besser: Wenige Meter daneben war der untere Teil des Sandsteins zu einer so tiefen Höhle ausgewaschen, dass der Schatten im hintersten Winkel fast kühl war. Bis ich aus der »Dusche« kam, hatte es sich Luana dort bereits bequem gemacht und schnarchte leise vor sich hin. Wenig später fielen auch mir die Augen zu. Der fehlende Schlaf der letzten Nächte forderte seinen Tribut.

Ein Stück weiter flussaufwärts sahen wir an einer seichten Stelle in Ufernähe einen riesigen Haufen verrotteter Pflanzenteile.

»Das muss ein Krokodilnest sein!«, sagte ich zu Luana.

»Ja? Wieso? Graben Krokodile nicht Erdlöcher für ihr Gelege?«, wandte sie ein.

»Manche Arten, ja, zum Beispiel das Nilkrokodil. Aber die Salties und einige andere bauen solche Bruthügel aus totem Pflanzenmaterial und frischem Grün, das sie von Büschen und Sträuchern rupfen.«

»Ganz schön groß, das Ding«, stellte Luana fest, »ich schätze mal so knapp eineinhalb Meter im Durchmesser.«

»Das kommt hin. Solche Bruthügel können sogar bis zu zweieinhalb Meter im Durchmesser und fast einen Meter hoch sein«, protzte ich mit meinem – wie Luana wusste – angelesenen Wissen.

»Die Krokodilmama legt also ihre Eier da rein – wie viele auch immer. Und dann? Das hast du bestimmt alles nachgeguckt, oder?«, grinste sie mich an.

»Stimmt«, gab ich zurück. »Also: Das Krokodil legt 40 bis 60, höchstens 90 Eier, in etwa so groß wie ein Gänseei, mitten in den Bruthügel. Nach und nach verrotten die Pflanzenteile und erzeugen dabei Fäulniswärme – wie in einem Komposthaufen –, sodass die Temperatur in dem Nest höher als die außerhalb ist. Außerdem ist sie konstant. Das Ganze funktioniert also wie ein Brutschrank. Interessant ist noch, dass die Temperatur in dem Bruthügel über das Geschlecht der Nachkommen entscheidet. Bei unter 30 Grad schlüpfen lauter Weibchen, bei über

34 Grad nur Männchen; und im Bereich dazwischen sowohl als auch.«

»Das heißt, für die Mama ist die Sache mit der Eiablage erledigt?«, bohrte Luana weiter.

»Nein, ganz und gar nicht. Zwei Monate lang bewacht sie das Gelege und schützt es vor Nesträubern, Waranen und Schweinen zum Beispiel. Dazu gräbt sie sich neben dem Nest eine Kuhle, in deren Sickerwasser sie fast unsichtbar ist. Und ab und zu bespritzt sie das Nest mit Wasser, vermutlich, um den Fäulnisprozess in Gang zu halten.

Sobald sie das Quäken der ersten geschlüpften Jungen hört, gräbt sie sie frei, nimmt sie mit ihren enormen Zähnen ganz behutsam ins Maul und bringt sie zum Wasser. An einer möglichst ruhigen Stelle richtet sie da eine Art Kinderstube ein und wacht weitere zwei Monate über ihre Jungen. Für große Vögel und Fische sind die nämlich ein regelrechter Leckerbissen. Aber auch für Artgenossen, Krokodile sind nämlich Kannibalen. Tja, und ab einem Alter von zwei Monaten muss der Nachwuchs sich allein durchs Leben schlagen.«

Ich schaute mich prüfend um – kein Krokodil zu sehen –, sprang ins Wasser und näherte mich dem Pflanzenhaufen.

»Was hast du vor?«, fragte Luana.

»Das Nest ist offensichtlich abgesoffen. Das Weibchen hatte wohl nicht damit gerechnet, dass das Wasser so hoch steigt. Ich will mal gucken, ob ein altes Ei oder ein kleines totes Junges drin ist.«

Ich schiebe meine Arme bis zu den Ellbogen in das Wirrwarr hinein und taste auf gut Glück das Innere ab, während Luana das Ganze filmt. Auf einmal beißt mich irgendetwas in die Hand, und reflexartig reiße ich meine Arme aus dem Nest.

»Scheiße, was war das?«, rufe ich erschrocken. »Ha, wahrscheinlich nur ein Fisch«, lache ich im nächsten Moment.

Kurz darauf beginnt die Hand höllisch zu schmerzen, die Stelle um den Biss herum wird taub und schwillt an.

Als ich Luana das sage, schimpft sie los: »Verdammt, Andreas, was du da gemacht hast, war verflucht leichtsinnig.«

»Ja, ist mir klar«, räume ich ein. »War 'ne ausgesprochen blödsinnige Aktion. Hier gibt's jede Menge hochgiftige Tiere: Schlangen, Spinnen ...«

»Herrgott noch mal, lass das Dozieren. Und wenn du schon so schlau bist und das alles weißt, warum zum Teufel machst du dann so was?«, schnauzt mich Luana – berechtigterweise – an. »Wir sind hier mindestens fünf Stunden von Jim entfernt und haben nur ein bisschen Jod und Desinfektionsmittel dabei! Was machen wir jetzt?«

»Erst einmal abwarten. Der Schmerz und die Schwellung breiten sich nicht aus, was, denke ich, schon mal ein gutes Zeichen ist ...«

»So, denkst du«, äfft sie mich wütend nach.

Mir war klar, dass Luana mit ihrer heftigen und burschikosen Reaktion auch ihre Angst zu überspielen versuchte. Für ihr Alter – sie war zu dem Zeitpunkt gerade mal Anfang 20 – war sie eine überraschend bodenständige, zupackende Frau, die gut mit extremen Situationen zurechtkam und alles andere als eine Jammer- oder Zimperliese war. Aber ich war derjenige mit jahrelanger Wildniserfahrung, der wusste – oder wissen sollte –, was zu tun und was besser zu lassen war, derjenige, auf den sie sich voll verließ. Und nun hatte ich diesen wirklich dummen, unverzeihlichen Anfängerfehler begangen. Und sie fragte sich wahrscheinlich, was wäre, wenn mir etwas zustoßen sollte und sie plötzlich auf sich allein gestellt wäre. Luana hatte also allen Grund und jedes Recht, mich so anzublaffen. Ich ging daher nicht weiter darauf ein, sondern fuhr fort: »... und ansonsten fühle ich mich gut. Mir ist nicht schlecht, nicht schwindlig, keine Schweißausbrüche, kein Zittern.«

Beunruhigt war ich natürlich trotzdem, und schließlich unendlich erleichtert, als ich gegen Abend feststellte, dass das Gefühl allmählich in meine Hand zurückkehrte und die Schwellung praktisch verschwunden war.

Die frühen Morgenstunden des nächsten Tages hielten gleich die nächste Aufregung parat. Ein seltsames Geräusch riss uns aus dem Schlaf, und wir schreckten alle beide hoch.

»Horch! Da ist ein Krokodil! Ein Krokodil direkt neben dem Zelt!«, wisperte Luana.

»Das sind mehrere!«, flüsterte ich zurück und tastete nach der Taschenlampe.

»Das hört sich ganz komisch an!«

Ich lauschte eine Weile, dann gab ich Entwarnung: »Das sind keine Krokodilbewegungen, hör doch mal, die sind viel zu nervös!«

Und dann hörten wir »Grunz, grunz! Oink, Oink, Oink!«

Ich knipste das Licht an, und wir sahen drei Wildschweine, die sich unbedingt in der kleinen Pfütze neben dem Zelt suhlen mussten und dabei Schabe- und Kratzgeräusche machten.

Was uns immer wieder verblüffte, war die Tatsache, dass die meisten Krokodile, die wir zu Gesicht bekamen, mit uns Menschen nichts zu tun haben wollten. Im einen Moment lagen sie noch ruhig im Wasser oder auf einer Sandbank und im nächsten, wenn wir auf wenige Meter herangekommen waren, gaben sie Fersengeld. Das waren jetzt zugegebenermaßen keine Riesen, aber immerhin Krokodile von zwei Meter Länge und manchmal ein bisschen mehr.

Das Dumme daran war, dass wir so nur ganz selten die Möglichkeit hatten, Krokodile zu filmen, geschweige denn, dass wir sie bei der Nahrungssuche, beim Fressen oder sonst irgendeiner Aktion vor die Kamera bekommen hätten. Daher marschierten wir nun des Öfteren zu Fuß durch das Sumpfland – mit der gebotenen Vorsicht. Angenehm waren diese Wanderungen nicht, da sich die Schuhe in dem Schlick festsaugten – und Blutegel an unseren Beinen. Auch für bestimmte Moderationen, Bilder und Einstellungen war es unvermeidlich, das Boot zu verlassen, etwa wenn die Stelle, von der aus man die Mangroven gegen das Abendlicht am besten ins Bild bekam oder die Wasserrosenfelder im schönsten Licht lagen, nur zu Fuß zu erreichen war.

Zu Fuß unterwegs waren natürlich auch die Wallabys, die kleinen Kängurus. Abends kamen sie in unvorstellbaren Mengen aus dem Eukalyptuswald, um am Fluss, wo das Gras am grünsten und offensichtlich am schmackhaftesten war, zu fressen. Die Krokodile lagen dann bereits in Ufernähe auf der Lauer und warteten darauf, dass ein Wallaby dem Wasser zu nahe käme.

Wie der Teufel es wollte, konnten wir nur ein einziges Mal – und nur aus größerer Entfernung – beobachten, wie ein Krokodil nach einem Wallaby schnappte. Kängurus gehören zu den wenigen Säugetieren, die nicht rückwärts gehen können, weil ihnen ihr kräftiger Schwanz, den sie wie ein fünftes Bein einsetzen – die Aborigines nennen Kängurus auch »die Tiere mit fünf Beinen« – dabei im Weg wäre. Offensichtlich wissen das die Krokodile und verhalten sich dementsprechend. Dieses eine aber hatte irgendeinen Fehler gemacht, denn das Känguru entkam.

Ein anderes Mal sahen wir ein ziemlich großes Krokodil in sehr guter Position liegen. Es hatte sein Maul schon leicht geöffnet und bewegte sich keinen Millimeter. Vier Kängurus hoppelten am Ufer entlang und grasten. Dabei kamen sie dem Krokodil immer näher. Noch in anderthalb Meter Abstand ahnten sie offenbar nicht, dass der Tod auf sie lauerte. Dann, urplötzlich, hob eines der Kängurus den Kopf, schnupperte, und – *piuh!* – waren alle vier weg. Da der Wind nicht gedreht hatte, denke ich mal, dass das Krokodil starken Mundgeruch hatte.

Endlich entdeckten wir wieder ein riesiges Krokodil. Es war sogar noch größer als dasjenige, das uns ein paar Tage zuvor mit Schlamm bespritzt hatte, und sollte, wie sich im Nachhinein herausstellte, das größte sein, das wir in der ganzen Zeit überhaupt zu sehen bekommen würden. Der Prachtbulle war knapp sechs Meter lang und wog bestimmt über eine Tonne. Er musste sehr alt sein, denn sein Rücken war ganz vermoost, die Zähne riesig lang und dunkelgelb. Und der Blick ziemlich aggressiv. Aber sobald wir uns auf weniger als 100 Meter näherten, tauchte dieses Monster ins Wasser ab und verschwand. Es musste sehr schlechte Erfahrungen mit Menschen gemacht haben. Einmal allerdings tauchte es in nur 20 Meter Entfernung neben dem Boot wieder auf und zog für einige Sekunden knapp unter der Wasseroberfläche neben uns her. Erst da wurde uns so richtig bewusst, welch ein Koloss dieses Tier war.

»Da ist die Nasenspitze, da sind die Augen – und ganz da hinten ist erst das Schwanzende!«, staunte ich.

»Unglaublich! Das hört ja überhaupt nicht mehr auf!«, stammelte Luana.

Wir kamen aus dem Staunen gar nicht mehr heraus, waren völlig fasziniert. Dieses Tier hatte wahrlich etwas Urzeitliches, und sein Anblick aus der Nähe erfüllte uns mit – so komisch es klingen mag – Ehrfurcht.

»Jetzt will ich mehr als zuvor eine Aufnahme an Land, eine, wo man seine enorme Größe erkennt«, eröffnete ich Luana, als ich mich wieder gefasst hatte.

»Und wie willst du das anstellen?«

»Na, mit mir als Vergleichsgröße im Bild – die gängige Methode«, erwiderte ich.

»Aber es haut doch jedes Mal ab, wenn wir uns nähern«, erinnerte mich Luana.

»Ja, wenn es uns kommen sieht.« Ich überlegte. »Ich hab eine Idee: Wenn es wieder ans Ufer geht, um sich zu sonnen, postierst du dich hier, in einer Entfernung, die das Tier zulässt, mit der Kamera. Ich schlage mit dem Boot einen Riesenbogen und komme praktisch von hinten auf das Kroko und auf die Kamera zu. Und du hast beides im Bild: dieses lebende Fossil im Schlamm und mich. Du drehst das mit dem größten Teleobjektiv, das wir mithaben, und machst ein richtig geiles, spektakuläres Bild.«

»Hm, erst gestern hast du wieder gesagt, dass ich zwar ein gutes fotografisches Auge hätte, aber kein Kameraauge«, erinnerte mich Luana.

»Och, du kriegst das schon hin.«

Bei der nächsten Gelegenheit setzte ich Luana ab und tuckerte davon.

Weit, weit hinter dem Krokodil ging ich an Land, stapfte erst durch Sumpf, lief dann über eine Sandbank und über Grasland. Ich war noch etwa 150 Meter von der Stelle entfernt, wo das Krokodil am Ufer lag, als ich die Schuhe abstreifte und mich mit höchster Vorsicht anzuschleichen begann.

Irgendwann sah ich Luana mit den Armen winken. Da ist was schiefgegangen, dachte ich mir.

»Was war los?«, wollte ich wissen, als ich wieder neben Luana stand.

»Als du dich so auf 100 Meter angeschlichen hattest, kam auf einmal Unruhe in das Tier. Es ist ins Wasser und abgetaucht. Das war los.«

»Ich fass es nicht!«, rief ich enttäuscht. »Ich war absolut leise, der Wind stand auf mich zu. Es konnte mich nicht hören, nicht riechen ...«, abrupt hielt ich inne.

»Was?«

»Es muss mich gespürt haben«, schlussfolgerte ich. »Obwohl ich barfuß unterwegs war und so leise und behutsam wie irgend möglich aufgetreten bin, muss es die Vibrationen im Boden gespürt haben. Anders kann ich mir es nicht erklären.«

Später sollten mir Aborigines meinen Verdacht bestätigen. Sie erzählten uns, dass ein Krokodil schon auf große Entfernung anhand der Vibration ganz genau erkennen könne, wer sich ihm nähere – ob Wildschwein, Wasserbüffel, Pferd, Kuh, Wallaby oder Mensch.

Wahrscheinlich hat kein anderes Tier auf der Welt so feine Sensoren für Vibrationen wie ein Krokodil.

Wieder streiften wir tagelang teils mit dem Boot, teils zu Fuß kreuz und quer durch Sümpfe und Kanäle. Wir erlebten tolle Stimmungen, wenn die Sonne am Abend den Himmel wie mit Campari Orange übergoss. Wir besichtigten die erstaunlichen

Bauten der hier heimischen Termiten aus der Nähe. Ihre Nester sind nicht annähernd rund, wie ich es aus anderen Ländern, zum Beispiel Namibia, kenne, sondern dünne, hohe Wände in Nord-Süd-Ausrichtung. Eine geniale Bauweise: Morgens bietet so ein Bau der aufgehenden Sonne praktisch die volle Breitseite, sodass er nach kühlen Nächten Wärme tanken kann. Mittags hingegen, wenn die Sonne vom Himmel brennt, ist nur eine minimale Oberfläche der Strahlung ausgesetzt, was den Bau vor Überhitzung schützt. Abends fängt die breite Seite wieder Wärme für die Nacht ein.

Einmal fuhren wir zum Nourlangie Rock und bestaunten dort die Regenbogenschlange Ungud, den Geist Namondjok und weitere mythologische Figuren und Fabelwesen. Die Aborigines hatten keine Schrift und überlieferten ihre Geschichte, ihre Traditionen und ihr Wissen stattdessen in Gesängen und Tänzen und setzten diese schließlich in Form der Felsmalerei in Bilder um. Die Techniken sind dabei so abwechslungsreich und unterschiedlich wie die Überlieferung selbst. Neben einfachen Strichmännchen oder Handabdrücken sieht man detailreiche Naturlandschaften und – was mich am meisten faszinierte – »Röntgenbilder«, Darstellungen von Geschöpfen samt Skelett und inneren Organen.

Abgesehen von den zum Teil herrlichen und beeindruckenden Felsmalereien waren unsere Erlebnisse mit den australischen Ureinwohnern ziemlich deprimierend. Ich hatte viel Negatives gelesen und mich daher auf einiges gefasst gemacht, aber die Realität erschütterte mich dennoch. Ich habe weder davor noch je danach derart inaktive, fast apathische Menschen erlebt. Ihre Trägheit spiegelt sich schon im Körperbau wider: schmale Schultern, wie aufgedunsen wirkende Bäuche, sehr dünne Beine. Die meisten Aborigines leben von der Wohlfahrt und sind dem Alkohol verfallen. Ähnliches, aber bei Weitem nicht so extrem, kenne ich nur von den Inuits.

»Habt ihr was zu rauchen oder Alkohol dabei?«, war stets so ziemlich die erste Frage, wenn wir auf Aborigines trafen.

Wenn ich sie über Krokodile befragte, was mich natürlich am meisten interessierte, sagten sie: »Schmecken gut, kann man essen. Und die Eier sind sehr lecker.«

Wirklich Neues erfuhr ich nur von einem älteren Mann. »Gefährlich?«, hielt er meiner Frage entgegen. »Ach was, was die Weißen da reininterpretieren, ist völlig übertrieben. So schlimm sind die Krokodile nicht. Du kannst ohne Weiteres durch einen Fluss voller Krokodile ans andere Ufer schwimmen. Kein Krokodil wird dich angreifen und dir irgendetwas tun.«

»Wie kommt das?«

»Krokodile sind uralte, magische Wesen. Sie brauchen sehr lange, um Neues in ihrem Lebensraum zu verarbeiten. Ich will dir ein Beispiel nennen: Der Mary River ist voll mit Krokodilen. An einer Brücke dort bringen sich jedes Jahr ein, zwei, drei Menschen um. Die springen in den Fluss und ertrinken. Und die Leichen sind bisher immer mehrere Tage später von der Wasserpolizei oder von irgendwelchen Rangern aufgedunsen im Fluss gefunden worden – ohne eine einzige Bissspur von einem Krokodil. Ja, also, Krokodile gehen da nicht ran. Wenn du ein totes Känguru von dieser Brücke wirfst, und das noch nachts, dauert es keine zehn Sekunden, dann ist es verschwunden, hat ein Krokodil es sich geholt.«

Um mich zu vergewissern, dass ich richtig verstanden hatte, was mir der alte Mann damit sagen wollte, fragte ich weiter: »Da kann also eine Frau an einem Fluss fünf Tage lang jeden Morgen das Geschirr spülen, und nichts passiert. Und am sechsten Tag sagt sie zu ihrem Mann: ›Heute bist du aber mal dran mit Spülen‹, er geht runter zum Fluss, spült das Geschirr, es gibt einen Riesenschlag, und der Mann ist weg. Den hat sich ein Krokodil geholt, das die Frau zuvor fünf Tage lang aus der Distanz belauscht hat, das sich die Geräusche beim Geschirrspülen, die Vibrationen der Schritte im Sand eingeprägt und sich sein eigenes Bild daraus gemacht hat. Trifft es das?«

Der Alte schaute mich an und nickte. »Ja, die brauchen ihre Zeit, bis sie in dir eine Beute sehen.«

Im Unterschied zu den Panzerechsen zeigten die vielen Wild-schweine und Wasserbüffel, die Wallabys und Vögel erstaunlich wenig Scheu vor uns. Allen voran die Fischadler. Wenn wir beim Angeln einen kleinen Fisch am Haken hatten und ihn zurück ins Wasser warfen, kam sofort ein Fischadler angeschossen und fing den Fisch nur drei, vier Meter vor uns aus der Luft.

Nach einiger Zeit fiel uns auf, dass auf einer Sandbank, an der wir schon ein paarmal vorbeigekommen waren, immer dasselbe Krokodil lag, ein junges, offensichtlich sehr standorttreues Männ-chen. Und dieser Bulle blieb stoisch liegen, wenn wir auftauch-ten, und machte im Unterschied zu seinen Artgenossen keine Anstalten zu flüchten.

»Komisch«, meinte Luana nur, als wir darüber redeten.

»Hm, vielleicht ist es krank oder verletzt. Oder sonst irgend-wie behindert. Lass uns da hin! Das will ich mir genauer an-sehen.«

Gesagt, getan. Ich stieg ins knietiefe Wasser und zog das Boot ein Stück weit hinter mir her, während Luana und ich leise mit-einander sprachen. Das Krokodil rührte sich nicht. Dann griff ich nach meiner Kamera und ging auf das gut drei Meter lange Tier zu. Es rührte sich noch immer nicht. Erst als ich auf etwa zehn Meter herangekommen war, erhob es sich gemächlich und stapfte ins Wasser. Dort tauchte es kurz unter, kam aber gleich wieder hoch, drehte sich um und guckte mich an. Als wollte es sagen: Hey, Alter, ich will meine Ruhe.

Es gab keine Erklärung für die Gelassenheit dieses Krokodils – gibt es bis heute nicht, außer der Tatsache, dass manche Vertre-ter einer Tierart einfach wenig Scheu vor Menschen zeigen.

»Okay, ich denke, mit dem Kerl können wir arbeiten«, eröff-nete ich Luana.

Die nächsten beiden Tage robbte ich auf allen vieren durch den Schlamm, um die perfekte Nahaufnahme zu bekommen – während es sich Luana auf einem Baumstamm bequem machte und das Geschehen filmte. Aber so gelassen das Tier auch war, näher als zehn Meter ließ es mich nicht heran.

»Ich will noch weiter an den Kerl rankommen. Und was da eigentlich immer hilft, ist ein Köder.«

»Kein Problem, hier liegen ja genügend herum«, sagte Luana ironisch und drehte sich einmal im Kreis.

»Nö, hier nicht, aber frühmorgens auf dem Arnhem Highway, erinnerst du dich?«

»Mhm. Ich erinnere mich aber auch, dass der ganz schön weit weg ist. Zuerst müssen wir zu Jim, dort das Auto holen und dann noch mal gut 20, 30 Kilometer fahren«, wandte Luana ein.

»Hast du ’ne bessere Idee?«

»Öh, nein.«

Also tuckerten wir am nächsten Morgen bei Tagesanbruch zum Bootsanleger, baten Jim um ein paar große Müllsäcke und holperten die über 20 Kilometer zum Arnhem Highway. Da das Ganze ein ziemlicher Aufwand war, entschieden wir uns, gleich mehrere Kadaver einzusammeln. Das war absolut kein Spaß, aber nichts verglichen mit dem, wie die Tiere rochen und aussahen, nachdem sie ein paar Tage bei großer Hitze im Müllsack gelegen hatten.

Zurück bei dem einen, bestimmten Krokodil, warteten wir, bis es sich mal ins Wasser zurückzog, und legten dann den ersten Köder aus.

Und es dauerte keine zehn Sekunden, da kam es ans Ufer, packte sich das Wallaby und zerrte es ins Wasser, um es mithilfe der berühmten Krokodilrolle zu zerlegen.

»Okay, wunderbar. Es funktioniert. Das nächste Mal gehe ich so nah wie möglich ran«, kündigte ich an.

Zwei Tage später legten wir erneut einen Köder aus, und ich legte mich in etwa drei Meter Entfernung mit meiner Kamera im Schlamm auf den Bauch. Nach außen war ich ganz der coole, gelassene Tierfilmer, aber in meinem Magen rumorte es beträchtlich. Weil ich ganz genau wusste: Wenn ich *zu* nah am Krokodil bin, braucht es nur den Kopf herumzureißen, und – *zack!* – hat es mich. Eigentlich ist so ziemlich alles, was wir in diesen Wochen anstellten, nicht zur Nachahmung empfohlen.

Mit einem kleinen Boot auf ein großes Krokodil zuzufahren, nachts am Krokodilfluss zu campen und all diese Dinge sollte man tunlichst lassen.

Gemächlich stapfte das Krokodil aus dem Wasser, marschierte zielstrebig und ohne mich eines Blickes zu würdigen auf meiner Augenhöhe auf den Kadaver zu, schnappte ihn sich und kehrte samt Beute ins Wasser zurück.

»Andreas? Hey! Andreas, alles in Ordnung?« Luana musste mich wohl schon eine ganze Weile gerufen haben, wahrgenommen habe ich sie erst, als sie neben mir stand und mir auf die Schulter tippte. »Bist du okay?«

»Ähm, ja«, räusperte ich mich. »O Mann, was für ein Erlebnis. Ich hätte mir vor Aufregung fast in die Hosen gepinkelt! Ich habe jede einzelne Schuppe gesehen, habe den Bullen sogar gerochen, seine Schritte im Sand bis in meinen Bauch gespürt! O Mann, o Mann!«

»Kannst du dich erinnern, was uns der eine Aborigine erzählte«, fragte ich Luana einen Tag später wie nebenbei, »dass man ohne Weiteres einen Fluss voller Krokodile durchschwimmen könne, weil Krokodile eine Zeit brauchen, sich auf Neues einzustellen?«

»Jaaaaa«, antwortete Luana gedehnt. »Sprich weiter.«

»Wenn du das fünfte oder sechste Mal durch den Fluss schwimmst, ist die Wahrscheinlichkeit sehr groß, dass ein Krokodil dich angreift und vielleicht sogar in Stücke reißt. Aber halt nicht beim ersten Mal.«

»Ich ahne, worauf du hinauswillst.«

»Die Krokodile hier kennen uns mittlerweile zwar, aber nur als Wesen in einem Boot oder an Land. Wenn ich auf einmal mit einem im Wasser bin, hat es das noch nie erlebt. Und ich bewege mich sogar aktiv im Wasser, um das Tier herum, auf das Tier zu, von dem Tier weg, keine Ahnung, so was in der Richtung. Ich glaube, ich kann ohne Gefahr mit einem Krokodil tauchen, und wenn es eines gibt, mit dem ich es riskieren kann, dann ist es dieses eine, das die Nähe von mir zulässt.«

»Du verlässt dich auf die Aussage eines einzigen Mannes. Was ist mit der Deutschen, du weißt schon, der von Bali, und mit all den anderen, von denen man immer wieder hört?«

»Die waren alle in Gegenden, wo Krokodile in gewisser Weise an Menschen gewöhnt waren. Wo Krokodile angefüttert werden, damit die Touristen sie bestaunen können. Das ist hier nicht der Fall. Außer Jim haben wir hier bislang keinen einzigen Menschen gesehen.«

Luana setzte zu einer Erwiderung an, überlegte es sich dann aber anders. Die nächsten beiden Tage sprach keiner von uns das Thema an, doch die Idee faszinierte mich immer mehr, wurde von Stunde zu Stunde konkreter und ließ mich nicht mehr los.

»Okay, ich mach's«, verkündete ich eines Abends, und Luana wusste sofort, wovon ich sprach.

»Wie du meinst, aber ich gehe nicht mit rein, um dich zu filmen. Diesmal ganz bestimmt nicht«, ließ sie mich wissen.

»Das erwarte ich gar nicht von dir, wo denkst du hin? Aber traust du dich, mich vom Boot aus zu filmen, wenn wir die kleine Unterwasserkamera an der Angel montieren?«

Die Tonangel, kurz nur Angel genannt, ist ein Teleskopstab aus Fibercarbon, den man auf fast drei Meter Länge ausziehen kann, mit einem Richtmikrofon am unteren Ende, mit dem man den Ton »angelt«, ohne das Objekt zu stören. Das Mikro ist mit der Kamera gekoppelt, sodass man Synchronton erhält.

»Ja, kein Problem. Im Boot fühle ich mich komischerweise sicher, obwohl es nur eine Nussschale ist.«

Nach zwei Stunden des Wartens bequemte sich das Krokodil endlich ins Wasser. Schnell legte ich Bleigurt, Flossen, Maske und Schnorchel an, griff mir meine Kamera und watete vorsichtig und ganz langsam in den Fluss. Kaum hatte ich den Kopf im Wasser, tauchte das Krokodil direkt vor mir ab, was eine tolle Einstellung war, blieb dann aber verschwunden. Wir warteten über eine Stunde – umsonst. Ich hatte das Gefühl, als wäre das Tier irgendwie verstört, vielleicht weil gleichzeitig Luana im Boot *auf* dem Wasser und ich *im* Wasser war. Oder war ihm nicht geheuer, dass ich plötzlich – wie es selbst – *unter* Wasser war? Jedenfalls war die Sache für heute gelaufen, und wir entschieden, den Rest des Tages irgendwo im Schatten zu faulenzen. Das hatte ich auch bitter nötig, denn trotz allem hatte mich der Kurztauchgang richtig Nerven gekostet. Mein Puls hatte gerast, meine Knie gezittert, und ich war noch Stunden später so angespannt, dass ich immer wieder aufsprang, ein paar Schritte hierhin, ein paar Schritte dorthin lief.

»Weißt du«, meinte Luana schließlich, »irgendwie beruhigt es mich ungemein, dass selbst jemand wie du, der sonst immer so total entspannt und gelassen ist, unter Stress geraten kann.«

»Wieso das denn?«

»Na, wenn ein alter Fuchs wie du aufgeregt ist, brauche ich mir keine Gedanken zu machen, wenn ich als Anfängerin es bin. Aber mal was anderes. Was treibt dich eigentlich zu Aktionen solcher Art an? Sensationslust? Abenteuerlust? Die Herausforderung? Effekthascherei, vor der Kamera was Tolles zu machen?«

»Puh, ich denke, es ist eine Mischung aus ganz vielem. Da kommen verschiedene Komponenten zusammen, warum man so was tut, warum man sich in Gefahr begibt. Dafür begebe ich mich ja in andere Gefahren nicht, ich rase zum Beispiel nicht mit einem Motorrad mit 200 Stundenkilometer über eine deutsche Autobahn, obwohl ich es könnte und dürfte. Aber was ist, wenn da einer plötzlich ausschert, während du überholst? Wenn ein Tier über die Fahrbahn läuft oder ein anderer einen Fahrfehler macht? Jede Menge Risiken, die ich nicht einschätzen kann. Also mache ich so was nicht; es reizt mich nicht einmal.

Bei einem Krokodil trau ich es mir zu, es richtig einzuschätzen. Vielleicht, weil ich jede Menge Erfahrung mit Wildtieren habe, zwar nicht mit Krokodilen, aber mit anderen großen Räubern. Rational kann man das nicht erklären, das ist eine rein emotionale Sache.«

»Was, wenn es dich nun doch angegriffen hätte? Unter Wasser kannst du nicht weglaufen, und es anschreien dürfte schwierig sein.«

Ich musste lachen, erklärte Luana dann aber, was ich mir für eine solche Situation überlegt hatte: »Ich hatte ja das große Unterwassergehäuse vor mir hergeschoben. Dieses alte Unikum liebe ich im Übrigen gerade deswegen, weil es im Unterschied zu den neueren sehr schwer und mit seiner dicken Glasscheibe vorn richtig massiv ist. Wenn das Krokodil wirklich zuschnappen hätte wollen, hätte ich ihm das Unterwassergehäuse inklusive Kamera einfach ins Maul gerammt und geschaut, dass ich schnell Land gewinne.«

»Und du glaubst im Ernst, das hätte was genutzt?«, fragte Luana voller Skepsis.

»Bei einem Hai hat es mal funktioniert. Der war zwar kein Riese, hat aber für meinen Geschmack zu viel Interesse an mir gezeigt. Dem habe ich mein gutes altes Unterwassergehäuse gegen seine empfindliche Schnauze gerammt, und – *schwupp!* – weg war er.

Vielleicht hätte ich dem Kroko sogar rechtzeitig das Maul zuhalten können. Die haben nämlich zwar eine enorme Kraft im Kiefer, wenn sie zubeißen, und wenn dein Arm oder dein Bein erst einmal zwischen den Kiefern ist, gibt es praktisch kein Entkommen. Aber beim Öffnen ist das ganz anders. Ich habe das ein paarmal im Fernsehen gesehen, zum Beispiel, wenn dieser ›Crocodile Hunter‹ in seinem Privatzoo vorgeführt hat, wie er mit einem Krokodil kämpft. Der hat selbst großen Exemplaren mit relativer Leichtigkeit das Maul zuhalten können. Na, wie auch immer. Die Idee mit dem Unterwassergehäuse gefällt mir besser.«

Als ich nach Deutschland zurückkam, sollte mir Birgit mehr oder weniger schweigend ein Foto aus der Zeitschrift *View* auf den Tisch legen. Man sah darauf ein Krokodil, das den abgerissenen Unterarm eines Menschen quer im Maul hatte. Die Geschichte zu dem Foto: Das Krokodil aus dem Zoo von Singapur hatte dem Tierarzt, der ihm eine Betäubungsspritze – offensichtlich zu früh – aus der Flanke ziehen wollte, den Arm abgebissen. Der Mann hat glücklicherweise überlebt, und der Arm konnte in einer mehrstündigen Operation angenäht werden.

Hätte ich das Bild vorher gesehen, wäre ich vielleicht nicht mit dem Krokodil ins Wasser gegangen. Oder doch? Das ist wie bei dem Bungee-Jumper, der oben auf der Brücke steht, runterguckt, einen Riesenschreck kriegt und denkt: Mann, ist das hoch! Was passiert, wenn das Seil nicht hält oder wenn ich im falschen Winkel auf das Wasser aufschlage? Er bekommt Angst, ist hin- und hergerissen: Soll ich? Oder soll ich nicht? Und dann entscheidet er sich für den Sprung. Er hat zwar kein gutes Gefühl dabei, aber irgendetwas zwingt ihn dazu.

Und so ging es mir am nächsten Tag. Das Krokodil ist im Wasser, ich wate wieder langsam hinein, erst nur bis zu den Knien. Wo ist es? Da hinten. Jetzt kommt es auf mich zu. Es kommt näher, okay, es beschleunigt nicht, es bleibt ganz ruhig, es bleibt ganz langsam, oh, es schwimmt sogar an mir vorbei, was macht es jetzt? (Ich drehe mich mit der Kamera mit.) Die erste große Hürde ist genommen, ich werde nicht angegriffen, ich werde nicht gefressen. Es dreht eine Runde und kommt wieder an mir vorbei, beobachtet mich, interessiert oder erstaunt, nicht aggressiv. Verschwindet von der Oberfläche. Mein Körper ist im Wasser, der Kopf noch draußen, das erzeugt ein unglaubliches Unbehagen.

Tauch ab, Mensch, ermahne ich mich, Kopf unter Wasser, sonst siehst du nicht, was da passiert. Nur wenn du ganz im Wasser bist, bist du der Bewegliche im Beweglichen. Ich tauche ab, und auf einmal ist eine gewisse Sicherheit da. Taucher kennen das Gefühl. Vor dem Abtauchen guckt man nervös um sich, ist irgendwie angespannt, nervös, ängstlich. Dann entlüftet man sein Jackett, sinkt langsam in die Tiefe, wird schwerelos – und ruhig; und diese Ruhe gibt einem eben eine gewisse, doch zweifellos trügerische Sicherheit.

Seltsame Gedanken gehen mir durch den Kopf: Letztendlich kommen wir ja alle aus dem Wasser. Vielleicht herrscht da noch so eine Art Urvertrautheit, nicht gerade mit einem Krokodil oder einem Hai, schon gar nicht in ein und demselben Gewässer, aber diese Ursoße hat was. Als kehrte man in sein ureigenes Element zurück.

Alles Weitere lief dann, so komisch das klingen mag, irgendwie mechanisch ab. Kamera an, Krokodil schwamm auf mich zu, ich tauchte weiter ab, Krokodil schwamm über mich drüber. Ich sah das Boot links von mir als Schatten auf der Wasseroberfläche, sah die eingetauchte Angel mit der kleinen HDV-Kamera daran, sah, dass sie gut ausgerichtet war. (Luana musste sich dabei ganz auf ihr Gefühl verlassen.)

Letztendlich war das Ganze ein Experiment – und trotz allem, was auf den vorangegangenen Seiten steht, ein gefährliches dazu. Aber es gibt Momente, in denen man Grenzen überschreiten kann, die man besser nicht überschreiten sollte. Und ich rate jedem davon ab, dieses Experiment zu wiederholen. Dass ich mit heiler Haut davongekommen bin, kann die große Ausnahme gewesen sein.

In Draculas Wäldern:
Braunbären und Wölfe
in Rumänien

Der 308 PS starke Turbodiesel des VW Touareg brüllt auf, der Dreck fliegt zehn Meter hoch, alle vier Räder drehen mehr oder weniger gleichmäßig durch und graben sich bis zu den Achsen in den Schlamm, in den mehrere heftige Sommerregen den Weg verwandelt hatten. Die Bevölkerung des kleinen Dorfs in Graf Draculas Heimat Transsylvanien steht an den Zäunen und beobachtet interessiert und amüsiert das Bild, das sich ihr bietet, und überlegt wohl, was der Fremde da vorhat. Denn ungefähr 15 Meter vor mir steht Frank mit der Kamera mitten auf dem Fahrweg und filmt, wie ich versuche, mich mit dem Hightech-Geländewagen aus dem Matsch zu arbeiten.

»Kannst du noch mal so viel Gas geben? Das sah super aus!«, brüllt Frank.

Ich komme total ins Schwitzen, weil ich denke, das kann nicht sein, ein Auto mit so vielen technischen Features muss das doch schaffen! Aber wir hatten definitiv die falschen Reifen gewählt. Wegen der langen Fahrt von Deutschland nach Rumänien, immerhin 1600 Kilometer, hatten wir uns für Niederquerschnittsreifen entschieden. Es ist also nicht gerade ein Karpaten-all-terrain-Reifen, den ich fahre. Und das ist gerade jetzt mein großes Problem, weil sich das ziemlich glatte Profil innerhalb kürzester Zeit mit Schlamm zugesetzt hat und selbst Differenzialsperren, Luftfederung und Getriebeuntersetzung nicht mehr helfen, den Wagen dynamisch voranzubringen. Seit wir die Landstraße verlassen haben, ist der Weg eine ziemliche Tortur, weil er eigentlich nur aus Schlammlöchern und Wasserfurten besteht.

Zu allem Überfluss sehe ich in dem Moment im linken Seitenspiegel den Bauern, den wir eine halbe Stunde zuvor im Wald getroffen und nach dem Weg gefragt haben, auf seinem Leiter-wagen daherziehen. Ein mächtiger Zwirbelbart, wie sie ihn hier alle zu haben scheinen, ziert sein Gesicht, auf dem Kopf sitzt ein Hütchen. Den Wagen zieht ein alter, klappriger Gaul, den der Bauer mit »Hüah, hüah« anzuspornen versucht.

Ich gebe wieder Gas, und diesmal setzt sich der Wagen end-lich in Bewegung. Trotzdem überholt mich das klapprige Gefährt des Bauern und zieht als Sieger des Rennens in das Dorf ein.

Frank lacht und sagt: »Hey, Alter, das war eine super Szene, eine super Szene. Volkswagen wird begeistert sein.«

»Halt die Klappe«, brumme ich, aber Frank lacht nur noch mehr.

Auch der Tuareg mit seinen Straßenrennreifen bewältigte schließ-lich die letzten 40 Meter und wurde mit großem Gejohle und Applaus empfangen. Das Dorf im Herzen der Karpaten war wild-romantisch und urtümlich. Uralte, kleine und mit Schindeln ge-deckte Häuser, von denen stellenweise der Putz abfiel, säumten die bürgersteinlose Dorfstraße aus Lehm. Halb verfallene Zäune umgaben kleine Gärten, in denen Blumen und Gemüse gediehen und ein Misthaufen seine unvergleichliche Landluft verströmte. Pferde liefen ohne Zaumzeug und Zügel frei herum, auf der Dorfstraße saßen spielende Kinder, pickten gackernde Hühner nach Essbarem und stöberten Schweine nach Abfällen. Die Men-schen waren einfach, fast ärmlich gekleidet; die Männer steckten fast alle in alten Sakkos und Arbeitshosen und hatten ein Hüt-chen auf, die älteren Frauen trugen durchwegs Kittelschürzen. Es war, als wären wir in einen historischen Film geraten.

Eigentlich hatten wir erwartet, dass sie uns Fremde erst ein-mal aus der Distanz begutachten würden, doch das Gegenteil war der Fall: Kaum waren wir aus dem Wagen ausgestiegen, wa-ren wir von Menschen umringt, die alle auf einmal losbrabbel-ten, sehr interessiert und sehr, sehr offen. Nur haben wir sie lei-der nicht verstanden, und da machte ich den großen Fehler, auf Russisch nachzufragen, obwohl ich doch hätte wissen müssen, dass die Osteuropäer in der Regel eine starke Aversion gegen Russen haben. Als sie daraufhin untereinander zu diskutieren begannen – und das nicht gerade in freundlichem Ton –, deutete ich schnell auf unser Nummernschild und sagte: »Nein, nein, wir von Alemania, Germanski.«

»Ah, german, germanic«, kam es von allen Seiten, und sofort entspannte sich die Situation.

Jemand kam mit einem Krug und Bechern und bot uns etwas zu trinken an. Mit Händen und Füßen versuchten wir uns zu unterhalten, bis plötzlich ein kleiner, bärtiger Mann auftauchte, der Englisch sprach. Wir glaubten unseren Ohren nicht trauen zu können. Dieser George erzählte uns, dass er vor 15 Jahren in die USA ausgewandert wäre und nun gerade auf Besuch in seinem Heimatdorf sei. Unverhofft hatten wir nun einen Dolmetscher – einen ortskundigen dazu.

»Entschuldige meine Offenheit, aber auf uns wirkt dieses Dorf, als wäre hier die Zeit vor 150 Jahren stehen geblieben«, gestand ich George nach einer Weile.

»Ja«, lachte er. »Das denke ich mir auch jedes Mal, wenn ich nach Hause komme. Die meisten leben hier von der Köhlerei – wie anno dazumal. Überall im Wald sind große Kohlemeiler, in denen Eichen-, Akazien- und zum Teil Buchenholz gebrannt wird. Ein Großteil der Kohle geht übrigens als Grillkohle nach Deutschland. Außerdem haben sie Schafherden, ein bisschen Milchvieh und betreiben eine kleine Landwirtschaft.«

»Und davon können sie leben?«, fragte Frank erstaunt.

»Na ja, sieh dich doch mal um! Dem Dorf geht es nicht sonderlich gut, der Weg zur nächsten asphaltierten Straße wird nicht mehr instand gehalten – nicht einmal die Brücke wird repariert.«

»Mhm, das haben wir gemerkt. Und da wir keinen anderen Weg gesehen haben, sind wir einfach durch den Fluss gefahren. Dem Touareg ist das Wasser dabei bis zur Motorhaube gestiegen, aber er hat es mit Bravour geschafft«, erzählte ich.

»Im Gegensatz zur Schlammpiste«, grinste George, fuhr dann aber in ernstem Ton fort: »Zur Zeit der Diktatur gab es unheimlich viel Druck, andererseits war alles irgendwo geregelt, verlief mehr oder weniger in geordneten Bahnen, und die Menschen, weil sie es auch nicht anders kannten, konnten damit umgehen. Als Ceauşescu gestürzt wurde, waren die Leute voller Hoffnungen, aber es wurde alles nur schlimmer. Der schlechte Weg und die eingestürzte Brücke sind ja Kleinigkeiten. Viel schlimmer ist, dass das Schulsystem hier auf dem Land völlig zusammengebrochen ist, dass im ganzen Land die Kinderprostitution zunimmt. Habt ihr die vielen jungen Mädchen an den Straßen gesehen?«

»Äääh, jaaa«, antwortete Frank gedehnt, weil ihm ein Verdacht kam. »Das waren gar keine Anhalterinnen?«

Auch ich hatte die Mädchen, die nicht sonderlich aufreizend gekleidet und geschminkt waren, für Tramperinnen gehalten.

»Richtig«, bestätigte George. »Rumänien ist unglaublich korrupt. Es gibt einige sehr Reiche – wie schon zu Ceauşescus Zeiten –, aber für die meisten geht es seit der Perestroika und dem Zusammenbruch der Oststaaten bergab.« Unvermittelt wechselte George das Thema und fragte, was wir in dieser gottverlassenen Gegend suchten.

»Tja, unser eigentliches Ziel ist Braşov. Auf der Karte sah der Weg durch dieses Dorf wie eine Abkürzung aus, und da dachten wir uns, warum nicht mal 80 Kilometer über ein kleines Sträßchen durch die Pampa fahren. Dass der Weg so schlecht sein würde, konnten wir nicht ahnen. Da ist, mit Verlaub gesagt, jeder Waldweg in Deutschland besser in Schuss.«

»Das glaube ich dir gern«, meinte George achselzuckend. »Und was wollt ihr in Braşov, wenn ich fragen darf?«

»Bären filmen.«

»Bären filmen?«, echote George verwundert. »Dazu braucht ihr nicht nach Braşov. Die könnt ihr auch hier filmen.«

»Gibt es denn viele in dieser Gegend?«, wollte ich wissen.

Wieder lachte George. »Wir können uns nicht daran erinnern, dass es hier mal *nicht* viele Bären und Wölfe gegeben hätte. Deshalb haben wir so viele Hunde. Die beschützen unsere Viehherden«, erläuterte er.

In der Tat gab es auffallend viele Hunde, und mein Hannoverscher Schweißhund Cita schnüffelte und schnupperte sich durch das halbe Dorf. Nun gerade zeigte sie großes Interesse an einem kleinen Welpen, den ein Mädchen auf dem Arm hatte.

Es sollte Citas letzte Reise sein, denn wenige Monate später musste ich auf immer von meiner alten, treuen Begleiterin Abschied nehmen, die mich über Jahre auf vielen Reisen begleitet hatte: In den Tundren Alaskas und Kanadas, wo ich mich die meiste Zeit herumtreibe, wenn ich unterwegs bin, war sie oft über Wochen mein einziger Gesprächspartner. Nicht selten verteidigte sie unser Camp gegen neugierige Bären und hungrige Wölfe, während ich Elche, Karibus oder Dallschafe filmte. Sie warnte mich vor Gefahren und war eine hervorragende Fährtenleserin. Cita war eine wunderbare Reisegefährtin.

»Der hohe Bestand speziell an Bären«, fuhr George fort, »kommt daher, dass man sie unter Schutz gestellt und gehegt und gepflegt hat, für Staatsjagden und natürlich, das darf man nicht vergessen, für ausländische Jagdgäste, in erster Linie Italiener, Österreicher und Deutsche. Das brachte fette Devisen.«

»Kennst du zufällig Förster oder Jäger, mit denen du uns bekannt machen könntest?«

»Ja, klar, der Ion, der für das hiesige Revier, ein riesiges Gebiet übrigens, zuständig ist, wohnt hier im Dorf. Er war schon zu Zeiten Nicolae Ceauşescus Jäger und Wildhüter und kennt die Gegend wie seine Westentasche. Ich führe euch einfach mal herum, und am Schluss schauen wir, ob Ion zu Hause ist«, schlug George vor und marschierte auf unser zustimmendes Nicken hin los.

Nach wenigen Metern stach Frank und mir ein »Magazin«, ein nostalgischer Kramerladen und das einzige Geschäft des Ortes, ins Auge, und wie auf Kommando steuerten wir darauf zu. Brausestangen kamen mir in den Sinn, klebrig-süße Schaumwaffeln, Gummischlangen, Panini-Sammelbilder und all die anderen Dinge, die ein Kinderherz früher höher schlagen ließen.

»Alter Schwede«, murmelte Frank, nachdem wir uns eine Zeit lang umgesehen hatten, »guck dir das an.«

Das Sortiment des »Magazin« war in der Tat erstaunlich. In riesigen Zweiliterplastikflaschen gab es billiges Bier, natürlich nicht gekühlt, außerdem große Streichhölzer, Sägen, Mehl, Lakritze, eingelegte Fische, Sauerkraut aus dem Fass, Backpulver, Fuchsfallen, gepökeltes Fleisch – alles kunterbunt gemischt.

Nur Holzkohle, Holzkohle gab es da keine. Denn die wird exportiert.

Auf einmal blieb Frank wie angewurzelt stehen.

»Ich fass es nicht«, hauchte er und wies in eine Ecke, in der neben einem kleinen Waschbecken ein museumsreifer Friseurstuhl stand.

In theatralischer Geste warf ich die Arme hoch und verdrehte die Augen, denn ich wusste, was nun kam: Sobald Frank nämlich in eine abgeschiedene Gegend kommt, hält er Ausschau nach einem alten Barber Shop mit antiken oder kuriosen Stühlen und schrägen Typen. Dann lässt er sich einseifen und rasieren – und jemand, der dabei ist, muss ihn währenddessen fotografieren. Und irgendwann mal möchte Frank in Berlin eine große Fotoausstellung machen, in der alle diese Bilder gezeigt werden. Das ist das schrägste Hobby, das ich kenne. Dagegen ist meines nur platzraubend: Ich sammle alte Traktoren, Lanz Bulldogs und Porsche Diesel. Das geht auch nur, weil ich auf dem Land wohne und zwei große Scheunen habe.

Frank betreibt sein Hobby mit ganzer Leidenschaft. In Wrangel, einer Kleinstadt in Alaska, in die sich nur selten ein Tourist verirrt, hatte er einen wunderschönen alten Barber Shop entdeckt – so, wie man sie aus den alten Wildwestfilmen kennt, und fast rechnete ich damit, dass im nächsten Moment ein Cowboy aus der Tür treten würde. Dumm war nur, dass Sonntag war und der Laden geschlossen hatte und dass dies unser letzter Tag in Wrangel war. Frank hat stundenlang nichts mehr geredet, weil er so sauer war. Aus lauter Frust ließ er sich am nächsten Tag am Flughafen von Anchorage in einem Hightechsalon von einem jungen Mädchen rasieren, das so gar nichts von einem schrägen Typen hatte.

Die Gegend rund um das Dorf war ein kleines Natur-Eldorado. Auf den Feldern hoppelten Hasen herum, und sobald man ein paar Schritte in ein Feld hineinging, strichen ganze Ketten von Rebhühnern auf. Unzählige Schmetterlinge schaukelten in der Luft, die Wiesen waren voll mit bunten Blumen: Kornrade, Kornblumen, Klatschmohn, Arnika, Fenchel, Margeriten, Wildorchideen und viele mehr. In einer steilen Wand, an der die Leute aus dem Dorf Lehm holten, wenn wieder mal eines der Häuser repariert werden musste, nistete sogar eine Kolonie der wunderschönen bunten Bienenfresser, die eigentlich in wärmeren Gefilden zu Hause sind. Wäre das Dorf nicht so marode und wären die Menschen nicht so ärmlich gekleidet, hätte man denken können, hier sei die Welt in Ordnung.

Diesen Eindruck vermittelte auch der Karpatenwald. Schon bei der Herfahrt war mir aufgefallen, dass Unmengen Fichten, Lärchen, aber auch Laubbäume im Wald liegen, die offensichtlich ein Sturm geknickt hatte. Diese Bäume bieten Insekten und Vögeln Unterschlupf und Nahrung. Welch ein Vergleich zu Deutschland, wo kaum ein Wald sich selbst überlassen wird und gestürzte Bäume sofort abtransportiert werden. Im Karpatenwald war noch richtig viel Leben.

Auf dem Rückweg zum Dorf kamen wir an einer halb verfallenen, riesigen Wehrkirche vorbei. Erbaut worden war sie im 15. oder 16. Jahrhundert von den Siebenbürger Sachsen, um den Menschen während der Türkenkämpfe Schutz zu bieten.

»Wisst ihr, wie Bram Stoker auf die Geschichte von Graf Dracula beziehungsweise darauf kam, dass man, um einen Vampir zu töten, ihm einen Holzpflock durchs Herz treiben müsse?«, fragte George.

Frank und ich schüttelten verneinend den Kopf.

»Nun, wenn die Menschen Türken gefangen genommen haben, haben sie kurzen Prozess gemacht und sie, so jedenfalls die Überlieferung, bei lebendigem Leib auf einen Eichenpfahl gespießt. Es gibt Niederschriften von Türken, die gesagt haben: ›Wir haben einige Gegenden in Europa kennengelernt, aber in den Karpaten sind wir auf den erbittertsten und härtesten Widerstand gestoßen und wurden unsere Mannen, wenn sie in Gefangenschaft gerieten, auf grausamste Weise zu Tode gequält.‹«

Ions Haus lag wie alle Jägerhäuser ein bisschen abseits am Dorfrand und war anhand des riesigen Hirschgeweihs über dem Türsturz leicht zu identifizieren.

George stellte uns vor und erzählte Ion, dass wir wegen der Bären hier seien.

»Wenn ihr Bären sehen wollt, ist das überhaupt kein Problem; die kann ich euch heute Nachmittag zeigen, so ab fünf Uhr«, schlug Ion vor, und wir dachten, der will uns auf den Arm nehmen. »Nein, nein, es gibt eine Stelle im Wald, da wurden Bären angefüttert, damit Ceaușescu und seine Jagdfreunde sie schießen konnten. Heutzutage kommt vielleicht noch einmal im Jahr ein Jäger, also ein Trophäenjäger. Aber ich füttere die Bären weiter. Wir möchten hier nämlich so etwas wie Ökotourismus aufbauen. Vielleicht könnt ihr mir dabei helfen, indem ihr das publik macht in Deutschland und in der Welt: dass man hier Bären beobachten kann.«

Das wollten wir uns natürlich ansehen, und so rumpelten wir, Frank, George und ich, am Nachmittag mit Ion in seinem alten Jeep ungefähr zehn Kilometer in den allerallertiefsten Karpatenwald hinein.

Immer wieder guckte der Jäger ganz nervös auf die Uhr und sagte: »Wir müssen uns beeilen, die Bären kommen gleich.«

»Ach, hör auf! Du willst es nur spannend machen.«

»Nein!«, rief Ion todernst. »Die kommen wirklich, aber ich muss erst das Futter verteilen. Wenn kein Futter da ist, kommen sie nicht.«

»Du veräppelst uns! Wenn du jetzt das Futter ausbringst, ist überall deine Witterung. Da kommen die Bären doch nicht!«

Ion zuckte mit den Schultern. »Ihr werdet ja sehen!«

In einem großen Tal stapften wir einen steilen Weg hoch, der sich in Serpentinen immer höher schraubte, marschierten über eine alte Holzbrücke in einen Buchen- und Fichtenhochwald und gelangten schließlich an eine große Lichtung. Frank und mir blieb vor Staunen der Mund offen stehen, denn so etwas Kurioses hatten wir schon lange nicht mehr gesehen. In der Mitte der Lichtung stand auf Pfählen eine Art Wochenendbungalow aus Holz, relativ groß, mit einem richtigen Dach samt Schornstein. Auf der einen Seite führte eine Treppe die gut zwei Meter zum Eingang hoch.

Das war das eine. Das andere waren vier große Futtertröge aus Metall, die auf ungefähr anderthalb Meter hohen Metallfüßen ruhten und mit einer Klappe versehen waren, und, von uns aus gesehen am anderen Ende der Wiese, eine Art großes Reck. Dieses seltsame Gebilde aus Stahlrohren war etwa sechs Meter hoch und hatte zwei Querstangen. Am oberen Holm war eine große Metallrolle befestigt, über die ein Stahlkabel lief, das man über eine Kurbelwinde bedienen konnte. An dem Kabel war ein Haken, und an dem Haken hing knapp vier Meter über dem Boden ein Sack mit irgendwas drin. Das massive Gestell mit seinen in den Boden einbetonierten Füßen und die Tröge wirkten äußerst robust. Das Kurioseste an der ganzen Sache aber war, dass rechts und links an den Querstangen des Recks weiße Markierungen und Höhenangaben angebracht waren.

»Was ist denn das?«, fragte ich, als ich meine Stimme wiederfand.

»Daran haben früher die Jäger und die Jagdgäste ablesen können, wie groß die Bären waren«, erläuterte Ion. »Mehrere Tage vor einer Jagd legte man ein totes Pferd, einen Esel oder ein anderes Tier unten auf die Erde, damit der Bär sich daran gewöhnen konnte. Natürlich war es festgebunden, damit es nicht weggezogen werden konnte. Am Tag der Jagd, oder einen Tag vorher, wurde der Kadaver hochgekurbelt, und zwar so hoch, dass sich der Bär aufrichten musste, um an die Beute ranzukommen. Dann konnte man sehen, wie groß der Bär war. Das funktionierte selbst in der Dämmerung oder im Dunkeln, also dann, wenn die alten, großen Bären mit Vorliebe auf Futtersuche gehen, weil die weiße Farbe auf den rostbraunen Stahlrohren gut zu sehen ist.«

»Der Bär, also seine Aufstellgröße, wurde praktisch bei lebendigem Leib vermessen«, warf ich ein.

»Ja, und dann konnte der Jagdgast entscheiden, ob er das Tier schießen wollte oder nicht. Wenn Ceaușescu kam, musste natürlich vorher feststehen, wie groß der Bär war. Denn unter drei Meter kam der große Chef nicht, dann überließ er den Bären Parteifreunden oder zahlenden Jagdgästen aus dem Ausland.«

»Gibt oder gab es solche Vorrichtungen auch woanders in Rumänien?«, wollte Frank wissen.

»Ja, das war die gängige Methode, um starke Trophäenbären zu erlegen. Denn wenn sie da schön aufgerichtet standen, brauchte man ja nur noch abzudrücken. Unter manchen dieser Gestelle war auf Ceaușescus Befehl hin sogar eine Waage in der Erde eingegraben worden, sodass sich der Bär vorher wog. Keine Ahnung, ob das funktioniert hat, denn auf einer Waage ist es ja ein bisschen wackelig. Jetzt muss ich aber wirklich Gas geben!«, rief Ion nach einem Blick auf seine Uhr und rannte zu der Jagdhütte, in der er offenbar das Futter aufbewahrte.

Wir folgten ihm die Stufen hinauf und in den ersten Raum rechts, gleich hinter der Tür. Das heißt, ich prallte zunächst gegen Frank, der im Türrahmen abrupt stehen geblieben war.

»Ich fass es nicht! Schau dir das an, Andreas! Schokoladenplätzchen! Und Zwieback! Schau mal hier, Kokosmakronen, und da, Russisch Brot! Der ganze Raum ist voller Leckereien!«

Ion griff sich eine Schaufel und füllte vier Eimer mit dem Zeug. Zwei davon drückte er mir in die Hände.

»Los! Wir müssen uns beeilen.«

»Kumpel, dreh das«, rief ich Frank über die Schulter zu, während ich die Treppe hinunterhastete, »das glaubt uns sonst keiner, dass es so etwas gibt. Das ist wie in einem schlechten Film, wo einer sich eine spinnerte Geschichte ausdenkt.«

Ion und ich liefen über die Waldlichtung und füllten die vier Tröge mit dem Naschwerk.

»Was ist eigentlich da drin?«, fragte ich und deutete auf den Sack an dem Reck.

»Auch Plätzchen und Schokolade. Es war aber schon länger kein Bär mehr da, der sich weit genug hätte strecken können, um den Sack aufzureißen.« Wieder guckte er nervös auf die Uhr. »Jetzt weg, weg, weg hier, gleich kommt der Bär.«

Wir liefen zurück ins Jagdhaus, das Frank und ich uns nun erst einmal genauer anschauten. Der erste Raum rechts ist, wie gesagt, der Futterraum, danach kommt eine Toilette mit einer Dusche, und geradeaus geht es in den eigentlichen Jagdraum: zwei Bänke auf jeder Seite, in der Mitte ein großer Tisch, vorn eine doppelt verglaste Fensterfront. Links von der Eingangstür gibt es einen Raum mit einem Doppel- und einem Einzelbett.

»Warum steht denn da ein Doppelbett?«, wollte Frank irritiert wissen.

»Für den Fall, dass einer die Freundin, Geliebte oder irgendeine Hure mitbringt. Dann können die hier ungestört ihr Ding machen.«

»Und du liegst daneben in dem Einzelbett?«, platzte Frank heraus.

»Nein, ich sitze am Fenster und gucke, wann der Bär kommt. Und wenn er da ist, wecke ich den Jagdgast – oder sage: Hey, hör mal kurz auf, der Bär ist gekommen.« Lachend klatscht Ion in die Hände.

Etwas Absurderes kann man sich eigentlich nicht vorstellen. Am Fenster des Jagdraums hängen Gardinen und schwere Vorhänge, sodass man sogar Licht machen kann, ohne dass es von draußen gesehen wird. An der rechten Wand klebt ein großes Poster, das einen Bären in vier verschiedenen Positionen zeigt: aufgerichtet, von der Seite, von vorn und von hinten. Eine rote Markierung gibt an, auf welche Punkte man zielen muss, um den Bären tödlich zu treffen. Und die meiste Angriffsfläche bietet ein Bär natürlich in dem Moment, wo er aufgerichtet an der Stellage steht und sich nach dem toten Pferd oder dem Plätzchensack streckt.

»Das ist nicht gerade sehr sportlich«, hielt ich Ion vor und deutete auf das letzte Bild auf dem Poster. »Du bist doch Berufsjäger. Hast du kein Problem damit?«

»Na ja, sportlich ist es wirklich nicht. Aber viele Jäger wollen halt einen Bären schießen, und dafür gibt es gutes Geld. Und von irgendwas müssen wir ja leben. Außerdem war es hier schon immer so.« Während unseres Gesprächs schaute Ion immer wieder auf die Uhr und machte sich Notizen in einem Taschenkalender. »Jetzt muss es jeden Moment so weit sein. Eigentlich ist er schon fünf Minuten überfällig.«

Genau in dem Moment tauchte am Waldrand ein kleiner Bär auf, ein junger Braunbär, schätzungsweise dreijährig, also das erste Jahr von der Mutter weg und auf sich allein gestellt, schaute weder rechts noch links, sondern rannte schnurstracks auf die Waldlichtung. Ein Sprung, wie ein Affe – *zack!* –, hoch auf einen Futtertrog, mit einer Pfote die Klappe aufgemacht, reingeguckt – Was gibt es denn heute? Ach, schon wieder Schokoplätzchen und altes Russisch Brot. Sofort fing er zu fressen an. Hin und wieder hob er mal den Kopf und schaute sich um, aber keineswegs beunruhigt, eher neugierig, als wäre es das Normalste auf der Welt, mitten im Wald auf solche Leckereien zu stoßen. Für ihn war es das vermutlich auch, was Ion gewissermaßen bestätigte.

»Siehst du«, sagte er nämlich, »dieser Bär hat die ganze Zeit schon, vielleicht nur 20 Meter von uns entfernt, in den Büschen gesessen und darauf gewartet, dass wir das Ding befüllen und uns zurückziehen.«

Ich wollte es nicht glauben. Nach vielleicht 20 Minuten kam ein zweiter Bär, lief zu einem anderen Futtertrog, weil auf dem einen ja noch der kleine Affe saß, der mittlerweile aber langsamer fraß. Und dann erschien ein dritter Bär! Der suchte erst ein bisschen herum, jagte den kleinen Bären davon, schnupperte an dem Trog, lief dann zum nächsten und fing da zu fressen an.

Ion machte sich derweil weiter eifrig Notizen, schaute immer wieder durch sein Fernglas, erweckte fast den Eindruck, als sei er ein Biologe, der ein ganz wichtiges Verhalten notiert. Das lag wohl an unseren Kameras, denn er hatte sich für uns richtig in Schale geworfen: Er trug seine Forstuniform, einen Uniformhut und hatte natürlich sein Gewehr dabei.

»Diese Hütte würde sich doch phantastisch für den Ökotourismus eignen, oder meint ihr nicht?«, fragte Ion. Und dem war tatsächlich so.

Mittlerweile wurde es ziemlich dunkel, sodass wir den Lichtverstärker in den Kameras einschalten mussten. Mit einem solchen Gain gelingen selbst bei schlechtem Licht scharfe – allerdings körnige – Bilder. Ich glaubte meinen Augen nicht trauen zu können, als ein weiterer Bär – der vierte! – auftauchte. Es war ein ziemlich großer, schon älterer Kerl, den das Leben gelehrt hatte, misstrauisch zu sein. Wahrscheinlich war mit ihm nicht gut Kirschen essen, denn die anderen drei räumten bei seinem Erscheinen sofort das Feld und verzogen sich zwischen die Bäume. Vom Waldrand aus inspizierte er die Lichtung, tapste ein paar Schritte vor, nahm erneut Witterung. Während des Fressens behielt er ständig die Umgebung im Auge, war höchst wachsam. Als die Tröge leer waren, versuchte er an den Sack ranzukommen. Etliche Male stellte er sich auf die Hinterbeine und reckte seine Pranken nach oben, stützte sich teilweise am Gestänge ab, fand dort aber keinen Halt und rutschte ab. Irgendwann gab er auf, schaukelte noch ein bisschen hin und her und trollte sich schließlich zurück in den Wald.

Die ganze Zeit über hatten wir die Fensterscheibe, die sich geräuschlos nach innen aufklappen lässt, geschlossen gelassen, damit der alte Petz nur ja keine Witterung von uns bekam. Für die Jäger von früher war dieses Fenster eine tolle Sache: Man konnte warten, bis der Bär durch das Fressen abgelenkt war, dann die Scheibe aufklappen, zielen und schießen. Da selbst ein Tier mit so sensibler Nase wie der Bär nicht innerhalb weniger Sekunden eine Witterung über eine Distanz von 100 Metern aufnehmen kann, hatten die Jäger gute Chancen auf einen Treffer.

»Mit Jagd hat das ja nun gar nichts zu tun, das ist dekadente Luxustötung«, schüttelte Frank missbilligend den Kopf.

»Mich erinnert das Ganze an einen Schlachtplatz, vor allem mit diesem komischen Galgen da hinten, auch wenn da nicht der Bär, sondern der Köder dranhängt«, stimmte ich zu.

»Fehlt eigentlich nur noch ein ferngesteuertes Gewehr, sodass man von zu Hause, vom Bildschirm aus, den Bären erlegen kann und gar nicht mehr in den Wald zu gehen braucht«, brummte mein Kumpel. »Das ist wirklich abartig.«

»Ja, andererseits hat es solche Auswüchse in der Jagd schon immer gegeben, zum Beispiel im Barock das Fuchsprellen. Kennst du das?« Frank schüttelte den Kopf. »Dabei hielten mehrere Leute ein riesiges Tuch, auf dem ein Fuchs lag. Durch gleichzeitiges Reißen am Tuch wurde der Fuchs in die Luft geschleudert, überschlug sich, hatte natürlich Todesangst, schnitt Grimassen und bepinkelte sich. Und der Adel stand drumherum und applaudierte.

Oder nimm die Lappjagden. Dabei wurden zunächst riesige Gebiete mit Seilen, an denen Stoffstreifen, also Lappen, hingen, quasi umzäunt. Nach und nach wurde der Kreis immer enger gezogen und wurden die Tiere, die vor den flatternden Lappen zurückschreckten, in große Pferche getrieben. Am einen Ende der Pferche gab es einen Durchlass in so eine Art Arena, und da stand der Adel und hat unter dem Applaus der Hofdamen auf kürzeste Entfernung einen Hirsch oder Keiler geschossen. Aus dieser Zeit stammt übrigens der Ausdruck ›durch die Lappen gehen‹.«

»Ihr Jäger seid doch ein perverses Volk«, stellte Frank fest.

»Hey, Moment mal, du kannst uns nicht alle über einen Kamm scheren. Das Fuchsprellen muss man im historischen Kontext sehen, womit ich es in keiner Weise verteidigen will, aber vielen Menschen erging es damals weit schlimmer. Denk nur mal an die schlimmen Folterungen zur Zeit der Hexenverfolgungen. Und unter solchen Voraussetzungen wie hier würde ich nicht jagen wollen. Speziell in Deutschland ist die Jagd heutzutage ökologisch ausgerichtet. Da schießen wir in erster Linie alte, kranke und schwache Tiere und sorgen dafür, dass der Bestand nicht zu stark ansteigt. Die Trophäenjagd steht gar nicht mehr so im Vordergrund. Da hat sich die Einstellung der Jäger in den letzten ungefähr 20 Jahren ziemlich geändert. Aber die Jagdleidenschaft ist natürlich geblieben.«

»Wie viele Bären leben in deinem Revier, und wie groß ist es überhaupt?«, fragte ich Ion auf dem Rückweg.

»Das Revier umfasst etwa 10 000 Hektar Karpatenwald, und ich schätze, dass so 50 Bären darin leben. In manche Gegenden komme ich nur alle zwei Jahre mal, weil mein klappriger Jeep es gar nicht öfter schaffen würde. Die werden im Grunde von meinen Kollegen aus angrenzenden Revieren mitbetreut.«

»Wie oft siehst du denn einen Bären, von den vieren an dieser Futterstelle mal abgesehen?«, wollte Frank wissen.

»Puh, du stellst Fragen. Alle paar Tage?«, überlegte er, weil es für ihn so normal ist, dass er bislang wahrscheinlich noch nie darüber nachgedacht hat. So, wie wenn man in einer Großstadt jemanden fragte, wie oft er ein Polizeiauto fahren sieht. »Ja, ich schätze mal, so alle fünf, sechs Tage. Aber Trittsiegel, Kratz- und Fraßspuren finde ich täglich. Jedes Jahr werden in meinem Gebiet ungefähr 20 Schafe von Bären gerissen. Und seit der Autoverkehr rundherum zunimmt, wird hin und wieder, so alle zwei Jahre, ein Braunbär überfahren.«

»Und Wölfe?«

»Die sind viel scheuer. Um die zu sehen, muss man ein Stück tiefer in die Berge hinein, wo so gut wie nie jemand hinkommt, nicht einmal die Schafhirten.«

Ion, den Frank und ich unter uns »den großen Futtermeister« nannten, wusste genau, wo man Ausschau halten musste, weil er nämlich auch Wölfe angefüttert hat. Tiere anfüttern und sie dann beobachten ist seine große Leidenschaft – ein ziemlich schräges Hobby für einen Jäger. An seinem Haus hingen denn auch überall Vogelhäuschen, an denen sich selbst im Sommer Distelfinken, Kernbeißer und Fichtenkreuzschnäbel ihr Futter holten.

Am nächsten Tag führte mich Ion zu seinem »Wolfsplatz«. Der verschnupfte Frank war im Dorf geblieben, denn ein ständig niesender, schniefender Begleiter war das Letzte, was ich beim Ansitzen auf die extrem scheuen Tiere gebrauchen konnte. Ion und ich schleppten abwechselnd einen rund 16 Kilogramm schweren, nicht mehr ganz frischen Rehbock, den der Jäger zwei Tage zuvor in einer Schlinge – Wilderei ist im armen Rumänien weit verbreitet – gefunden hatte. Vor Ort erneuerten wir Ions Versteck aus Blättern und Zweigen neben einer etwas krüppelig gewachsenen Buche, dann machte sich Ion wieder auf den Weg, und Cita und ich harrten der Dinge beziehungsweise der Wölfe.

Nach fast zehn Stunden, in denen sich kein einziger Wolf hatte blicken lassen, kam uns Ion abholen. Mit steifen Beinen vom langen Sitzen stolperte ich hinter ihm her ins Dorf zurück. Am nächsten Morgen startete ich einen zweiten Versuch. Nach vier Stunden des Wartens zeigte sich eine einzelne ältere Wölfin, schnupperte kurz an dem Rehbock und wich zurück. Offensichtlich gab der Kadaver noch menschliche Witterung ab, denn mich oder Cita konnte sie nicht riechen, da der Wind auf uns zu stand.

Cita, die zum Beispiel an frischen Bärenspuren total interessiert war und sich nur mit Mühe davon abhalten ließ, sie zu verfolgen, zeigte beim Auftauchen der Wölfin ein ganz ähnliches Verhalten wie bei der Begegnung mit Wölfen in Alaska. Man müsste meinen, ein domestizierter Hund spürt die Verwandtschaft zu diesen Tieren und dass das seine Neugier weckt, aber ganz im Gegenteil: Cita verhielt sich völlig ruhig, reckte nur die Nase hoch und witterte. Ich hatte sogar den Eindruck, dass ihr die Nähe der Wölfin bedrohlich erschien, zumindest aber unangenehm war.

Es dauerte nicht lange, dann näherten sich zwei jüngere Wölfe dem Köder. Die rochen ebenfalls, dass da was nicht stimmte, waren allerdings nicht ganz so misstrauisch – jedoch vorsichtig genug, um den Bock erst einmal tiefer in den Wald hineinzuziehen. Lautlos fluchte ich in mich hinein, denn trotz meines größten Teleobjektivs sah ich nur undeutlich, wie sich die drei

Wölfe ziemlich gierig über den Rehbock hermachten. Innerhalb von 20 Minuten vertilgten sie den Kadaver, lediglich den Kopf mit dem Gehörn und die Läufe ließen sie übrig.

Enttäuscht wanderte ich eine halbe Stunde später mit Cita zurück ins Dorf.

»Das war's wohl mit Wölfen«, sagte ich zu ihr. »Dass die auch so verdammt scheu sein müssen!«

Verständlich war das natürlich, denn das als »böse« verschriene Tier wurde seit Menschengedenken gnadenlos gejagt. Heutzutage findet man lediglich in wenigen Gebieten Russlands, Kanadas und Alaskas große Bestände dieses Tieres, das ursprünglich in ganz Europa, in Arabien, in Indien und Japan sowie in Nordamerika von Alaska bis nach Mexiko verbreitet war. Nicht allein die Verfolgung durch den Menschen dezimierte den Wolf derart, dass er in der Roten Liste als »gefährdet« geführt wird. Auch wurden und werden – wie es bei allen gefährdeten Tierarten der Fall ist – seine Lebensräume vernichtet, und so findet er immer weniger natürliche Beutetiere.

Wölfe sind, wie die neuere Forschung zeigt, alles andere als »blutrünstige Bestien«. Es gibt seit vielen Jahrzehnten keinen einzigen verbürgten Bericht, dass Wölfe einen Menschen getötet hätten, wie in alten Schauergeschichten immer wieder behauptet wurde. Und nur in seltenen Fällen vergreift sich der Wolf, der normalerweise die Nähe zum Menschen meidet, an Haus- oder Nutztieren, da er sich selbst in Notzeiten eher an kleinere Säugetiere oder Aas hält. Vielmehr ist der Wolf ein wichtiges Regulativ in der Natur, denn obwohl er durchaus gesunde und kräftige Tiere reißen kann, hält er sich vorwiegend an ältere und kranke. Nicht zuletzt dieser Erkenntnis ist zu verdanken, dass inzwischen etliche Länder große Anstrengungen unternehmen, um den Wolf der einheimischen Tierwelt zu erhalten.

Auch untereinander verhalten sich die Tiere keineswegs so aggressiv, wie lange behauptet und geglaubt wurde. Zwar herrscht in einem Wolfsrudel eine strenge Rangordnung, doch Kämpfe untereinander sind eher selten, und der Umgang miteinander

ist sogar ausgesprochen freundlich. Außerdem hält ein Wolfsrudel in jeder Situation fest zusammen – was man von Menschen
nur selten behaupten kann.

Erst gegen Mittag des nächsten Tages kamen Frank und ich los,
weil sich das ganze Dorf von uns verabschieden wollte. Der Weg,
der auf der anderen Seite aus dem Dorf hinausführte, war weit
besser als der, den wir gekommen waren.

»Wenigstens haben wir uns nicht ein weiteres Mal blamiert«,
kommentierte Frank trocken, als wir wieder Asphalt unter den
Reifen hatten.

»Stecken geblieben bin ich nur, weil du, Frank, die ja eigentlich sehr schöne Idee hattest, auszusteigen und zu filmen, wie
ich in das Dorf hineinfahre, und ich blöderweise genau an der
Stelle gehalten hab, wo der Matsch am dicksten und am tiefsten
und am schmierigsten war, und wenn so ein schwerer Wagen
einmal steht, dann tut er mit *der* Bereifung halt nicht mehr viel.«

»Ist ja gut, ist ja gut«, winkte Frank lachend ab.

Eine Weile fuhren wir schweigend dahin, während jeder seinen Gedanken nachhing.

»Hast du die riesige ausgestopfte Eule in Ions guter Stube gesehen?«, brach Frank schließlich das Schweigen. »Ich finde diese
Vögel richtig knuffig.«

»Mhm, genauer gesagt war es ein Uhu, eine Gattung innerhalb der Eulenfamilie.«

»Aha, und woher weißt du das? Vögel sind doch eigentlich gar
nicht dein Thema.«

»Uhus schon. Ihr großer Bestand in der Eifel war einer der
Gründe, warum ich als junger Mann dorthin zog. Und ob du es
glaubst oder nicht: Ich hatte damals sogar einen zahmen Uhu.«

»Was? *Uhus* waren ein Grund, dass du in der Eifel gelandet
bist? Und du hattest einen *zahmen*? Wann war das? Erzähl mal!«

»1982. Damals packte ich alles, was ich besaß, in meinen alten,
in Nato-Tarnfarben angestrichenen Käfer: Bücher, ein Fernglas,
zwei Gewehre, ein paar Klamotten, meine Fotoausrüstung – ich

hatte damals als einer der wenigen ein großes Teleobjektiv, ein 500er Novoflex, das war der absolute Knaller. Kobold, so hieß mein Uhu, nahm seinen Lieblingsplatz auf der Rückenlehne des Beifahrersitzes meines alten Käfers ein. Damals gab es ja noch keine Kopfstützen, und so konnte er während der Fahrt die Landschaft beobachten. Die Gummistiefel und die Wintersachen, die ich für die Jagd brauchte, transportierte ich in einer Holzkiste auf dem Dachgepäckträger. Aus dem Käfer mit seinen 40 PS waren maximal 120 Stundenkilometer Höchstgeschwindigkeit herauszuholen, aber schon wegen der Kiste auf dem Dach konnte ich nicht so schnell fahren, außerdem schneite es, meine Winterreifen hatten kaum mehr Profil, und weil ich extrem knapp bei Kasse war, musste ich Benzin sparen. Also fuhr ich selbst auf der Autobahn mit höchstens 80 Stundenkilometern dahin. Die Leute, die mich überholten – und das waren ziemlich viele, wie du dir vorstellen kannst – und dabei mal kurz herüberschauten, um das seltsam bemalte Gefährt zu mustern, bekamen immer ganz große Augen, wenn sie Kobold entdeckten. Nur die Lkw-Fahrer guckten recht böse, wenn sie mich überholen mussten. Aber das kümmerte mich wenig, es war eine entspannte Zeit, ich war ein entspannter Mensch.

Kobold stammte übrigens aus einer Volierenzüchtung. Als ich ihn bekommen hatte, war er gerade mal acht Tage alt, und als er das erste Mal die Augen öffnete, war das Erste, was er sah, ich.«

»Ah, verstehe, worauf du hinauswillst«, warf Frank ein. »Konrad Lorenz' Erkenntnis: Das erste Lebewesen, das ein Vogel sieht, identifiziert er als seine Art, und das hält ein Leben lang an und ist nicht mehr änderbar. Kobold hat sich ein Leben lang nie als Uhu, sondern immer als Mensch gesehen. Richtig?«

»Ja. Und da ich ihn auch fütterte, war ich in seinen Augen Mutter und Vater. Nachts schlief er in der kleinen Kammer, die ich damals bewohnte, auf der Bettkante. Das Zimmer sah bald fürchterlich aus, weil Kobold unheimlich viel Dreck machte. Sobald er sich zu mausern begann, flog überall das Dunengefieder herum. Als er ausgewachsen war, waren seine Fänge so groß wie die eines Adlers, größer als meine Hand, mit riesigen, dolchartigen Klauen, und seine Flügelspannweite betrug 1,30 Meter. Kobold war ein Weibchen und hat auch mehrmals Eier gelegt, die jedoch nicht befruchtet waren.

In der Eifel dann baute ich für Kobold hinter dem Forsthaus eine große Voliere, die immer offen stand, sodass er jederzeit ein und aus fliegen konnte, die ihm aber Schutz bot, wenn ihm danach war. Manchmal entfernte sich Kobold nämlich ziemlich weit, wurde dann schon mal von Eichelhähern oder anderen Vögeln attackiert und war dann, wenn er völlig entnervt zurückkam, froh, sich in seine Voliere flüchten zu können. Bei einem seiner Ausflüge ins Nachbardorf sollte ihm, wie so vielen seiner Artgenossen, einige Zeit später eine Stromleitung zum Verhängnis werden.«

»Andere Vögel greifen einen so großen Vogel wie einen Uhu an?«, unterbrach mich Frank überrascht.

»Ja, aber nur, wenn er tagsüber unterwegs ist. Das Besondere und völlig Untypische an Kobold war halt, dass er, wahrscheinlich bedingt durch seine Prägung auf mich, sehr tagaktiv war und das Licht nicht scheute. Ich habe mit Kobold sogar gebeizt, trug ihn also wie einen Jagdfalken auf meiner behandschuhten Hand, und wenn ich einen Hasen oder ein Kaninchen entdeckte, warf ich ihn hoch und er jagte los. Falls ich ihn mal aus dem Auge verlor, konnte ich ihn immer noch anhand seines Glöckchens ausmachen. Wenn sich Kobolds gewaltige Fänge in das Beutetier schlugen, war das Tier nicht unbedingt gleich tot, aber es fiel in eine Art Schockstarre. Dann musste ich es mit einem Messer ›abfangen‹. Ich lockte Kobold mit einem Stück Fleisch zurück auf meine Hand, stülpte ihm aber keine Kappe über den Kopf und ließ seine Beute im Rucksack verschwinden.

Kobold war ein ausgesprochen guter Beizvogel, der an manchen Tagen fünf, sechs Kaninchen schlug. Das sprach sich bald herum, und so wurde ich des Öfteren vom Krankenhaus gebeten, mit Kobold der Kaninchenplage dort zu Leibe zu rücken. Denn rund um ein Krankenhaus darf nicht geschossen werden, und das Aufstellen, Bestücken und Abgehen von Fallen war mühselig und zeigte nicht die gewünschte Wirkung. Für mich war das jedes Mal ein schöner Auftrag, denn die Schwesternschülerinnen ließen es sich nicht nehmen, dem jungen Revierförster und seinem Uhu bei der Arbeit zuzusehen, woraus sich die ein oder andere nähere Bekanntschaft ergab.

»Hm«, schmunzelte Frank, »das glaub ich dir gern.«

»Es gab aber auch weniger erfreuliche Begegnungen zwischen Kobold und den Eifelern. Uhus haben nämlich eine Aversion gegenüber Füchsen, Mardern, Wieseln und – kleinen Hunden. Das kommt daher, dass ihre Eier und ihre Jungen leicht Beute dieser Tiere werden können. Der Instinkt, ihre Nachkommenschaft zu hüten, schlägt auch dann durch, wenn sie überhaupt keine haben. Eines Tages nun griff Kobold, als er allein unterwegs war, einen Zwergdackel an und wollte mit ihm wegfliegen. Der Dackel hing jedoch an einer Leine, und sein Frauchen schlug mit ihrem Regenschirm so lange auf Kobold ein, bis der schließlich aufgab. Eine Viertelstunde später klingelte mein Telefon. Die Hundebesitzerin war außer sich, der Dackel hatte einen Schock, war schwer verletzt und musste, was sich allerdings erst später herausstellte, lange behandelt werden, da sich seine Wunden entzündeten. Zu allem Unglück war Frauchen nicht irgendwer, sondern die Frau des Bürgermeisters.«

»Ach du Sch...«, entfuhr es Frank.

»Genau. Die Frau war aber nicht die Einzige, die ein Problem mit Kobold hatte. Bei einigen Menschen rief er, wie viele nachtaktive Tiere, die zudem noch schaurige Laute von sich geben, eine Art Urangst hervor. Da spielte ein alter, in ganz Europa verbreiteter Aberglaube eine Rolle: Zum Beispiel galt die Eule über Jahrhunderte als ›Hexenvogel‹, der den Hexen Botendienste leistete, was zum Beispiel Joanne K. Rowling in ihren bekannten Harry-Potter-Romanen verarbeitet hat. In Italien glaubte man, dass der Blick einer Eule töten könne. Und war eine Eule bei Tag zu sehen und gar ihr Ruf zu hören, kündete das von einer drohenden Seuche oder einer Feuersbrunst.

Auch sah man Eulenvögel bis ins 20. Jahrhundert hinein als Jagd- und Nahrungskonkurrenten, obwohl über 80 Prozent ihrer Beute kleine Nagetiere sind und sie sich selten ein junges Kaninchen, einen kleinen Fuchs oder ein Rehkitz greifen. Daher hat man sie intensiv gejagt und ›ausgehorstet‹ – also Jungvögel aus dem Nest geklaut – und war die Art bereits Ende der 30er-Jahre in weiten Gebieten Mittel- und Westeuropas stark bedroht. Hinzu kam in den Nachkriegsjahren die Ausbringung verschiedener Insekten- und Pflanzenschutzmittel, die sich in der Nahrungskette anreichern: Kleinvögel fressen vergiftete Insekten, größere Vögel fressen wiederum die Kleinvögel und so weiter und so fort. Nicht nur, dass sich das Gift bei den Tieren, die am Ende der Nahrungskette stehen, immer weiter anreichert, es führt auch zu Unfruchtbarkeit. Klassische Beispiele für betroffene Vogelarten sind der Seeadler, der Steinadler, der Wanderfalke, der Sperber oder der Habicht.

Das Aushorsten übrigens diente auch der Hüttenjagd, einer heute verbotenen Form der Jagd, die in meiner ersten Zeit in der Eifel noch praktiziert wurde. Dabei wurde eine Eule oder ein Uhu tagsüber auf einem frei auf einem Feld stehenden Pflock angebunden. Das offene, deckungslose Gelände, sprich der fremde Lebensraum, und die ungewohnte Tageszeit machten die Vögel regelrecht hilflos, denn normalerweise drückt sich der Uhu tagsüber in eine Felsspalte oder versteckt sich in einer Felsen- oder Baumhöhle. Und das zog seine Feinde an, die üblicherweise nachts von ihm geschlagen werden: tagaktive Greifvögel, etwa Bussarde, Habichte oder Falken, und sogenannte Schadvögel, wie zum Beispiel Rabenkrähen, Elstern und alle möglichen Arten von Krähen. All diese Vögel reagieren tagsüber sehr aggressiv auf Uhus und Eulen und ›hassen‹ sie. Sobald der Uhu angebunden war, verbarg der Jäger sich in etwa 30 Meter Entfernung in einer Erdhütte, um die Schadvögel zu schießen, sobald diese auf den Uhu niederstießen. Tauchte hingegen ein Bussard oder Habicht auf, zeigte sich der Jäger, sodass diese Vögel flüchteten. Obwohl nicht direkt auf den angepflockten Uhu geschossen wurde, bekam er doch hin und wieder etwas von dem Schrot ab, sodass ihm kein langes Leben beschieden war und die Hüttenjagd ständig Nachschub an Jungvögeln brauchte.

Ein Kollege von mir, ein sehr erfahrener Jäger und Förster, damals bereits über 80 Jahre alt, setzte sogar seinen Uhu Bucki, der damals auch schon zig Jahre auf dem Buckel hatte, bei der Hüttenjagd ein. Aber Bucki, der aus langer Erfahrung wusste, was auf ihn zukam, nahm es recht gelassen. Wildmeister Kurt sah man regelrecht an, dass er seit Jahrzehnten mit Bucki zusammen war. Klein und rund, hatte er einen fast ebenso runden Kopf wie sein Uhu, selbst mit über 80 Jahren noch riesige Augen, und die fluseligen Haarbüschel über den Ohren erinnerten stark an die Federohren eines Uhus.

Der Uhu ist im Übrigen ein sehr anpassungsfähiges Tier. In den Weinbergen der Ahr zum Beispiel hat er sich auf die dort weit verbreiteten Kaninchen spezialisiert. Und da die Region sehr felsig ist und es dort außerdem viele Ruinen gibt, finden die Felsenbrüter reichlich geeignete Nistplätze. Bei der Wahl ihrer Nistplätze sind Uhus allerdings ohnehin Opportunisten. Einmal filmte ich ein Uhupaar in einem Zementwerk und parallel dazu eines in einem ehemaligen Steinbruch. Überraschenderweise finden die Uhus eher in einem Zementwerk ein ruhiges, abgeschiedenes Plätzchen als in einem Steinbruch, wo ständig Naturgruppen einfallen, wo es unzählige Lehrwanderungen gibt, wegen der dort seltenen Steinbrechgewächse oder weil die Beschaffenheit der Steine eine besondere ist.

Das Nest im Zementwerk war ziemlich versteckt und lag nur knapp 100 Meter von einer Eisenbahnlinie entfernt. Als die jungen Uhus im Alter von etwa zehn Wochen die ersten Male ausflogen, landeten sie regelmäßig auf der Bahntrasse, da sie eine wunderbare Flugschneise war. Eines Tages, als ich zu meinem Beobachtungsposten kam, lag ein junger Uhu überfahren neben dem Geleis und ein zweiter saß daneben. Ich stürmte sofort los, um den zweiten einzufangen. Der wehrte sich jedoch erbittert gegen seine Rettung. Auf einmal sah ich über mir einen Schatten, und im nächsten Moment verspürte ich einen scharfen Schmerz im Gesicht und dass mir Blut von der Stirn lief. Einer der Altvögel hatte mich angegriffen, um seinem Jungen zu Hilfe zu kommen.«

»Du hast also schon Uhus gefilmt?«, fragte Frank erstaunt.

»Ja, und mache es bis heute immer wieder mal. Aber das ist recht aufwendig. Ich tat mich dazu auch mal mit Naturschutzbeauftragten zusammen, die die Horste genau kannten. Wir zogen schon im Frühjahr los, um die Vögel zu ›verhören‹, das heißt: ihren Standort zu bestätigen. Uhus sind Einzelgänger, die in zum Teil relativ großen Gebieten, oft auch in abgelegenen, beinahe unzugänglichen Felsentälern leben und sich nur zur Paarungszeit zusammenfinden.

Für manche Filmsequenzen musste ich mich erst einmal 20, 25 Meter an Felswänden abseilen, um in Horstnähe zu kommen und da mein Versteck aufzubauen. Und da ich kein geübter Kletterer bin, ging ich mehrmals knapp an einem Absturz vorbei. Zum Abseilen der Kameraausrüstung brauchte ich zudem oft einen Helfer. Der ganze Aufwand nur, um an den Horsten spektakuläre Aufnahmen zu drehen, etwa wie in den Abendstunden die Eltern das erste Mal zum Horst zurückkehren und den Jungen Beute bringen. Oft ist es nämlich so, dass die Altvögel tagsüber nicht im Horst sind, damit der verlassen wirkt, während sich die Kleinen ganz flach machen und still verhalten, um nicht von tagaktiven Vögeln ›gehasst‹ zu werden.

Uhus bauen im Übrigen selbst keine Nester, sie übernehmen einen alten Greifvogelhorst oder kratzen einfach eine kleine Bodenvertiefung in einer Felsnische und legen ihre Eier da hinein – ohne Gras, Federn oder sonstiges Polstermaterial; die Eier liegen auf der blanken Erde, werden regelmäßig gedreht. Sie haben ungefähr die Größe eines Hühnereis im XL-Format, sind aber kugelrund. Die Brutzeit beträgt etwa 35 Tage. Die Jungen sind die ersten Tage blind und Nesthocker, könnten sich also nicht selbst durchschlagen wie Enten- oder Hühnerküken, die zwar geführt werden, sich ihr Futter aber vom ersten Tag an selbst suchen.

Ich habe regelmäßig Ornithologen in der Eifel, im Hunsrück und an der Mosel begleitet, die Junguhus ›wiedereinbürgerten‹. Eine in Gebieten mit ausreichend Beutetieren sehr beliebte Methode dazu war, einem Uhupaar, das nur einen Jungvogel zu betreuen hatte, einen gleichaltrigen aus einer Volierenzucht – aus einem Zoo oder von einem Privatzüchter – mit ins Nest zu setzen. Eine andere Methode war, flüggen Jungvögeln Beutetiere in die Voliere zu setzen, sodass sie in sicherer Umgebung das Beutemachen lernen konnten, bevor man sie in die Freiheit entließ. Oder man setzte Uhus in geeigneten Biotopen aus, wo sie eine gewisse Zeit regelmäßig weitergefüttert wurden, da sie ja ohnehin an den Menschen gewöhnt waren, sich aber genauso gut selbst ihre Beute schlagen konnten.

Einmal war ich bei einer Auswilderungsaktion von sechs kleinen Uhus dabei, die in der Nähe von Koblenz freigelassen wurden, wo es jede Menge Mäuse und Kaninchen gab. Dummerweise setzte der Igelschutzverein zur selben Zeit seine gerade erst gesund gepflegten Igel aus, die von Autos angefahren oder von Raubtieren verletzt worden waren. Einige der Igel waren nicht wirklich ›wildnistauglich‹, einem fehlte ein Bein, andere waren aus anderen Gründen ›gehbehindert‹, einige irrten orientierungslos im Kreis. Die jungen Uhus jedenfalls hatten die nächsten Tage nichts Besseres zu tun, als erst einmal die kranken und schwachen Tiere der Umgebung zu eliminieren, und dazu gehörten halt auch die fußkranken Igel. Und natürlich kochten da bei den Igelfreunden gleich wieder sämtliche Vorurteile gegen die Uhus hoch.

Und nach all diesen Aktionen habe ich nicht das Gefühl, genug gutes Filmmaterial zu haben, um daraus eine TV-Dokumentation zu machen. Genauso geht es mir übrigens mit der Wildkatze. Die lebt ja auch in der Eifel, aber sie ist so extrem scheu, dass sie für einen Tierfilmer eine der größten Herausforderungen überhaupt darstellt. Beide Tierarten filme und fotografiere ich seit über 25 Jahren, aber die Begegnungen mit diesen Tieren sind so selten und kurz, und so gut wie nie passiert dabei etwas Neues, Aufregendes, dass mir nichts anderes übrig bleibt, als immer weiter Material zu sammeln in der Hoffnung, dass es doch einmal genug hergibt.«

»Na«, Frank grinste, »dann heb dir das doch für die Zeit auf, wo du nicht mehr wochenlang mit Zelt und Rucksack durch Alaska ziehen kannst, weil es dein Rücken nicht mehr mitmacht. In ein paar Jahren wirst du froh sein, wenn du nach ein paar Stunden Dreh abends oder meinetwegen auch erst morgens in dein gewohntes Bett kriechen kannst.«

Am späten Nachmittag erreichten wir Brașov, das ehemalige Kronstadt.

Neben vielen modernen Gebäuden gibt es dort einige sehr schöne alte Bauten, etwa die Schwarze Kirche mit ihrer Buchholz-Orgel und das alte Rathaus. In der historischen Altstadt findet man Bürgerhäuser aus dem Spätmittelalter sowie stilvolle Gebäude des 19. Jahrhunderts. Sehenswert sind außerdem die mittelalterlichen Stadtbefestigungen. Man merkt, dass hier früher mal Wohlstand herrschte.

Brașov ist die zweitgrößte Stadt Rumäniens nach Bukarest und die einzige moderne Großstadt Europas, wenn nicht der Welt, in der Menschen in direkter Nachbarschaft mit großen Beutegreifern leben: Braunbären und Wölfen.

Sowohl Rumänien als auch Jugoslawien waren lange Zeit eine sichere Heimat für Braunbären, nicht für das einzelne Exemplar, aber für die Art als solche. Das hängt zum Großteil damit zusammen, dass, wie schon erwähnt, Bärenjagden gute Devisen brachten und Nicolae Ceaușescu selbst ein begeisterter Bärenjäger war. Mit Tito, dem früheren Staatspräsidenten von Jugoslawien, lag er in beständigem Wettstreit, wer von den beiden den stärksten Hirsch, den größten Keiler oder eben den gewaltigsten Braunbären erlegte. Das führte dazu, dass in beiden Ländern die Bären sozusagen unter Vollschutz gestellt und im wahrsten Sinn des Wortes gehegt wurden. In Rumänien offenbar mit weit mehr Erfolg, da hier die Bärenpopulation übernatürlich anwuchs – was den Fortbestand des Europäischen Braunbären (*Ursus arctos arctos*) aber keineswegs sicherstellte.

Früher haben sich die Braunbären der Karpaten für die Winterruhe in erster Linie mit Eicheln und Bucheckern gemästet, da sie ja keine Lachse und keine größeren Kadaver zur Verfügung hatten, wie ihre Artgenossen in Sibirien oder in Nordamerika. Oder sie holten sich ein Stück Weidevieh. Das erreichte infolge des Rundumvollschutzprogramms unter Ceaușescu neue Dimensionen, da die Bärenpopulation immer größer wurde. Zunehmend gingen die Bären auch dazu über, so wie die Wildschweine im Herbst in die Maisfelder zu wandern und sich mit dem sehr energiereichen Mais vollzustopfen. Und einige Braunbären entdeckten ihr persönliches Schlaraffenland im Stadtteil Răcădău am Rand von Brașov, das direkt an die Karpaten in ihrer ganzen Größe und Wucht grenzt. Denn nicht nur sind Bären Opportunisten, die, wenn man sie lässt, jede Möglichkeit, einfach an Nahrung zu kommen, nutzen, sondern außerdem Allesfresser. Ob Beeren oder Wurzeln, Honig oder Fisch: Sie nehmen alles, was ein gedeckter Tisch bietet – selbst Abfälle, und wo gäbe es davon mehr als in den Mülltonnen einer Großstadt? Also haben sie sich gedacht: Wozu in der Ferne schweifen, sieh, das Gute liegt so nah. Und so haben die Bären gelernt, dass es sehr bequem und mit keinen großen Anstrengungen verbunden ist, sich von den Abfällen der Menschen zu ernähren, und dass das Zeug außerdem schmeckt – ihnen zumindest.

Einige der Müllbären von Brașov halten sogar kaum noch Winterruhe: Wenn das Wetter in den Wintermonaten relativ mild ist, verzichten sie darauf, sich in eine Höhle zurückzuziehen, und schlagen sich stattdessen ihren Wanst an den Müllcontainern voll.

Tja, und diese Bären – und die wenigen Wölfe – am Stadtrand von Brașov sind der Grund, warum wir nach Rumänien gekommen sind. Die Fragen, denen wir nachgehen wollten, waren: Wie kommen die Bären nachts in die Stadt? Was sind die Folgen für Bär und für Mensch? Wie ist es möglich, dass Menschen so entspannt mit der Tatsache umgehen, dass sie in unmittelbarer Nähe von großen Beutegreifern leben? Und natürlich schwang die verwegene Hoffnung mit, dass mein Film die Fernsehzuschauer zu einer toleranteren Einstellung gegenüber den Bären bewegen kann, sodass es vielleicht eines Tages möglich sein wird, dass (mehr) Bären wieder eine Heimat in westeuropäischen Ländern finden und dass somit die Chance auf ein Überleben ihrer Art steigt. Eine wirklich verwegene Hoffnung, denn: In Deutschland wollten wir nicht einmal einen einzigen Bären dulden, während allein rund um Brașov nach neuesten Schätzungen 150 leben.

»Ist das hier jetzt eigentlich dieselbe Art Braunbär wie der Grizzly oder der Kodiak-Bär in Alaska?«, fragte Frank, als wir am späten Nachmittag durch Răcădău streiften, um die vielversprechendsten Müllcontainer, sprich Drehorte, ausfindig zu machen.

»Ja und nein, einerseits gehören sie wie auch zum Beispiel der Syrische oder der Tibetische Braunbär zur Art des *Ursus arctos*, andererseits sind sie alle Unterarten, die im Lauf der Evolution zum Teil erhebliche Unterschiede in Größe und Gewicht, in der Fellfärbung und anderen Merkmalen entwickelt haben. Die schwersten Braunbären, die von Kodiak, können bis zu 800 Kilogramm auf die Waage bringen, wobei das Durchschnittsgewicht allerdings weit darunter liegt: bei knapp 500 bei Männchen und knapp 300 bei Weibchen. In Südeuropa wiegen Braunbären dagegen nur rund 70 Kilogramm.

Die Kopfrumpflänge kann zwischen einem und drei Meter liegen. Die Braunbären von Kamtschatka und Kodiak etwa gelten als die größten der Erde, ein ausgewachsener Tundra-Grizzly aus Nordalaska wiederum ist definitiv kleiner als ein Europäischer Braunbär aus den Karpaten. Das erklärt sich ganz einfach: Der Tundra-Grizzly kommt sehr selten an Fleisch heran und ernährt sich vorwiegend vegetarisch, von Heidelbeeren, Wurzeln, Gräsern; hin und wieder plündert er ein Vogelnest, bestenfalls gräbt er mal ein Erdhörnchen aus oder findet den Kadaver eines

Karibus. Außerdem hält er satte sechs Monate Winterschlaf, und das bei großer Kälte. Der Bär aus den Karpaten hat dagegen ein recht üppiges Nahrungsangebot. Die Karpatenwälder sind riesige Mischwälder, hast es ja selbst gesehen. Da gibt es Fichten, Buchen, Eichen, Walnussbäume, Linden, Ulmen, Kiefern, Akazien und Ahornbäume, Wildtiere in Hülle und Fülle. Ja, und dann kann er noch Maisfelder und Mülltonnen plündern.«

»Was ich hier bis jetzt so gesehen und gehört habe, klingt nicht, als wäre der Europäische Braunbär ›gefährdet‹.«

»Doch, ist er schon. Zum einen wurde er von alters her seines Fells, seines Fleisches und seines Fettes wegen verfolgt und weil er als gefährlicher Räuber galt und noch heute gilt: Er plündert Bienenstöcke, reißt gern mal ein Schaf oder eine Kuh, und wenn er sich bedrängt fühlt oder hungrig ist, kann er auch für den Menschen zur Gefahr werden. Zum anderen wird sein Lebensraum immer mehr geschmälert. Nicht immer sind es wirtschaftliche Interessen, aus denen der Wald gerodet wird; immer öfter stoßen ›Naturfreunde‹ in ehemals unberührte Landstriche vor, um Wohn- oder Erholungsgebiete zu etablieren – und verdrängen die Bären. Werden dabei kleinere Populationen quasi auseinandergerissen, haben sie kaum eine Überlebenschance.

Es gibt zwar Regionen, wie hier die Karpaten, wo er relativ häufig vorkommt. Also, relativ ist immer relativ. Die meisten Europäischen Braunbären leben nämlich in Rumänien, geschätzte gut 6000 Exemplare, aber der Bestand ist rückläufig, seit der Bär nicht mehr wie zu Ceaușescus Zeiten gehätschelt und gepäppelt wird. In Schweden soll es 2000 Braunbären geben. Aber wie sieht es denn ansonsten aus? In Deutschland gibt es seit über 170 Jahren keine Braunbären mehr – und der erste, der sich bei uns wieder blicken ließ, wurde geschossen; in Italien leben knapp 100, in der Schweiz einer, in Frankreich zehn bis 20, in Polen 80.«

»Hm, die Rumänen sind halt seit jeher an die Gegenwart von Bären gewöhnt. Die auf dem Land sowieso. Für Ion war es ganz normal, dass er immer wieder Bären sieht. Nicht einmal hier in der Stadt sind sie was Besonderes. Aber ich kann mir beim besten Willen nicht vorstellen, dass die Deutschen es akzeptieren würden, wenn sich Bären im Stadtrandgebiet von München oder Hamburg niederließen«, meinte Frank skeptisch. »Also ich wäre nicht scharf darauf, unter Umständen einem ausgewachsenen Braunbären oder einer Bärin mit zwei Jungen gegenüberzustehen, wenn ich abends den Müll rausbringe.«

»Nach allem, was ich recherchiert habe, tun sich auch manche Bewohner von Brașov schwer damit. Wenn Bär und Mensch so eng zusammenleben und die Bären zudem eine gewisse Respektlosigkeit dem Menschen gegenüber an den Tag legen, bietet das natürlich Zündstoff: Vereinzelt kommt es zu Übergriffen von Bären auf Menschen, allerdings sehr, sehr selten mit tödlichem Ausgang, und hin und wieder muss ein Bär, der die Scheu vor den Menschen komplett verloren hat, von einem Polizisten oder einem Jäger geschossen werden. Aber alles in allem funktioniert dieses ›Zusammenleben‹ ziemlich reibungslos.

Woanders genauso, wobei die Schweden, die Italiener in den Abruzzen und im Trentin oder die Nordamerikaner Sicherheitsvorkehrungen treffen, um Bären auf etwas mehr Distanz zu halten. Wenn zum Beispiel in Nordamerika ein Bär in oder am Rand einer Siedlung auftaucht, wird er entweder von Rangern oder einer Bärenpolizei, unter Umständen auch von der normalen Polizei, durch Warnschüsse vertrieben. Wenn das nicht hilft, kriegt er ein Gummigeschoss oder eine Leuchtrakete auf den Pelz gebrannt. Wenn das immer noch nicht hilft, wird er in einer Falle gefangen und in ein weit entferntes Gebiet transportiert – oder in irgendein Gehege gesteckt und muss den Rest seines Lebens im Zoo verbringen.

Nur wenn es eine direkte Konfliktsituation gibt, dass also ein Bär extrem aggressiv einem Menschen gegenüber reagiert, egal ob an einer Mülltonne, in einem Maisfeld oder an einem Picknickplatz irgendwo im Wald, wird er geschossen.«

»Als Bruno kürzlich getötet wurde, hast du dich fürchterlich aufgeregt«, erinnerte mich Frank.

»Allerdings! Denn wo und wann hätte sich denn Bruno aggressiv gegen Menschen gezeigt? Der war kein Problembär!«, hielt ich dagegen und spürte, wie die Wut über den Abschuss von Bruno wieder hochkam. »Das war wieder mal ein schönes Beispiel für die Verlogenheit vieler Zeitgenossen: behaupten, sie seien Tier- und Naturliebhaber und hätten gern wieder Bären und Wölfe in Deutschland. Aber wenn ein solches Tier einwandert, hat es sich gefälligst unauffällig zu benehmen. Dass es sich an Schafen vergreift, geht gar nicht! Der Schafe sind zwar viele, trotzdem! In dem Tenor. Ich bin nach wie vor der Meinung, dass man erst einmal hätte versuchen sollen, ihm das Reißen von Nutztieren abzugewöhnen, zum Beispiel mit Gummigeschossen.«

»Warum gewöhnt man eigentlich den Bären von Braşov nicht ab, sich von Müll zu ernähren? Du hast mir gerade erst erzählt, dass sie in den Wäldern ringsum genug Nahrung finden würden und dass manche Bewohner hier nicht glücklich über die Bären sind.«

»Vielleicht wird das sogar versucht, ich weiß es nicht. Ich hoffe schwer, dass wir jemanden finden, der uns mehr dazu sagen kann. Die Bären hier vom Müll abzubringen ist bestimmt nicht leicht. Dieser Stadtteil ist ja nicht neu, fast 30 Jahre alt. Das heißt, als er gebaut wurde, standen die Bären unter Ceauşescus Schutz, und da hat man sich wahrscheinlich nicht getraut, sie zu vertreiben. Das wiederum heißt, dass die meisten Bären, die hierherkommen, vermutlich schon von ihrer Mutter gelernt haben, sich von Müll zu ernähren. Bären haben wie fast alle Tiere zwei Arten von Verhaltensweisen: erlerntes Verhalten, das sie von der Mutter, dem Rudel oder der Gruppe, in der sie leben, übernehmen, und instinktives Verhalten, das angeboren ist. Mal tritt das eine, mal das andere stärker hervor, bei Bären hält es sich meist die Waage. Das erlernte Verhalten übernehmen sie naturgemäß von der Mutter, denn abgesehen von Weibchen mit Jungen sind Bären Einzelgänger und leben allein in ihren Heimatgebieten – man spricht beim Bären nicht von ›Revier‹ oder ›Territorium‹ –, die sich an den Rändern allerdings meist überschneiden.«

»Und alte Gewohnheiten sind schwer abzulegen«, nickte Frank wissend. »Aber die Bären hier ernähren sich nicht *nur* von Müll, oder doch?«

»Soweit ich weiß, sind sie keine reinen Müllbären. Wenn im Herbst die Eicheln und die Bucheckern von den Bäumen fallen, werden sie sich auch mit denen den Wanst vollstopfen. Und sie werden mal Appetit auf frisches Gras haben, auf Wurzeln und irgendwelche Früchte. Genau weiß ich es aber nicht.«

»Huiii«, machte Frank und stieß einen übertriebenen Seufzer der Erleichterung aus, »es tut richtig gut, wenn der Erklärbär mal auch etwas nicht weiß. Und das gleich zweimal hintereinander!«

»Erklärbär« ist in meiner Familie, unter Freunden und Arbeitskollegen ein geflügeltes Wort. Wenn ich zum Beispiel in der Fernsehredaktion in einem Gespräch über einen meiner Filme sage: »... dann kommt Musik, dann ein bisschen Erklärbär ...«, wissen alle, dass nach der Musik eine Moderation von mir folgt, in der ich etwas erkläre.

»Idiot!«, knurrte ich.

»Was, meinst du«, fragte Frank unbeeindruckt weiter, »würde passieren, wenn man die Müllcontainer von heute auf morgen abschließen oder wegschließen würde, sodass die Bären keine Möglichkeit mehr hätten, an den Müll ranzukommen?«

»Wieder erwischt! Ich weiß es nicht. Ich würde mal sagen, die meisten würden sich irgendwann einfach trollen und einige würden sehr aggressiv reagieren, würden aus Gewohnheit versuchen, immer weiter in die Zivilisation vorzudringen, vielleicht sogar Menschen anfallen, die nach Essen riechen. Doch selbst bei denen ist irgendwo eine Grenze. Der Braunbär ist kein Tier, das mitten durch die Stadt marschiert oder in einen Supermarkt einbricht.«

»Sehr einladend wirkt dieses Răcădău eigentlich nicht, aber Bären sehen das wohl anders«, resümierte Frank am Ende unseres Erkundungsgangs.

Der Stadtteil war in der Tat eher trostlos. Sozialistischer Plattenbau aus den 80ern: jede Menge Hochhäuser mit zehn, zwölf Etagen, dazwischen ein paar Büsche und Sträucher, das Ganze umgeben von einer zweispurigen Ringstraße. In der Siedlung fast nur Autos, denen der deutsche TÜV schon vor Jahren die Plakette verweigert hätte: einheimische Dacias, irgendwelche russischen Modelle, das ein oder andere deutsche Fabrikat. Auf der anderen Seite der Ringstraße stehen jeweils mehrere große Müllcontainer in Betonabgrenzungen, und gleich dahinter steigen steile Wiesenhänge empor, die nach wenigen Metern in dunklen Karpatenwald übergehen – wie für Bären gemacht!

Eine Stunde nach Einbruch der Dunkelheit kehrten wir zurück und parkten den Wagen an einer Stelle, von der aus wir mehrere Müllcontainer im Blick hatten – und zwei riesige offen stehende Käfige.

»Hm, Fallen«, sagte ich zu Frank und nickte zu den Käfigen hinüber, »na, da bin ich ja mal gespannt.«

Die Straßen lagen verlassen, nur ganz selten fuhr ein Wagen vorbei. Nieselregen ließ den Asphalt und die Autos glänzen, hin und wieder bellte ein streunender Hund, und Frank und ich gähnten uns abwechselnd was vor.

Ich muss wohl eingenickt sein, denn als Frank mich mit dem Ellbogen anrempelte, schreckte ich hoch.

»Da«, deutete er in die nasse Nacht hinaus.

Lautlos trotteten eine Bärin und ihre zwei Jungen auf ihren weich gepolsterten Tatzen in gemächlichem Slalom zwischen parkenden Autos hindurch, schnüffelten mal hier, mal dort, umrundeten Laternenpfähle und nahmen interessiert die Duftspuren der Straßenköter auf. Dass der Niesel sich mittlerweile zu einem satten Regen ausgewachsen hatte, schien sie in keinster Weise zu stören.

Mit Nachtsichtgerät und Infrarotkamera bewaffnet, folgten Frank und ich und gaben uns Mühe, dabei genauso leise zu sein, was vermutlich eine völlig unnötige Vorsichtsmaßnahme war, denn schließlich sind diese Bären daran gewöhnt, dass gelegentlich ein Mensch auftaucht.

Plötzlich stoppte ein uralter Lada Niva, ein russischer Geländewagen, direkt zwischen uns und den Bären. Ein paar junge Leute stiegen aus, und einer – wie sich bald herausstellte, der Einzige von ihnen, der Englisch sprach – sagte sofort: »No filming here!«

»Ach, du Schande«, tuschelte Frank, »hast du was übersehen? Hätten wir eine Drehgenehmigung einholen oder das Filmen sonst irgendwie anmelden müssen?«

»Meines Wissens nicht«, gab ich zurück, »vielleicht wollen die Schmiergeld?«

Da an unserem Equipment ohnehin erkennbar war, dass wir Profis sind, stellte ich Frank und mich erst einmal vor, erzählte, wer wir sind, wo wir herkommen, dass wir für das ZDF und National Geographic arbeiten, dass wir hier sind, um die Bären zu filmen, dass ...

»Ich kenne dich«, unterbrach mich der eine, der Englisch sprach, »ich habe einen Film mit dir gesehen. Du bist doch der, der mit seinem Sohn in Alaska zu den Bären gesegelt ist; kann das sein?«

»Ja genau, der bin ich«, bestätigte ich wenig überrascht, da ich auch im Ausland oft auf »Der Bärenmann« – beziehungsweise »My life with bears«, wie der Film im Englischen heißt – angesprochen werde. Wobei sich viele erst einmal gar nicht unbedingt an mich erinnern, sondern an Erik; dass mich mein damals erst neunjähriger Sohn begleitet hatte, blieb vielen beinahe stärker in Erinnerung als die Bären. »Wo hast du den Film gesehen?«

»Auf Discovery Channel International. Über Satellit.« Mihai, wie er sich nun mit Verspätung vorstellte, konnte sich an viele Dinge aus dem Film erinnern, dass Erik zu Beginn der Reise schwer seekrank war, dass wir auf ein Riff aufliefen und einiges mehr.

Wie sich herausstellte, waren Mihai und seine Freunde Naturschützer und Umweltaktivisten. Junge Rumänen, die es sich zur

Aufgabe gemacht haben, das Bärenproblem in Braşov ein bisschen in den Griff zu kriegen, in der Hoffnung, dass keine Bären mehr geschossen werden. Und sie können erste Erfolge verzeichnen. So haben sie zum Beispiel die Stadtverwaltung dazu bewegen können, nach und nach die Müllcontainer so zu verändern, dass die Bären sie nicht mehr ohne Weiteres öffnen können und dass der Müll fast täglich abgeholt wird.

Frank und ich zeigten uns schwer beeindruckt, dass junge Menschen in einem Land mit so großen Problemen sich für Tiere und Umwelt engagieren und vor allem, dass sie bei den Behörden auf Gehör stoßen.

Mihai allerdings relativierte das Ganze:»Na ja, wir tun schon eine ganze Menge und bemühen uns, aber Braşov und auch Bukarest sind nicht repräsentativ für Rumänien. Einigen von uns geht es einfach gut genug, dass sie sich um solche Dinge kümmern können, wenn ihr versteht, was ich meine. Und die öffentliche Unterstützung von den Behörden bekommen wir wohl in erster Linie, weil Rumänien in die EU will.«

In den nächsten Tagen wollten sie Bären einfangen und in einem anderen Gebiet aussetzen. Die Käfige hatten sie bereits vor einiger Zeit aufgestellt und regelmäßig mit Leckerbissen – Honigkuchen, Schokolade, Joghurt und solchen Dingen – bestückt. Und die Bären, so erzählte Mihai, gingen auch schön in die Falle rein – und wieder raus.

Verwundert fragte ich, warum sie die Falle nicht gleich zuschnappen ließen, sobald Bären drin wären, und bekam zur Antwort: Damit sie sich daran gewöhnten. Ah ja, dachte ich mir, und wozu soll das gut sein?

»Hm, Bären haben einen exzellenten Orientierungssinn und sind daran gewöhnt, hier Futter zu finden«, wandte ich ein, da ich den Eindruck hatte, dass die jungen Leute nicht gerade Bärenkenner waren und sich das Ganze einfacher vorstellten, als es war.»Die werden, je nachdem, wie weit ihr sie wegbringt, wahrscheinlich nur ein, zwei Wochen brauchen, bis sie wieder hier sind. Und wenn sie Pech haben, werden sie unterwegs von einem

Auto angefahren. Ihr habt nur eine Chance: Wenn ihr sie in ein Gebiet mit so optimalen Lebensbedingungen bringt, dass sie das Leben dort dem hier vorziehen. Da sie aber total verwöhnt sind, hieße das, das sie gefüttert werden müssten, und womit soll das passieren? Mit toten Hirschen, Wildschweinen oder Plätzchen oder, ja, womit? Und wie wollt ihr das organisieren?«

Vier Augenpaare guckten mich betreten und ratlos an.

»Was sollen wir dann tun?«, fragte Mihai.

»Den Müll bärensicher wegzusperren, wofür ihr ja die ersten Schritte schon übernommen habt, ist meiner Meinung nach das Beste. Aus meiner Erfahrung wird es allerdings ein oder zwei Generationen dauern, bis der letzte Bär verstanden hat, dass es hier für ihn leichte Nahrung gibt.«

Inzwischen hat die Bärin einen Müllcontainer erobert, den riesigen Schiebedeckel zur Seite gedrückt und hängt nun kopfüber bis zur Hälfte in dem Behälter. Wir hören sie wie wild in dem Zeug wühlen – kurze Pause, Schmatzgeräusche, dann wieder lautes Herumkramen. Plötzlich fliegt nach beiden Seiten Abfall auf die Straße und ihre Jungen stürzen sich ganz gierig darauf. Im fahlen Licht der Straßenlaternen können wir nur ein paar der Leckereien identifizieren: Joghurt- und Quarkbecher, eine Fischbüchse, ein Viertel eines Kohlkopfs. Als Letztes landet ein großer Plastikbehälter für Milch vor den Kleinen. Die Bärin klettert zurück auf die Straße, reißt mit Leichtigkeit den Fünfliter-kanister auf und leckt die Reste heraus. Eine eher magere Ausbeute.

Das Verrückte daran ist für uns, dass sich das Ganze nur etwa 15 Meter entfernt abspielt. Wegen der Nähe der riesigen Wohnanlage, also der starken Präsenz des Menschen, sind wir beinahe versucht, die Bären für zahm zu halten. Würden wir in einer kanadischen Blockhaussiedlung stehen, mit kleinen, niedrigen Häuschen, würde uns dieser Gedanke gar nicht erst kommen. So aber beobachten Frank und ich fassungslos das Spektakel, vergessen darüber fast das Filmen.

Dann passiert etwas sehr Komisches: Einer der Jungbären hat die Mutter wohl genau beobachtet. Wie sie klettert er auf die Betonumrandung, öffnet einen der Container und steigt hinein. Da er aber so klein ist – gerade mal eineinhalb Jahre alt –, verschwindet er ganz in dem Behälter, und der mit einem Federmechanismus versehene Schieber schließt sich. Der Kleine bekommt natürlich Angst, beginnt zu schreien und in seinem Gefängnis herumzutoben. Im Nu ist die Mutter auf dem Behältnis und drückt den Deckel zur Seite. Das Junge hangelt sich sofort heraus, macht zwei, drei eher unkontrollierte Sprünge auf der Betonmauer und läuft dann auf den Waldrand zu. Die Bärin leckt sich nervös das Maul, schaukelt hin und her und schaut sich irritiert um, doch als sie merkt, das die Gefahr vorüber ist, beruhigt sie sich recht schnell und widmet ihre Aufmerksamkeit wieder den Mülltonnen.

Frank und ich sind ganz aufs Filmen konzentriert und achten nur auf die Bärenfamilie – bis Mihai auf einmal ruft: »Hey, seht mal, da vorn läuft gerade ein Bär zwischen die Häuser hinein!«

»Nichts wie hinterher«, fordere ich Frank auf.

Wir schultern unsere Stative mit den Handkameras, laufen über die Straße und schleichen dann vorsichtig weiter. Hier, zwischen den Häusern, ist es noch dunkler als auf der anderen Seite der Ringstraße. Die wenigen Laternen werfen nur einen matttrüben Schein, und da es mittlerweile nach Mitternacht ist, liegen die meisten Menschen in ihren Betten und fällt aus kaum einer Wohnung Licht nach draußen. Zum Glück haben wir unsere Stirnlampen dabei.

Wo ist er? Frank umrundet vorsichtig einen Busch, schüttelt verneinend den Kopf. Was ist das in dem dunklen Hauseingang da drüben? Nichts, nur ein Haufen Sperrmüll. Wir lauschen. Kein Scharren, kein Kratzen, kein Schaben. Nur Stille. Vielleicht hinter der Hecke dort rechts? Nein, auch nicht. Das gibt's doch nicht! Der kann doch nicht so mir nichts, dir nichts verschwinden! Nach einer halben Stunde geben Frank und ich auf und kehren zu den Bärenaktivisten zurück.

Mihai erklärte uns, dass einige Bären entdeckt hätten, dass der etwa 600, 700 Meter lange Weg mitten durch Răcădău hinüber zur anderen Hangseite sehr viel kürzer ist, als wenn man im Wald den ganzen Bogen ausläuft, und manche von ihnen diese Abkürzung fast jede Nacht nutzen.

»Vor Jahren lebte hier mal eine Wölfin«, fuhr Mihai fort, »der man im Rahmen eines EU-Forschungsprojekts über Fleischfresser in den Karpaten ein Sendehalsband verpasst hatte. Die hatte gleich da oben« – er deutete auf ein Stück oberhalb des Waldrands – »ihr Geheck. Zu Anfang wussten das allerdings nur die Biologen. Die hat auch den Müll nach Fressbarem durchsucht.«

»Eine Wölfin?«, fragte ich ungläubig nach. »Eine wilde Wölfin?«

»Ja, manchmal lief sie morgens, wenn die Rushhour schon begonnen und sie sich verspätet hatte, sogar vor den Autos her, bevor sie dann im Wald verschwand, oder noch auf der anderen Seite ein Stück über den Bürgersteig – obwohl da ja morgens schon Leute unterwegs waren. Das war ganz witzig, die Biologen von diesem EU-Projekt haben dann nämlich die Leute interviewt, die die Wölfin gesehen hatten. Und die waren völlig von den Socken, fragten erst einmal, ›Wie, was, Wolf? Ich dachte, das war ein Schäferhund, der hatte doch ein Halsband um.‹ Als den Leuten klar wurde, dass ein Wolf regelmäßig ins Wohngebiet kam, reagierten sie zum Teil richtig panisch.«

Nun muss man dazu wissen, dass es in Rumänien ungewöhnlich viele streunende Hunde gibt, und so hatte sich der ein oder andere vielleicht über die gelb leuchtenden Augen dieses »Hundes« gewundert, war aber nicht weiter beunruhigt. Dann trat BBC auf den Plan, und BBC-Leute kommen ja selten einzeln oder zu zweit, sondern meist im Pulk und mit enormem Equipment. Das zieht natürlich Aufmerksamkeit auf sich, und bald war allgemein bekannt, wo die Wölfin ihr Geheck hatte. Das Ende der Geschichte ist sehr traurig. Eines Tages verstummte der Sender urplötzlich und war die Wölfin verschwunden. Bis heute fand man keine Spur, weder vom Sender noch von der Wölfin oder ihren Jungen. Keiner weiß, was genau passiert ist, aber höchstwahrscheinlich war die Wölfin getötet und der Sender zerstört worden.

Jetzt war Frank und mir klar, warum die Tierschützer zunächst nicht gewollt hatten, dass wir filmten.

»Eines verstehe ich nicht«, gestand ich, »ein Wolf ist viel kleiner als ein Bär, trotzdem wurde die Wölfin als Bedrohung gesehen, während die Bären im Großen und Ganzen akzeptiert werden.«

»Da geht es dir wie mir«, erwiderte Mihai, »ich kapier es auch nicht. Wir kommen wirklich oft hierher, um die Bären zu beobachten, und treffen dabei immer wieder mal auf Leute. Die meisten sind total gelassen. Manchmal sehen wir welche an einem Fenster ihrer Wohnung stehen und den Bären zuschauen, wenn zum Beispiel eine Mutter mit ihren Jungen kommt und die hier dann vor aller Augen herumtollen. An die Bären sind die Menschen halt gewöhnt, an die Wölfin waren sie es nicht. Dabei hatte die Wölfin keinem was getan, was man nicht von allen Bären sagen kann. Erst letztes Jahr hat es sogar einen Toten gegeben. Übrigens über Tag. Da wollte einer zum Wandern hoch in die Berge und ist noch in Sichtweite der Häuser von einer Bärenmutter angefallen worden. Ich vermute, dass er sie nicht gesehen hat und ihr deshalb zu nahe gekommen ist. Die Menschen hörten seine Schreie, guckten aus dem Fenster und haben gesehen, wie die Bärin den Mann bearbeitete. Sie hat ihn so übel zugerichtet, dass er später an den Bissfolgen gestorben ist. Einen anderen Mann, der zu Hilfe kommen wollte, hat sie ebenfalls angefallen und ziemlich schwer verletzt. Eine Jägerschaft hat die Bärin schließlich geschossen.«

Übergriffe von Bären auf Menschen finden meiner Erfahrung und meines Wissens nach nie grundlos statt, wie die folgenden zwei Beispiele zeigen.

Von Tim Treadwell, einem Tierschützer, und seiner Freundin Amie Huguenard handelt das erste. Tim hatte sich dem Schutz der Grizzlys in Alaska verschrieben und verbrachte jeden Sommer im

Kamtai Nationalpark. Nach seinen eigenen Aussagen baute er eine persönliche Beziehung zu den Tieren auf – und ließ in der Folge grundlegende Verhaltensweisen gegenüber wilden Tieren außer Acht. Er ging sehr nah an sie heran, manche berührte und streichelte er sogar. Viele Experten warnten ihn, dass er sich mit seinem Verhalten einer ungeheuren Gefahr aussetze. Im Oktober 2003 passierte schließlich, was ihm einige Kritiker seit Längerem prophezeit hatten: Tim – und mit ihm seine Freundin Amie – wurden von einem Grizzly getötet. Die beiden hatten den elementaren Fehler begangen, im Zentrum des Heimatgebietes des Bären mitten auf einem seiner Pfade zu zelten, eine totale Provokation für das Tier.

Das zweite Beispiel stammt aus Europa. Ein kroatisches Fernsehteam drehte eine Reportage über junge Deutsche im Ausland und besuchte dazu den Bärenpark von *Ivan Crnkovi-Pavenka*, in dem Maria-Ruth Schäfer ein ökologisches Jahr absolvierte. Während sie die junge Frau in einem der Bärengehege filmten, kam einer der Kameraleute oder Regisseure auf die Idee, sie solle auf ihrer Mandoline spielen. Plötzlich griff der Bär das Mädchen an. Der Parkchef ging dazwischen, attackierte den Bären mit einem Stock, worauf der Bär sich gegen den Mann wandte und total in Rage geriet.

Das kroatische Kamerateam filmte fleißig weiter. Schließlich kam jemand mit einem Gewehr und schoss den Bären. Was dem Mädchen und dem Mann das Leben gerettet hat, war die Tatsache, dass das Tier ein halbwüchsiger, nicht sehr großer Bär war; ein ausgewachsener hätte die beiden innerhalb kürzester Zeit getötet.

Warum aber hatte der Bär das Mädchen attackiert? Wer ein bisschen was von diesen Tieren versteht, weiß, dass ihnen gewisse Frequenzen und Schwingungen in den Ohren wehtun – und das wollte der Bär abstellen.

In beiden Fällen waren die Bären provoziert worden. In all den Jahren, die ich nun schon meist über mehrere Wochen in Heimatgebieten von Braunbären unterwegs bin, waren Angriffe, die ich erlebt habe, hingegen ganz kurz, ein, zwei Sekunden, ein Schlag, und der Bär war wieder weg. Meist waren es ohnehin nur Scheinangriffe, also dass ein Bär drohend auf mich zulief, dann wenige Meter vor mir stoppte.

Diese beiden Geschichten und die von Bruno zeigen, welches verschobene und völlig unrealistische Bild wir Menschen von Bären haben: Entweder ist der Bär der plüschige, putzige Spielzimmergeselle oder eben das, was man in Bruno reininterpretiert hatte: ein großes Problem, eine Bedrohung für Mensch und Tier. Ein gesundes Verhältnis zu Bären, richtiges Verständnis für Bären findet man in Europa sehr selten; in Rumänien, vielleicht in Skandinavien, jedenfalls nur in Regionen, wo – um es noch einmal zu sagen, einfach, weil es wichtig ist – der Mensch nie verlernt hat, mit großen Beutegreifern in relativer Nähe zu leben und auszukommen. Das ist das Entscheidende. In Gebieten, in denen diese Tiere nach längerer Zeit wieder auftauchen, fühlt der Mensch sich, seinen Lebensraum und seine Besitzansprüche bedroht. Und was wir als gefährlich einstufen und nicht in unser Bild passt, muss verschwinden oder weggesperrt werden. Das machen wir mit Menschen und das machen wir letztlich auch mit Tieren.

Am nächsten Tag zog ich mit Cita los, um einen jungen Bären zu tracken, also seiner Spur zu folgen. Da es in Rumänien keine telemetrierten, sprich mit einem Sender versehene Bären gab, wollte ich einfach mal erkunden, welche Strecken ein Bär hier so zurücklegt. Die Fährte war zu Anfang etwa acht bis zehn Stunden alt, zum Schluss ganz frisch. Ein Bär hinterlässt, wenn er marschiert, sehr viel Bodenwitterung, die für einen Hund wie Cita, der an Bärenwitterung interessiert ist, fast einen Tag lang gut lesbar beziehungsweise gut schnüffelbar bleibt.

Cita hat die Fährte gut gearbeitet, und so konnte ich den ganzen Weg des Bären nachvollziehen: Der Bär lief zunächst durch den Wald, setzte einen großen Haufen, kratzte einen Ameisenhaufen von der Seite her auf und tat sich an den Eiern und den

Larven gütlich. Weiter ging's zu einem Baum, an dem er kratzte und sich schubberte, was an den Krallenspuren und den Haaren in der Rinde gut zu erkennen war. Solche Kratzbäume sind für Bären wie Litfaßsäulen, an denen Nachrichten ausgetauscht werden: »Ich bin 2,50 Meter groß« – deshalb richten sie sich zum Schubbern auf; »Ich bin brünstig«; »Ich bin krank«; »Ich bin ein junger Bär« und all solche Sachen.

Dann zog der Bär runter in ein Tal, wo auf einer Wiese das Skelett eines Kalbs lag. Vielleicht hatte er das Tier irgendwann gerissen und wollte jetzt mal nachsehen, ob noch Fleisch übrig war. In der Nacht kam er an einem Bauernhof vorbei, wo er im Misthaufen herumgegraben und irgendwas gefressen hat. Als ich den Bauern darauf ansprach, natürlich wieder mit Händen und Füßen, zuckte auch der wieder nur gleichmütig mit den Schultern und meinte so was wie: »Ein Bär, na ja, hm, hier kommt immer wieder mal einer vorbei.«

Weiter unten im Tal durchquerte der Bär einen Fluss. Am anderen Ufer lag ein angespültes altes Schaffell, auf dem er eine Weile herumkaute, bevor er den nächsten Hang hoch und ungefähr drei, vier Kilometer durch den Wald tapste, eine wildromantische Landschaft. Nach ungefähr 18 Kilometern führte die Spur einen großen, steilen Hang hinunter, und mir wurde klar, dass wir kurz vor Brașov sein mussten, da ich die Stadt schon hören konnte. Und wo kamen wir schließlich raus? Richtig, in Răcădău!

Das Erste, was wir dann sahen, war ein riesiger Haufen, den er auf die Betonmauer bei den Müllcontainern gesetzt hatte, um seine Anwesenheit zu dokumentieren, nach dem Motto: »Ich bin schon da.« Wobei ich nicht glaube, dass er jemals das Gefühl hatte, verfolgt zu werden, weil alles, was er unterwegs tat, ohne Eile geschah, völlig entspannt. Als Cita und ich eintrafen, kam gerade die Müllabfuhr. Die Männer schauten recht verwundert und fragten sich wahrscheinlich, was das sollte: Da stand einer in Tarnjacke mit einem langen Schweißriemen und einem Jagdhund und sprach irgendwas in eine Kamera. Frank stand nämlich direkt neben mir und filmte. Als sie merkten, dass wir fertig waren, lachten sie zu uns herüber und winkten.

Wir winkten zurück und waren wieder einmal zutiefst beschämt von der Herzlichkeit der Rumänen. Ob auf dem Land oder in der Stadt, überall wurden wir ausgesprochen freundlich begrüßt, oft auf einen Tee, eine Suppe oder eine Scheibe Brot ins Haus gebeten, während Cita eine Schale Wasser bekam. Mehr als einmal musste ich daran denken, wie vor vielen Jahren Roma mit Pferd und Wagen durch den Ort in der Eifel kamen, in dem ich lebe, und manche Leute ihre Kinder von der Straße holten und am liebsten alles verrammelt hätten; und daran, dass Frank und ich vor der Fahrt nach Rumänien ständig zu hören bekamen: »Ihr kommt ohne Tuareg zurück. Das Auto wird euch da unterm Arsch weggeklaut, und ihr werdet es nicht einmal merken.« Die Rumänen bestaunten das Auto zwar, aber es gab keinen einzigen Versuch, es zu klauen. So wie nie versucht wurde, Frank und mich auszurauben oder auch nur übers Ohr zu hauen.

Frank und ich schlugen uns an den Müllcontainern noch etliche Nächte um die Ohren, und tatsächlich bekamen wir fast jedes Mal Bären vor die Kamera. Und immer wieder, wenn wir mit Bewohnern von Răcădău ins Gespräch kamen und fragten, wie es denn sei, die Bären so nah zu wissen, erhielten wir mehr oder weniger dieselbe Antwort. In vereinfachter Kurzfassung: Die sind halt einfach da.

Drei Wochen nach meiner Rückkehr nach Deutschland erreichte mich eine Karte aus Brașov, von Mihai. »Lieber Andreas, lieber Frank, einen Tag nach eurer Abreise haben wir die Bärin mit den beiden Jungen und ein junges Männchen in der Falle gefangen und ungefähr 100 Kilometer entfernt in die nördlichen Karpaten gefahren. Du hattest recht. Gestern tauchte die Bärin mit ihren Jungen wieder an den Containern auf. Sie hat für die Strecke über mehrere stark befahrene Straßen genau sechseinhalb Tage gebraucht. Jetzt warten wir auf das junge Männchen. Liebe Grüße, Mihai.«

Ins Tianshan-Gebirge: Marco-Polo-Argalis und Schneeleoparden in Kirgisistan

Zwölfter November, nahe der chinesischen Grenze, 3800 Meter über dem Meeresspiegel, und trotzdem ragten rechts und links die Wände des Tianshan-Gebirges noch 3000 Meter empor. Die Pferde und ihre Reiter vor mir glichen beweglichen Schneeskulpturen. Im 13. Jahrhundert musste Marco Polo irgendwo hier langgezogen sein. Ob er jemals China erreicht und dort am Hof des Kublai Khan gelebt hat, wird von einigen Historikern bezweifelt, aber aus diesem Teil Zentralasiens beschrieb er ein Tier, von dessen Existenz er nur vor Ort erfahren haben konnte. Ein riesiges Bergschaf mit mehrmals weit nach außen gedrehten Hörnern von unglaublicher Größe. Später sollte das größte aller Wildschafe den Namen des Venezianers erhalten.

Ich wusste seit Jahren, dass es Riesenwildschafe (Argalis) im zentralasiatischen Bereich gibt, gewaltige Markhore (Schraubenziegen), riesige Steinböcke und die Tibetantilope, aber die interessierten mich nicht sonderlich. Dann hörte ich, dass es von einer Unterart der Argalis, dem Marco-Polo-Argali (auch Pamir-Argali genannt), lediglich Fotos, aber keine professionellen Filmaufnahmen gebe – zumindest nicht von einem lebenden Exemplar. Ich wollte es nicht glauben. Im dritten Jahrtausend leben auf der Erde große Säugetiere, die noch nie im Fernsehen gezeigt wurden?

Das ZDF und ich recherchierten, fragten im BBC-Archiv nach und bei National Geographic. Und tatsächlich: Tonnen von Material von den anderen acht Unterarten, aber keine Filmaufnahmen von *Ovis ammon polii*. Die anderen Argalis, zum Beispiel das Gobi- oder Altai-Argali, so stellte sich heraus, gibt es zuhauf, und sie leben in Regionen, zu denen der Mensch relativ einfachen Zugang hat. Das Marco-Polo-Argali hingegen ist nicht nur sehr selten – geschätzte wenige Hundert Tiere leben in den westlichen Ausläufern des Himalajas; niemand kennt die genaue Zahl –, sondern kommt auch erst ab einer Höhe von 3500 Metern vor, in Gegenden, in denen es keine Straßen gibt, in denen man nicht einmal einen Hubschrauber mieten könnte, um aus der Luft Aufnahmen zu machen. Da war für mich schnell klar: Dieses Tier musste ich filmen.

Wegen seines gewaltigen schneckenartigen Gehörns, das eine Länge von bis über anderthalb Meter erreicht, steht das Pamir-Argali bei den Sportjägern in aller Welt ganz oben auf der Wunschliste, und die scheuen keine Kosten und Mühen, um an eine der seltenen Trophäen zu kommen. Ganz legal im Übrigen, denn das Marco-Polo-Argali darf gejagt werden. Bizarr? Vielleicht, doch das wirklich Bizarre ist: Genau das ist höchstwahrscheinlich der Grund, warum dieses Schaf überhaupt noch existiert.

Abschussgenehmigungen sind selten, und was selten ist, ist teuer. Die eigentliche Abschussgebühr ist mit etwa 10 000 Euro (je nach Größe des Gehörns) zwar nicht sonderlich hoch, dazu kommen aber noch die Kosten für Visum, Anreise, Jagdführer, Unterkunft und so weiter. Alles in allem sind da schnell 30 000 Euro beisammen. Ein Teil der Abschussgebühr kommt den Einheimischen zugute, und das ist für sie ein triftiger Grund, die Tiere rund um die Uhr vor Wilderern zu schützen – ob es sich dabei nun um Trophäenjäger handelt oder um die eigenen Landsleute, die dieses seltene Tier wegen der gewaltigen Fleischmenge jagen. Im Tianshan- oder im Pamirgebirge betreibt kein Mensch Ackerbau, wie auch?, da wächst nichts. Also sind die Leute immer fleißig wildern gegangen.

Selbst die großen Naturschutzorganisationen sehen keine andere Möglichkeit, diese Tiere zu schützen, als den restriktiven Einsatz von Abschussgenehmigungen. Ein Vertreter einer solchen Organisation sagte mir: »Für Schafe, und seien sie noch so selten, spenden die Leute nicht. Wenn wir sagen, wir brauchen zwei Millionen Dollar zum Schutz des Schneeleoparden, ist das was anderes. Das ist eine große Katze, charismatisch, geschmeidig, sieht toll aus, hat ein wahnsinnig schönes Fell. Da machen die Leute ihren Geldbeutel auf. So sind wir Menschen nun mal.«

In Karakol, im Osten von Kirgisistan, nahm uns Otto, der die Reise für uns organisiert hatte und uns begleiten würde, am Flughafen in Empfang. Luana und ich schulterten unser Gepäck und folgten Otto zu einem alten russischen Militär-Lkw, der uns tiefer ins Tianshan-Gebirge hineinbringen würde, wo uns zwei ortskundige Kirgisen, die Otto angeheuert hatte, erwarteten.

Die Fahrt war alles andere als erbaulich. Ein kirgisisches Sprichwort lautet: »Wenn ein Kirgise geradeaus fährt, muss er besoffen sein!« In dieser Weltgegend ist es nämlich angesagt, Schlangenlinien zu fahren, um den vielen tiefen Schlaglöchern auszuweichen. Den Stoßdämpfern unseres Gefährts nach zu schließen, wurde es, seit es vom Band lief, *nur geradeaus* gesteuert.

Plötzlich gab der Lkw ein dumpfes Geräusch von sich und wurde immer langsamer. Ein paar Meter weiter blieb er ganz stehen. Der Fahrer begutachtete die Maschine, drückte hier, ruckelte da und zuckte schließlich mit den Schultern. Motorschaden.

»Shit«, fluchte Otto. Er wechselte ein paar Worte in so schnellem Russisch mit dem Fahrer, dass ich nichts verstand, und schlug dann vor, die restlichen paar Kilometer zu Fuß zurückzulegen. Luana und ich stimmten sofort zu, denn im Grunde waren wir froh, dem zu entkommen.

Wir marschierten durch eine hochalpine wilde und völlig baumlose, fast ganz vegetationslose Landschaft, deren Böden von der Witterung wie zerfressen wirkten. Hier herrschte ein trockenes, kontinentales Klima. Im Sommer konnte es relativ warm werden, die Winter hingegen waren bitterkalt – was wir noch mit aller Gewalt zu spüren bekommen sollten. Die Täler in diesem Gebiet aber haben fast liebliche runde Formen, sodass man glauben könnte, man wäre in einer großen Steppenlandschaft und nicht im Hochgebirge.

Was mir jedoch als Erstes auffiel, war, dass kein Kondensstreifen am Himmel zu sehen war. In Nordkanada oder Alaska war ich ja schon des Öfteren wochenlang fernab der Zivilisation in der Wildnis unterwegs gewesen, aber da hatte ich immer wieder mal ein Flugzeug weit über mir gesehen. Aber hier? Nichts. Ein seltsames Gefühl. Wir waren völlig abgeschnitten. Nicht einmal mit meinem Satellitentelefon konnten wir Kontakt zur Außenwelt aufnehmen, weil es hier, im Grenzgebiet zu China, kein GPS-Signal empfangen konnte. Das haben die Amerikaner, in deren Händen GPS ist, in diesem Gebiet einfach abgeschaltet, vielleicht auch nur so verschlüsselt, dass man lediglich über ein spezielles Transkodiergerät die echten Koordinaten bekommt. Das Ergebnis ist dasselbe. Mein Gerät jedenfalls zeigte irgendwas an, nur nicht den wirklichen Standort.

»Da vorn«, deutete Otto nach knapp zwei Stunden mit dem Finger auf die Jurte einer Nomadenfamilie, »treffen wir Onur und Tamer, unsere kirgisischen Guides.«

Die beiden Männer, die aussahen wie Statisten in einem Dschingis-Khan-Film, begrüßten Otto und mich verhalten freundlich, für Luana hatten sie nur ein Kopfnicken übrig. Kirgisische Männer als Machos zu bezeichnen wäre noch geschmeichelt. In Kirgisistan werden Frauen bis heute oft gegen ihren Willen verheiratet, und häusliche Gewalt ist weit verbreitet, ja fast normal. Am schlimmsten trifft es kinderlose Frauen, was sich in unzähligen Sprichwörtern spiegelt, etwa: »Die Ziege mit Nachwuchs ist mehr wert als eine kinderlose Frau.« Kein Wunder, dass viele kirgisische Frauen Selbstmord begehen.

Onur, der Kleinere der beiden, verschwand hinter der Jurte und kehrte kurz darauf mit fünf gesattelten Pferden zurück.

»Keine Packpferde?«, fragte ich Otto, denn es war ausgemacht gewesen, dass er von dem Geld, das wir ihm bezahlten, zwei oder drei Packpferde besorgte.

»Ich habe keine bekommen«, versetzte er lapidar, was sich im Nachhinein als Lüge erwies, denn überall in der Gegend gibt es Pferdemärkte. Nur hätte er die Pferde irgendwie hierher transportieren müssen, und das Geld wollte er sich einfach sparen. Wie sich außerdem bald herausstellte, hatte er für die Reittiere kein Futter besorgt. Wer hätte es denn auch tragen sollen? Die Reitpferde hatten mit uns, unserem Gepäck, dem Filmequipment und den Vorräten genug zu schleppen. Wobei es wirklich erstaunlich war, dass sich die Pferde über die drei Wochen eigentlich nur von dem dürren Steppengras ernährten, das überall wuchs, selbst in Höhen von knapp 4000 Metern.

Jedenfalls fragte ich mich bei der Gelegenheit das erste Mal, ob Otto eine gute Wahl gewesen war. Wichtig war für mich gewesen, dass er der russischen Sprache mächtig ist, da mein eigenes Russisch, das ich seit der Flucht aus der damaligen DDR kaum noch brauche, stark eingerostet ist und die wenigsten Kirgisen Englisch können, und dass er mit der Mentalität der Einheimischen vertraut ist. Außerdem hat er gute Beziehungen, sonst könnte er solche Reisen, die ja normalerweise der Jagd dienen, gar nicht veranstalten. Als ich ihn in Karakol das erste Mal sah, hatte ich einen guten Eindruck. Otto ist ein drahtiger Kerl um die 50 mit wettergegerbtem, schmalem Gesicht, Dreitagebart, kurzen Haaren und lebendigen Augen – der geborene Outdoortyp. Luana sollte später immer Witzchen reißen, dass Otto eher der Typ dafür sei, mit Managern, die sich mal beweisen müssen, dass sie richtige Kerle sind, sündhaft teure Survival Trainings in der Wüste zu machen, wo sie für 10 000 Euro nur Haferflocken und schwarzen Tee bekommen und sich abends zum Schlafen irgendwo im Sand eingraben müssen. Das traf es auf den Punkt. Für das aber, was wir vorhatten, war Otto – wie sich mehr und mehr herausstellen sollte – definitiv der falsche Mann.

Sobald wir die Pferde beladen hatten, ritten wir los. Unser Weg führte uns in ein Tal, in dem wir auf mehrere frische Wolfsfährten stießen, was die Pferde natürlich unruhig machte. Uns Männer ebenfalls, allerdings aus anderem Grund, denn wir waren alle Jäger und hätten gern einen Wolf geschossen – was eine längere Diskussion zwischen Luana und mir auslöste.

»Du hast mir mal erzählt, dass du als Kind beziehungsweise Jugendlicher begeisterter Tierbeobachter warst, jetzt bist du Tierfilmer. Du liebst Tiere. Aber dazwischen hast du eine Ausbildung zum Jäger gemacht. Ich kriege nicht in meinen Kopf, wie das zusammenpasst.«

»Das ist typisches Städterdenken, dass man nicht Jäger sein kann, wenn man Tiere liebt. Ich sehe da keine Diskrepanz. Die Jagd ist ja in erster Linie beobachten, Sinne schärfen, Instinkte wachrufen. Letztendlich hat sie natürlich etwas Finalistisches, nämlich das Tier zur Strecke zu bringen. Und in der Regel konzentriert sich der Jäger auf Tiere, die in gewisser Weise anonym sind. In dem Moment, in dem es eine echte Beziehung zu einem Tier gibt, vielleicht, weil der Jäger es per Hand aufgezogen und dann im Wald ausgesetzt hat, was Jäger sehr oft machen, oder weil er es aus anderen Gründen über einen langen Zeitraum kennt, hat der Jäger kein Interesse daran, es zu töten. Meiner Meinung nach ist das Jagen etwas völlig Natürliches. Du musst dir vorstellen: Fast unsere gesamte Evolution hindurch waren wir Jäger.«

»Da hatte die Jagd aber auch den Zweck, den Menschen zu ernähren und ihm Fell und Leder für die Kleidung zu liefern!«, ereiferte sich Luana.

»Da gebe ich dir vollkommen recht«, stimmte ich ihr zu, »aber es gibt eben auch die Jagd aus Leidenschaft, nämlich die, die du im Blut hast, so wie ich. Das kann jeden treffen, dagegen kannst du nichts tun. Eines der ältesten Glücksgefühle, das jeder Mensch hat, ist das Treffen eines Zieles. Ob mit dem Wurfball auf der Kirmes, mit dem du ein paar Büchsen umschießt und sagst, wow, Treffer, ob mit dem Fußball oder einem Basketball. Oder willst du behaupten, dass du dieses Gefühl nicht kennst?«

Betroffen schaute mich Luana an und gestand dann: »Da müsste ich lügen.«

»Dass die Jagdleidenschaft zum Teil absurde Blüten treibt, will ich gar nicht bestreiten: Da fliegt ein Topmanager einmal im Jahr nach Kanada, um einen Elch zu jagen – aber bitte mit Abschussgarantie! –, sitzt danach wieder 70, 80 Stunden die Woche in seinem Büro in Frankfurt und bekommt den Rest des Jahres nichts von der Natur mit. Das hat in meinen Augen nichts mit Jagd zu tun. Die Trophäenjagd an sich hat es aber schon immer gegeben. Die Trophäe symbolisierte früher: Da wohnt ein großer Jäger, der ist in der Lage, nicht nur Erdhörnchen, sondern einen großen Elch zu erlegen. Und das wiederum hat den Frauen oder der Sippe symbolisiert: Dieser Mann kann mehrere Menschen ernähren. Das ist einer, den wir brauchen. Und so hat sich das vielleicht, vielleicht auch nicht, bis in die heutige Zeit fortgeführt. Die Trophäe war immer ein Ausdruck davon, dass du ein besonders geschickter, ein guter Jäger bist.«

»Wobei das heutzutage ad absurdum geführt wird, da man mit den modernen Waffen auf wesentlich größere Distanzen Tiere erlegen kann.«

»Lasse ich ebenfalls nicht ganz gelten«, hielt ich sofort dagegen, »weil sich die Tiere im Lauf der Evolution in gewisser Weise den Jagdtechniken des Menschen angepasst haben. Wenn ich in Regionen bin, in denen der Mensch kaum oder nur mit steinzeitlichen Mitteln jagt, was es ja kaum noch gibt auf der Welt, liegen die Fluchtdistanzen der Tiere bei 20, 25 oder 30 Metern. Das ist die klassische Speerwurfentfernung. In Gegenden, in denen die Menschen mit Pfeil und Bogen jagen, wird das Tier auf 50, 60 Meter flüchten. Es wird verhoffen, dich beobachten, und sobald du den magischen Kreis überschreitest, wird es die Flucht antreten. In Gegenden, wo der Mensch mit dem Gewehr jagt und es für das Tier gar nicht mehr einschätzbar ist, aus welcher Entfernung es sein Leben lässt, wird es in dem Moment, in dem es dich als Mensch wahrnimmt, schon das Weite suchen. Marco-Polo-Argalis sollen schon bei einer Entfernung von dreieinhalb bis fünf Kilometern den Rückzug antreten.«

»Das stimmt mich sehr optimistisch, dass du welche vor die Kamera bekommst«, warf Luana grinsend ein.

»Hm, ja«, brummte ich, »wird sicher nicht einfach werden. Aber um noch mal auf die Jagd zurückzukommen: In vielen

Köpfen spukt die Vorstellung vom edlen Wilden herum, der den Tieren eine faire Chance gibt. Den gibt es nicht, eine faire Jagd hat es auch früher nie gegeben. Jagd bedeutete Familie satt kriegen. Alles, was man kriegen konnte, wurde als Beute mit nach Hause gebracht. Wer die Natur kennt – und Jäger sind naturkundig und haben mit Sicherheit ein gesünderes Verhältnis zur Natur als die Stadtmenschen –, der weiß, dass die Natur nicht so ist, wie sie sich die meisten Menschen wünschen. Die Natur unterliegt ganz bestimmten Gesetzen, unter anderem: töten und getötet werden. Da geht es um Dominanz und Rangordnung, um fressen und gefressen werden. Gnadenlos. Wer nicht vorsichtig, helle oder schnell genug ist, um dem Feind zu entkommen, ist fällig. So einfach ist das. Und vergiss nicht: Die Jagd als solche hat nie eine Tierart ausgerottet.«

»Nur fast, zum Beispiel den Steppenbison«, warf Luana ein.

»Das war keine Jagd, sondern ein Abschlachten. Und das hatte in erster Linie politische Gründe«, widersprach ich, »man wollte die Indianer in die Knie zwingen, sie ihrer Lebensgrundlage berauben.«

»Ach so, das wusste ich nicht. Wir haben eigentlich damit angefangen, ob Jäger und Tierfilmer zu sein nicht ein Widerspruch ist«, brachte uns Luana auf das ursprüngliche Thema zurück.

»Ja, richtig. Also, ich kenne mehrere Tierfilmer, die beides sind oder waren: Jäger mit der Filmkamera und mit der Waffe; Heinz Sielmann etwa. Ich glaube, dass meine Jagdleidenschaft oft der Motor in meinem Beruf ist, der eigentliche Grund für die Zähigkeit und Ausdauer, mit der ich an einem Objekt dranbleibe. Ich sehe mich als Jäger mit der Kamera, der tage-, wochen-, manchmal monatelang das Stativ und die Ausrüstung durch die Gegend schleppt, immer wieder die Fährte aufnimmt, in der Hoffnung, irgendwann die perfekte Aufnahme zu kriegen oder zumindest die, die er sich wünscht«, erklärte ich ihr. »Nein, für mich ist es kein Widerspruch.

Ich jage ja selbst noch, habe sogar ein kleines Jagdrevier zu Hause. Nicht, weil ich stolz ein großes Geweih oder eine starke

Trophäe vorzeigen können will, sondern in erster Linie zur Fleisch-versorgung. Ich schieße im Jahr zwei bis drei Wildschweine und ein Stück Rotwild für mich und die Familie. Ein Tier zu erlegen, das in Freiheit geboren wurde und mit seinesgleichen zwei, drei oder mehr Jahre frei im Wald gelebt hat, ist meines Erachtens absolut in Ordnung, selbst wenn es die letzten drei oder fünf Sekunden vor seinem Tod vielleicht Stress hat. Dafür habe ich echt ein Problem mit Massentierhaltung. Diese Tiere führen ein absolut unwürdiges Leben.«

Inzwischen waren wir in ein weiteres, fast schneefreies Tal gelangt, in dem zig Knochen von Marco-Polo-Argalis und sogar etliche mehr oder weniger komplette Skelette lagen. Ein schauri-ger Argali-Friedhof.

»Wie kommt das?«, fragte ich mithilfe von Otto, der zwischen Onur und Tamer einerseits und Luana und mir andererseits als Dolmetscher fungierte. »Ich dachte, die Marco-Polos leben viel weiter oben?«

»Normalerweise ja, aber wenn das Futter dort knapp wird«, erklärte Tamer, »kommen sie tiefer, bis in diese Lagen, so 3000 bis 3500 Meter. Die Wölfe wissen das natürlich und jagen in die Rudel rein.«

»Das waren offensichtlich fast alles kräftige Widder, denn die haben alle ein riesiges Gehörn«, bemerkte Luana ganz richtig.

Tamer schien sich zu überlegen, ob er Luanas Frage ignorie-ren sollte, ließ sich dann aber doch zu einer – sogar erstaunlich ausführlichen – Antwort herab: »Die Lämmer und die jünge-ren Schafe sind wesentlich beweglicher als die schweren Widder mit ihrem gewaltigen Kopfschmuck, der bis zu 20 Kilo wiegen kann. Deshalb können die Wölfe die Widder leichter aus den Ru-deln separieren. Widder stellen sich auch schneller den Angrei-fern, weil sie auf ihr Gehörn vertrauen. Im Brunftkampf ist es eine hervorragende Waffe. Mit diesen runden großen Schnecken kann man wunderbar zusammenrammen und dem Rivalen und den Weibchen imponieren, aber bei einem Kampf gegen einen, geschweige denn mehrere Wölfe nutzen sie so gut wie gar nichts.«

Bei einem fast unversehrten Skelett – Rückgrat, Schulterblätter und Schädel samt Schnecken waren in einem Stück erhalten –, saß ich ab und wuchtete es hoch. Es war nicht nur verdammt schwer, sondern auch riesig: senkrecht gestellt, reichte es mir bis zu den Schultern.

»Seid ihr sicher, dass die alle« – ich ließ meinen Arm übers Tal schweifen – »von Wölfen getötet wurden? Könnten das ein oder andere Tier nicht Wilderer erlegt haben, die nicht am Gehörn, sondern nur am Fleisch interessiert waren?«

»Nein, das ist unwahrscheinlich«, meldete sich Onur zu Wort. »Wilderer schießen das Tier irgendwo oben in den Bergen und haben eine ganz andere Methode. Die zielen – meistens mit halbautomatischen Militärgewehren – auf extrem große Entfernungen einfach in ein Rudel rein in der Hoffnung, dass ein Tier einen Körpertreffer abbekommt. Wenn das Rudel dann in Panik wegprescht, kannst du in dem deckungslosen Gelände sofort sehen, ob ein Tier liegen bleibt oder so verwundet ist, dass es den anderen nicht folgen kann und zurückbleibt. Dem verpasst der Wilderer einen Fangschuss. Außerdem haben Wilderer kein Interesse am Fleisch alter Tiere, das ist viel zu zäh. Und sie zerlegen das Tier an Ort und Stelle und schleppen es nicht erst als Ganzes mühsam in ein Tal.«

»Es sieht nur so aus, als würden die Wölfe richtig viele Argalis reißen«, mischte sich nun Tamer ins Gespräch. »Schau mal, da zum Beispiel und dort drüben: Diese beiden Skelette sind schon regelrecht in die Flechten und das Gras eingewachsen. Hier wächst aber alles sehr langsam. Und mindestens sechs Monate im Jahr herrscht Dauerfrost und schützt der Schnee alles vor der UV-Strahlung. Das heißt, das, was du hier liegen siehst« – wie ich vorhin, beschreibt nun Tamer mit seinem Arm einen weiten Bogen – »ist vermutlich die Ausbeute von 50 Jahren, und das wiederum heißt, dass wahrscheinlich nur alle zwei, drei Jahre ein Argali den Wölfen zum Opfer fällt.«

Diese Region ist wie die meisten alpinen Regionen der Erde sehr artenarm. Ab und zu sah man einen Schwarzmilan oder einen Geier am Himmel kreisen oder ein Steinhuhn aufflattern. Weit entfernt zog mal ein Rudel Steinböcke dahin. Allerdings muss es viele Murmeltiere geben, denn überall sind ihre Baue. An diesen wiederum fanden sich vereinzelt Spuren des Himalaya- beziehungsweise Isabellen-Braunbären. Und dann gibt es natürlich noch das seltenste Tier in diesem ganzen Gebiet: den Schneeleopard.

Tamer und Onur erzählten, dass in den Tälern außerdem sibirische Rehböcke leben und Altai-Marale.

Am übernächsten Morgen, als Luana und ich noch völlig steif und durchgefroren im Zelt lagen, knallten in nächster Nähe mehrere Schüsse. Wir quälten uns nach draußen und sahen Onur und Tamer mit ihren alten russischen Militärkarabinern hinter Wölfen herschießen, die sich, wahrscheinlich vom Geruch der Pferde angelockt, ans Camp rangeschlichen hatten. Die beiden repetierten und schossen, repetierten und schossen, bis das ganze Magazin leer war – und trafen keinen einzigen Wolf. Wenige Sekunden später waren die Tiere nur mehr ein paar graue Punkte in der Ferne und dann über die nächste Bergkuppe entschwunden. Na, ihr seid ja tolle Jäger, dachte ich mir.

Gemeinsam suchten wir den Schnee, der in der Nacht gefallen war, nach Spuren ab, ob nicht vielleicht zumindest ein Wolf irgendwo getroffen war, aber nein, kein einziges Blutströpfchen war zu sehen.

»Wie ist das mit den Marco-Polo-Argalis?«, fragte ich eine halbe Stunde später bei einer Tasse Tee. »Wie nah kommt ihr an die ran?«

»Sobald die Tiere dich wahrgenommen haben, hast du überhaupt keine Chance mehr«, meinte Tamer. »Es gibt eigentlich nur zwei Möglichkeiten: Du pirschst dich über einen Felsen oder eine Felskuppe, hinter der sie stehen, Millimeter für Millimeter an, oder du hast halt Glück, dass ein Rudel aus irgendeinem

Grund auf dich zu zieht. In beiden Fällen musst du gut getarnt sein und muss der Wind auf dich zu stehen, sodass sie keine Witterung von dir bekommen. Dann kann es sein, dass du relativ nah, also 200 bis 300 Meter, an sie herankommst – oder sie an dich.«

Immer weiter drangen wir in die Hochlagen des Tianshan-Gebirges vor, wo selbst die Täler mit Schnee bedeckt waren. Diese Hochtäler sind riesige Kessel, eher große Ebenen; die Talböden liegen auf 3000 bis 3500 Höhenmeter und ringsum steigen die Hänge auf 4000, 5000 oder gar 6000 Meter an. Das ist eine der wildesten Landschaften, die ich in meinem Leben gesehen habe. Und nicht nur, dass sie wild ist, sie ist vor allem menschenleer. Luana war genauso begeistert. Ein ums andere Mal sagte sie: »Mensch, das glaubt mir keiner daheim, wie toll das hier aussieht!«

Andererseits hatten Luana und ich erhebliche Probleme. Die dünne Luft, die körperlichen Strapazen und die Eiseskälte setzten uns so zu, dass wir, obwohl todmüde, nachts nur sehr schlecht schliefen. Selbst ich, der ich Kälte gewöhnt bin, lag oft stundenlang frierend in meinem Schlafsack oder bibberte untertags im Sattel vor mich hin. Die Erkältung mit Husten, Schnupfen, Heiserkeit, die ich aus Deutschland mit hierher geschleppt hatte, forderte ihren Tribut. Außerdem liefen Luana und ich im Gegensatz zu den anderen immer wieder mal ein Stück zu Fuß, um eine besondere Einstellung zu drehen, zum Beispiel, wie der Pferdetross vor dieser Wahnsinnsgebirgskulisse entlangritt.

Tamer und Onur, die auf der einen Seite sehr entspannt waren und regelmäßig ihre Pausen brauchten, vor allem um Wodka zu trinken und ein Stück Speck oder Trockenfleisch zu essen, wurden auf der anderen Seite immer leicht ungehalten, wenn sie gerade in ihrer gewohnten Geschwindigkeit dahintrotteten und Luana und ich dann sagten: »Da runter? Da reit ich nicht runter! Ganz bestimmt nicht! Das ist mir zu steil.« Man sah ihnen regelrecht an, dass sie sich dachten: O Mann, wieso können die das nicht? Und ich dachte mir dann: Ich würde euch zu gern mal in

Deutschland in ein Auto setzen und auf eine Autobahn schicken. Ihr wüsstet überhaupt nicht, was Sache ist. Und fändet es bestimmt nicht lustig, wenn die Fahrer in den anderen Autos so ein Gesicht ziehen würden wir ihr jetzt.

Einmal kamen wir an eine Geröllhalde, die so steil war, dass die Pferde sie im Prinzip auf dem Hintern runterrutschten, während sie sich mit den Vorderläufen einspreizten, um nicht zu schnell zu werden. Onur, Tamer und Otto erschütterte das kein bisschen; die saßen ganz locker im Sattel und trieben die Pferde sogar noch mit der Peitsche an.

Dazu muss man wissen, dass Pferde für die Menschen in dieser Gegend etwas ganz Elementares sind: neben den eigenen Beinen das alleinige Fortbewegungsmittel in dieser Abgeschiedenheit und daher so wichtig wie für uns unser Auto. Und so, wie es bei uns überall Gebrauchtwagenmärkte gibt, gibt es dort allerorten Pferdemärkte. Die Gespräche der Männer drehen sich folglich nicht um Porsche, BMW und Audi, nicht um PS und Spritverbrauch, sondern um Pferde und die Jagd – ein offenbar unerschöpfliches Thema, denn Tamer, Onur und teilweise auch Otto redeten jeden Abend darüber.

Manchmal schauten die drei schon bei der Mittagsrast etwas zu tief in die Wodkaflasche und waren dann leicht benebelt. Otto fing dann meistens an, dummes Zeug zu erzählen, aus der Zeit, wo er im Kaukasus Steinböcke gejagt hat, oder von irgendwelchen Prostituierten, die bei ihm alle Natascha hießen. Einerseits war dieser Typ sehr klar, sportlich und erfahren, andererseits hatte er seltsame Aussetzer, und ich dachte mir, hm, mit dem möchte ich keine zweite Tour machen müssen, das war kein glücklicher Griff.

Die beiden Kirgisen waren sich ziemlich sicher, dass wir im übernächsten Tal Marco-Polo-Argalis sehen würden – weil da immer welche wären, so ihre lapidare Begründung. Sogar größere Rudel. Damit meinten sie, wie ich mittlerweile wusste, Gruppen von 20 bis 25 Tieren. Je näher wir kamen, desto lebendiger und unruhiger wurden die beiden. Schon im nächsten Tal hießen sie uns vom Pferd steigen und mich in mein Schneehemd schlüpfen, an dem ich gleich ein Ansteckmikrofon befestigte. Obwohl noch weit weg von bewusstem Tal, schlichen wir im Zeitlupentempo voran, immer schön im Gänsemarsch, um möglichst wenig Fläche zu bieten.

Und als wir schließlich über die Felskante guckten, war da – nichts. Vielleicht hatten es die beiden nur besonders spannend machen wollen, denn sie sagten, hinter dem nächsten Hang, im nächsten Tal wären aber ganz bestimmt welche. Also stiegen wir aufs Pferd und ritten weiter. Und man will es nicht wahrhaben: Zwei Stunden später – zwei Stunden sind in dieser Gegend keine Zeit, nicht einmal zu Pferd – fanden wir im Schnee frische Fährten von einem ganzen Rudel.

Wir also wieder runter vom Pferd und diesmal einen sehr steilen Hang hoch. Mittlerweile hatte sich mein Husten derart in den Bronchien festgesetzt, dass mein Atem rasselte, hatte ich permanente Kopfschmerzen und war ständig durchgefroren. Kurz und gut: Ich hatte die allergrößten Probleme, mich, die Kamera und das Stativ den Hang hochzuschleppen.

Luana lief neben mir her und filmte mich. Ich pfiff aus dem letzten Loch, japste dennoch was in die Kamera, weil der Ton ja authentisch sein sollte. Ganz, ganz langsam und voll getarnt schob ich mich dann, derweil Luana in Deckung blieb, Zentimeter für Zentimeter an die Felskante heran, um in das andere Tal hineinschauen zu können.

Ich machte etwa 25 Marco-Polo-Argalis aus, darunter zwei starke Widder, die, wie auf einer Perlenschnur aufgereiht, nicht mit höchster Geschwindigkeit, aber sehr stetig den Gegenhang hochzogen. Obwohl sie ungefähr 500 Meter von uns entfernt waren und der Wind auf uns zu stand, hatten sie uns offensichtlich bemerkt.

»China«, erklärte Onur mit Blick auf den Grat, dem die Tiere sich näherten, und schüttelte den Kopf.

»China plocho!«, stimmte ich zu. »China schlecht!«

Zwar war hier weit und breit weder ein Grenzer noch ein Grenzpfahl oder Ähnliches zu sehen und gehörte diese Grenze wahrscheinlich zu den am schlechtesten bewachten der Erde, aber das Risiko war uns trotzdem zu groß.

Ich filmte die Tiere trotz der großen Entfernung, denn immerhin waren es die ersten Marco-Polos, die ich lebend und in freier Wildbahn zu Gesicht bekam. Die Aufnahmen wurden, wenn wundert's, nicht sonderlich scharf, da ich die Schafe stark heranzoomen musste. Dennoch war ich auf einmal ziemlich euphorisch, weil ich mich meinem Ziel, professionelles Filmmaterial von Marco-Polo-Argalis zu bekommen, recht nah wähnte.

Die nächsten Tage verpassten dem Hochgefühl einen empfindlichen Dämpfer. Wir bewegten uns immer mehr oder weniger an der chinesischen Grenze entlang, weil dieses Gebiet selbst für hiesige Verhältnisse extrem abgelegen ist, außerdem stark zerklüftet und daher am ehesten die Chance bot, nah an die Tiere heranzukommen. Mehrere Male ließen wir die Pferde weit zurück, postierten uns im Schneehemd an einem steilen Hang, verharrten dort in völliger Bewegungslosigkeit und suchten stundenlang das Tal mit dem Spektiv oder dem Fernglas ab. Zwar sahen wir in diesen Tagen hin und wieder weit entfernt ein Rudel, aber sobald uns die Tiere wahrnahmen – und das taten sie schon auf fünf Kilometer, denn Bergschafe können extrem gut sehen –, entschwanden sie über den nächsten Bergkamm, weil sie wussten: Diese Silhouette – Pferd mit Reiter – bedeutet nichts Gutes; da gibt es irgendwann eine Knallerei, und dann fehlt wieder einer von uns.

Nach insgesamt zwei Wochen im Sattel war uns endgültig klar, warum die Marco-Polo-Argalis bisher nie gefilmt worden waren: Sie auszumachen war mit unglaublichen Mühen und Strapazen verbunden und erforderte zudem eine gewaltige Portion Glück. Und dabei hatte ich ganz bewusst den rauen November als Expeditionstermin gewählt, wenn sich die Marco-Polo-Argalis paaren, denn selbst die scheuesten Tiere der Erde werden in der Paarungszeit unvorsichtig und haben ein herabgesetztes Feindverhalten. Für die Marco-Polo-Argalis jedoch müsste der Begriff »scheu« neu definiert werden, denn nie zuvor und nie wieder seither habe ich so ängstliche und achtsame Tiere erlebt.

Es war extrem frustrierend, und keiner von uns hatte mehr sonderlich viel Motivation. Keine der Strategien, die wir verfolgten, um an die Argalis heranzukommen, führte zum Erfolg. Wir alle hatten durch das wenige, nicht sehr kohlenhydratreiche Essen, die Kälte tagsüber, die extreme Kälte in der Nacht – die Temperaturen lagen selten über minus 15 Grad –, wo man den Körper nicht warm bekam, und natürlich die körperliche Betätigung in der dünnen Luft viel Gewicht verloren und waren die Entbehrungen ziemlich leid. Wir konnten uns nur notdürftig waschen, und selbst in kalter, trockener Luft beginnt die Kopfhaut irgendwann zu jucken. Ich war der Einzige, der sich überwinden konnte, sich die Haare zu waschen – vermutlich, weil ich das schon des Öfteren unter ähnlichen Bedingungen in Alaska und Kanada getan habe. Viel unangenehmer, als dass das eiskalte Wasser in den Haaren sofort zu Klumpen gefriert, ist, dass man keinen Fön zur Hand hat, um sich die kalte Kopfhaut warm zu blasen.

Hinzu kam, dass der Wodka aufgebraucht war, was bei den beiden Kirgisen für erhebliche Missstimmung sorgte, denn die brauchten ihre Tagesration Sprit. Selbst Luana und ich hatten uns das ein oder andere Mal mit Wodka ein bisschen bei Laune zu halten versucht, nach dem Motto: Wenn ich schon in einen kalten Schlafsack kriechen muss, dann wenigstens ein bisschen angeschickert, damit ich die Kälte nicht mehr so merke!

Vor allem Otto sprach immer wieder davon aufzugeben. Kein Wunder: Sein Honorar war ihm sicher; es ruhte längst auf seinem Konto.

Als wir wieder einmal am Gegenhang eines Tals ein Rudel ausmachten, beratschlagten wir zum x-ten Mal, welche Strategie wir ausprobieren könnten.

Gerade dieses Rudel hätte ich gern gefilmt. Durch mein Spektiv hatte ich nämlich erkennen können, dass Brunftbetrieb herrschte: Sobald ein Schaf in den Schnee harnte, kam ein Widder angelaufen und schnupperte an dem Urin. Wenn ihm gefiel, was er roch, trieb er das Schaf mehr oder weniger immer im Kreis herum; zwei Widder stiegen auf den Hinterläufen hoch und schlugen die Hörner zusammen. Das Ganze konnte man aus der großen Entfernung mehr erahnen als wirklich sehen. Zwar hatte mein Spektiv eine 60-fache Vergrößerung, aber die Sonne, die sich ausgerechnet jetzt seit Langem wieder mal blicken ließ, brachte die verschiedenen Luftschichten zum Wabern.

Nach langem Gerede machte Tamer schließlich einen Vorschlag: »Du arbeitest dich allein ganz vorsichtig von vorn heran, während wir einen großen Bogen um das Rudel schlagen. Dazu werden wir etwa vier, fünf Stunden brauchen. Du hast bis dahin wahrscheinlich diesen Berggrat« – Tamer zeigte auf eine Kante in knapp zehn Kilometer Entfernung, die unter »normalen« Bedingungen in einem weniger extremen Gelände leicht in zwei Stunden zu erreichen wäre – »über den das Rudel aller Erfahrung nach ziehen wird, fast schon erreicht. Sobald wir im Rücken der Tiere sind, werden wir sie ganz behutsam beunruhigen, sodass sie nicht panikartig flüchten, sondern gemächlich in deine Richtung ziehen. Wenn du dann mit viel Glück deine Aufnahmen hast, brauchst du ja nicht die ganze Strecke zurücklaufen, sondern steigst einfach den Hang auf der anderen Seite hinunter, und wir empfangen dich da.«

Wäre die Situation eine andere gewesen, hätte ich sicher sofort zugestimmt, denn Tamers Idee klang einigermaßen Erfolg versprechend. Doch hier und jetzt überlegte ich lange, ob ich mich auf das Vorhaben einlassen sollte. Wir würden uns für diese Verhältnisse sehr weit voneinander entfernen und hatten ja keine Funkgeräte dabei. Wenn mir etwas zustoßen, ich zum Beispiel an einem Hang abrutschen und mich schwer verletzen sollte, würde es Stunden, wenn nicht Tage dauern, bis man mich fände. Das andere war: Meine starke Erkältung war zwar mehr oder weniger überstanden, ich fühlte mich einigermaßen gut und kam seit zwei, drei Tagen mit der Kälte besser zurecht, aber richtig fit war ich nicht. Andererseits war da dieser unbändige Wille, Marco-Polo-Argalis vor die Kamera zu bekommen.

»Okay, machen wir es so«, entschied ich schließlich.

Ich zog mir mein Schneehemd über, umwickelte eine kleine und eine größere Kamera und sogar das Stativ mit weißen Tüchern und stapfte los. Zum Glück war die Schneedecke so fest, dass ich nicht beim jedem Schritt einbrach, was das Vorwärtskommen noch beschwerlicher gemacht hätte, als es ohnehin schon war. Das Einzige, was von mir zu sehen war, war mein Schatten; dagegen war ich machtlos.

Lautlos und beinahe unsichtbar wanderte ich in stetem Schritt dahin, immer die Marco-Polo-Argalis im Auge. Die Brunft mit allem Drum und Dran ließ das Rudel nun schon einige Zeit an derselben Stelle verharren. Vor allem ein auffallend starker Widder interessierte sich sehr für die brünftigen Weibchen und versuchte ständig aufzureiten, um sie zu decken. Doch nicht allen Tieren vernebelte der Trieb die Sinne. Typisch für Bergschafe, hielten Wachtposten Ausschau nach Feinden. Wachtposten halten den Kopf ziemlich weit am Boden, als würden sie äsen, werfen ihn zwischendurch blitzschnell hoch und suchen die Gegend ab. In der Fachsprache nennt man dieses Verhalten scheinäsen.

Seit etwa einer halben Stunde lief ich nun knapp unterhalb des stetig ansteigenden Grats entlang, der mich von dem Tal trennte, in dem die Marco-Polos standen, und warf nur noch ab und zu vorsichtig einen Blick hinüber. Weil ich das Ganze dokumentieren wollte, hielt ich mir hin und wieder die kleine Kamera vor das Gesicht, stammelte außer Puste ein paar Sätze ins Mikrofon und stolperte dabei weiter den Berg hoch. Einmal hatte ich sogar die kühne Idee, die relativ große Videokamera, die ich mitschleppte, vor mir in den Schnee zu stellen, 20 Meter ab- und dann wieder aufzusteigen, um den späteren Fernsehzuschauern demonstrieren zu können, unter welch harten Bedingungen der Film entstand und wie ich mich quälte.

Ich war auf sage und schreibe einen Kilometer herangekommen, als die Tiere spürten, dass irgendetwas im Gange war. Eile schien ihnen allerdings nicht geboten. Das Rudel setzte sich langsam in Bewegung und zog gemächlich von mir weg, weiter den gegenüberliegenden Hang hoch. Ich dachte immer, ich wäre ein guter Jäger, und ich war gut getarnt, aber die Tiere haben mir vorgeführt, was Wahrnehmung wirklich bedeutet. So etwas wie das hier habe ich in der Form noch nie erlebt. Der Spruch eines Indianerstammes in Nordamerika fiel mir ein: Das Haar, das das Karibu verliert, kann der Braunbär wittern, der Elch hören und das Schaf sehen. Ich hätte heulen können.

Doch dann wendete sich das Blatt. Völlig überraschend muss das Rudel seine Richtung geändert haben, denn als ich das nächste Mal über den Berggrat luge, sind die Tiere nur 150 Meter entfernt und halten schräg zu mir auf eine steile Wand zu. Vorneweg läuft das Leitschaf mit seinem Lamm, dann kommen mehrere weibliche Tiere, schließlich etliche junge und ein recht starkes Männchen; den Schluss bildet ein hochkapitaler Widder.

Dummerweise bin ich gerade an einer schroff abfallenden, mit Geröll übersäten und stark vereisten Stelle, schaffe es aber irgendwie trotzdem, das Stativ aufzustellen – nur kann ich aus meiner Position heraus die Kamera nicht richtig schwenken. Immerhin gelingen mir ein paar Aufnahmen, wie die letzten Tiere an mir vorbeiziehen. Ich wundere mich gerade über mein Glück, nicht entdeckt worden zu sein, als ein weibliches Tier plötzlich den Kopf in meine Richtung dreht, verhofft und dann in hohem Tempo ein Stück die Wand hoch flüchtet, das restliche Rudel mit sich ziehend. Dort bleibt es kurz stehen und äugt zu mir herunter, bevor es seinen Weg, nun wieder in gemächlichem Schritt, fortsetzt.

Hier zeigt dir die Natur die Grenze des Machbaren, denke ich mir und wende mich um.

Vor mir breitet sich eine atemberaubende Landschaft mit einer gewaltigen Gebirgskulisse aus und zeigt sich in all ihrer schroffen Schönheit. Ein Gefühl zwischen Ehrfurcht und Verzückung erfasst mich, und mir wird klar: Hier gehört der Mensch nicht hin! Das ist nicht unsere Welt!

Wolken schoben sich vor die Sonne, und plötzlich war alles in milchiges Licht getaucht. Höchste Zeit, mich meinen Begleitern anzuschließen. Mit dem Fernglas suchte ich das Tal unter mir ab und entdeckte sie in etwa drei Kilometer Entfernung. Ich steckte die kleine Kamera in den Rucksack, schulterte die große samt Stativ und machte mich auf den Weg.

Auch auf dieser Seite war der Hang voller Geröll und vereister Stellen, sodass der Abstieg meine volle Konzentration erforderte. Nichtsdestotrotz blieb ich alle paar Meter stehen und blickte zu den Argalis hinüber in der Hoffnung, dass sie sich ein weiteres Mal nähern würden. Auf einmal fielen kurz hintereinander drei Schüsse, und die Schafe stoben in wildem Galopp davon. Ich blieb abrupt stehen. Wer zum Teufel hat da geschossen?, fragte ich mich und schaute mich erschrocken um. Galten die Schüsse mir, sollten sie mir sagen, dass ich nun endlich von diesem Berg runterkommen solle, weil es ein relativ langer Ritt bis zum Camp war? Oder weil irgendetwas passiert war? Aber was? Oder waren es Warnschüsse? Nur: um wen wovor zu warnen?

Wieder suchte ich mit dem Fernglas meine Begleiter. Da, da waren sie, fast noch an derselben Stelle wie vorhin, ganz die Ruhe, keine hektischen Bewegungen, kein Fuchteln. Plötzlich hielt ich irritiert inne, guckte, ließ das Fernglas sinken, rieb mir die Augen, und schaute ein weiteres Mal hindurch.

»Es müssten vier sein: Luana, Tamer, Onur und Otto«, murmelte ich, »ich sehe aber nur drei!«

So schnell es das Gelände zuließ, hastete ich ins Tal hinab. Auf halbem Weg sah ich Otto ein Stück entfernt zu Pferd aus einem Seitental kommen. Nanu, wo kommt der denn her?, wunderte ich mich. Wenige Meter vor den anderen trafen sich unsere Wege. Otto hatte wie ich ein Schneehemd an, nur war seines mit Blut beschmiert. Und auch um sein rechtes Auge herum war alles voller Blut.

»Auwei, bist du gestürzt?«, fragte ich betroffen.

»Ach was, nein! Das ist vom Rückschlag des Gewehrs, als ich auf diesen Widder geschossen hab.«

Ich glaubte meinen Ohren nicht trauen zu können.

»Du hast *was* gemacht?«, rief Luana.

»Ja, da war doch dieser superstarke Widder dabei, so einen starken hab ich noch nie gesehen! Und ich hab eine Jagdlizenz für Marco-Polo-Argalis. Also dachte ich, auf den schieße ich, vielleicht krieg ich ihn ja – aber ich hab ihn gefehlt.«

Diese Unverfrorenheit verschlug mir die Sprache; das Einzige, was über meine Lippen kam, war ein völlig unartikulierter Laut. Ich wusste, dass Otto Jäger und Jagdführer ist, klar, letztlich sind wir deshalb überhaupt auf ihn gekommen. Aber ich wollte filmen, und *ich* war derjenige, der ihn für diese Tour bezahlte! Und nachdem wir uns wochenlang gequält hatten und ich endlich nah an Argalis herangekommen war, besaß er die Frechheit, auf die Tiere zu schießen und sie damit zu vertreiben! Das setzte allem, was wir bis dahin mit Otto erlebt hatten, die Krone auf. Ich war so fassungslos, dass ich nicht einmal Wut verspürte.

Auf dem Rückweg ins Camp erzählte mir Luana, dass Otto sich vom Rest der Gruppe abgesetzt hatte, nachdem er Onur und Tamer ein paar Worte auf Russisch zugeworfen hatte, worauf ich mir die Geschichte wie folgt zusammenreimte: Als Otto gesehen hatte, wo das Rudel langzog, hatte er sich von den anderen getrennt und war vorgeritten, um in eine gute Schussposition zu kommen. Hatte dann auf den starken Widder geschossen, dabei aber vor Aufregung die Waffe nicht richtig gegen die Schulter gedrückt, sodass ihm durch den sehr starken Rückschlag das hintere Ende des Zielfernrohrs mit voller Wucht gegen das Auge schlug. Weil er aufs Höchste erregt war, hat er das zunächst gar nicht richtig gemerkt und noch mal und noch mal geschossen – wobei eilig nachgeworfene Schüsse immer unpräziser werden und so gut wie nie treffen, was er als Jäger wissen sollte.

»Irgendwie kann ich immer noch nicht glauben, was sich der Mistkerl« – ich nickte zu Otto hin, der einige Meter vor uns ritt – »erlaubt hat. Und ich ertrag den Typen nicht mehr. Wir brechen die Reise hier und jetzt ab und machen uns auf den Rückweg«, verkündete ich Luana, nachdem jeder für sich eine Weile seinen Gedanken nachgehängt war.

»Und die Argalis?«, fragte Luana irritiert.

»Ach, weißt du, eigentlich war ja von Anfang an klar, dass ich diese Tiere nicht aus nächster Nähe formatfüllend und in absoluter Schärfe vor die Kamera bekommen würde. Für mich stand daher bei dieser Tour noch mehr als bei den anderen die abenteuerliche Suche im Vordergrund«, erklärte ich. »Immerhin ist es mir als Erstem überhaupt gelungen, professionelles Filmmaterial von Marco-Polo-Argalis zu bekommen. Die Bilder haben zwar keine Topqualität, dafür besitzen sie, wie ich finde, eine recht hohe Intensität. Und die Chance, in den nächsten Tagen ein weiteres Mal so nah heranzukommen und bessere Aufnahmen zu kriegen, ist verschwindend gering bis gar nicht vorhanden. Außerdem ist unsere Zeit eh fast um. Warum sollten wir uns also noch länger quälen?«

Wie nebenbei erwähnte Tamer, dass ein Tal weiter Khan in seiner Jurte lebe.

»Jurte?«, horchte Luana auf. »Wie wundervoll, das klingt nach Wärme und Behaglichkeit. Können wir da nicht einfach hinreiten?«

Tamer warf mir einen fragenden Blick zu. Zwar bezeugten die beiden Kirgisen Luana, die in den vergangenen gut zwei Wochen wirklich einiges geleistet und nie geklagt hatte, mittlerweile widerwillig Respekt, aber sie war halt »nur« eine Frau.

»Ich habe nichts dagegen, mal wieder im Warmen zu sitzen, ganz im Gegenteil«, räumte ich ein. »Wer ist dieser Khan?«

»Das ist ein ganz, ganz Harter!«, antwortete Tamer. »Früher war er offizieller Schneeleopardenfänger für die Sowjets, die die Tiere für harte Devisen an Zoos in aller Welt verkauften.«

Bei der Erwähnung von Schneeleoparden wurde ich natürlich sofort hellhörig, denn die IUCN führt sie als »stark gefährdet«. Nach Schätzungen gibt es insgesamt noch zwischen 4500 und 7000 wild lebende Individuen dieser Art. Ihr Verbreitungsgebiet ist das Hochgebirge Zentralasiens, wobei in ganz Kirgisistan weniger als 200 dieser herrlichen Großkatzen leben sollen.

Ich war sehr gespannt auf diesen Khan. Einen Tag später lugte Onur in die Jurte und winkte uns dann hinein. Ein kleiner, sehr hagerer, aber durchtrainierter Mann mit Schnauzbart begrüßte uns eher wortkarg, lud uns mit einer Handbewegung zum Niedersitzen ein und bot uns Tee an.

»Der ist, glaube ich, nicht sonderlich erbaut, dass da fünf Leute einfach so in sein Heim geplatzt sind«, tuschelte Luana, während Khan den Tee zubereitete.

Wie sich bald herausstellte, war die einsilbige Begrüßung jedoch keineswegs ein Zeichen von Unmut, sondern entsprach schlichtweg Khans Naturell. Er ist grundsätzlich ein zurückhaltender Mensch, der nicht viele Worte verliert. Und Neugier liegt ihm fern. Natürlich stellte Otto Luana und mich vor und erklärte kurz, warum wir hier waren. Khan wirkte kein bisschen überrascht, als wäre es das Selbstverständlichste der Welt, dass zwei Deutsche durch die eisige Bergwelt Kirgisistans streifen, um Schafe zu filmen. Er nickte mit dem Kopf und musterte uns beide gründlich, aber auf eine Art, die in keiner Weise unangenehm war. Das Bild, das er dabei von uns gewann, schien ihm zu genügen.

»Tamer hat mir erzählt, dass du früher Schneeleoparden lebend gefangen hast. Sind die nicht sehr scheu?«, fragte ich, als Khan uns allen Tee gereicht und sich zu uns gesetzt hatte.

»Nein, eher neugierig. Wenn man ihm begegnet, flüchtet er nicht panisch, sondern zieht langsam davon«, erklärte er.

»Und wie hast du die Schneeleoparden gefangen?«

»Ich habe einen Köder in eine Falle gelegt«, gab Khan bereitwillig, aber knapp Auskunft.

»Was für eine Falle, ein Fangeisen?«, bohrte ich provozierend nach, denn in so einer Falle wird das Tier in der Regel verletzt, und die Zoos wollten sicher unverletzte Tiere haben.

»Nein«, schnaubte Khan verächtlich. »Wilderer arbeiten mit Eisen, ich nicht. Ich habe schon Schneeleoparden gesehen, denen ein Lauf fehlte. Die sind irgendwann in ein Eisen geraten und konnten sich befreien. Manchmal schießen die Wilderer die Schneeleoparden sogar.«

»Ein Schneeleopard mit drei Läufen hat in freier Wildbahn sicher kaum eine Überlebenschance, oder?«, fragte ich weiter. Man musste Khan wirklich alles aus der Nase ziehen.

»Nein, wie soll er denn jagen?«

»Was ist denn so die Hauptbeute?«

»Hier oben Steinböcke, Schafe, Ziegen, Murmeltiere. In den Niederungen auch mal Hirsche, Rehe und so. Er hat ein großes Beutespektrum.«

»Du hast also keine Fangeisen verwendet, was dann?«, kam ich auf meine vorherige Frage zurück.

»Ich habe ein Stück Fleisch von einem Steinbock oder einem Schaf und hin und wieder ein lebendes Huhn in einer großen Holzkiste angebunden. An einer Seite war eine Klappe mit einem Schließmechanismus, der mit dem Köder verbunden war. Sobald der Schneeleopard an dem Köder zog, sauste die Klappe herunter, und er war gefangen. Ganz einfach.«

Khans Antworten wurden nun ausführlicher; vielleicht weil er mein echtes Interesse spürte, vielleicht, weil ihm klar war, dass ich immer weiterfragen würde, es für ihn also einfacher wäre, auch mal einer Frage vorzugreifen.

»Und davon konntest du leben?«, wagte ich die sehr persönliche Frage.

»Im Prinzip reichte es, wenn ich im Jahr ein oder zwei Schneeleoparden fing. Es gab allerdings Jahre, in denen ich keinen einzigen erwischte; es gibt hier ja nur sehr wenige, und diese wenigen haben riesige Reviere, die sie unregelmäßig durchstreifen, sodass sehr schwer einzuschätzen ist, wo sie gerade sind. Meistens ist es daher reiner Zufall, wenn dir ein Schneeleopard begegnet. Und selbst wenn man eine Fährte findet, weiß man ja nicht, ob sich der Schneeleopard noch länger in dem Teil seines Reviers aufhält oder vielleicht schon morgen weiterzieht. Er ist im Grunde unberechenbar, und an ihn ranzukommen ist noch schwieriger.

Ja, und in den Jahren, in denen ich keine fing, musste ich halt ein paar Steinböcke schießen, um über die Runden zu kommen, oder unten im Tal einen von den großen Maralhirschen. So bin ich zumindest unabhängig geblieben.«

»Ich würde zu gern einmal einen Schneeleoparden in freier Wildbahn sehen«, gestand ich.

Khan wechselte mit Tamer ein paar Worte auf Kirgisisch. Dann musterte er mich erneut, als würde er einen Gedanken abwägen.

»Durch die frühe, starke Schneelage sind die Steinböcke schon so auf 3000 Meter Höhe runtergekommen«, sagte er schließlich und machte eine bedeutungsvolle Pause. Ich fragte mich gerade, worauf er hinauswollte, da fuhr er fort: »Ich habe in den letzten Tagen mehrmals einen Schneeleoparden gefährtet, der hinter Steinböcken her ist. Übermorgen will ich wieder losziehen, ihn suchen. Wenn ihr wollt, könnt ihr mitkommen.«

Ich zog scharf die Luft ein und wechselte einen Blick mit Luana. Mehrere Dinge schossen mir auf einmal durch den Kopf: Unsere Zeit ist fast abgelaufen. Die Flüge sind gebucht, und wir können von hier aus nicht umbuchen. Und wenn wir die Flüge sausen lassen, verliere ich eine Stange Geld! Andererseits: Soll ich mir eine solche Chance entgehen lassen? Die bekommt man vielleicht nur einmal im Leben. Das wäre ja bescheuert!

»Denk in Ruhe drüber nach«, schlug Khan vor, der meinen Zwiespalt zu spüren schien.

»Was meinst du?«, wandte ich mich an Luana.

»Ich? Wieso ich? Das musst du entscheiden, Andreas«, erwiderte diese überrascht. »*Ich*«, setzte sie grinsend nach, »ich an deiner Stelle würde mir die Gelegenheit sicher nicht entgehen lassen.«

»Hm, ja. Aber wenn« – obwohl Otto mit Onur nach draußen gegangen war, dämpfte ich meine Stimme – »würde ich es ohne die anderen drei machen wollen. Dann muss halt mein Russisch herhalten – und zur Not Hände und Füße. Kannst du länger als geplant bleiben? Und willst du überhaupt? Alternativ könntest du mit Otto nach Karakol zurückreiten.«

Luana zuckte mit den Schultern und meinte lapidar: »Ob ich eine Woche früher oder später zurück in Deutschland bin, spielt keine Rolle. Und Khan hat gesagt, er zieht übermorgen los. Bis dahin kann ich mich hier ja ein bisschen erholen und mal so richtig aufwärmen.«

»Also gut, ich pfeif aufs Geld und die Kosten! Und irgendwie werden wir schon aus Kirgisistan rauskommen!«

In dem Moment kam Otto wieder in die Jurte und ich erklärte ihm, dass Luana und ich bei Khan bleiben und seine Dienste sowie die von Tamer und Onur nicht mehr brauchen würden. Otto war das nur recht. Sein Honorar hatte er ja bereits erhalten, außerdem waren sein Auge und seine Backe dick angeschwollen und tat ihm die ganze rechte Gesichtshälfte weh. In Tamers und Onurs Augen blitzte es auf, als sie hörten, dass ihre Arbeit hier beendet war. Ich denke mal, ihr erster Gedanke galt dem Wodka, den sie sich schon morgen würden einverleiben können. Khan übrigens trank überhaupt keinen Alkohol, nur Tee.

Schnell war der Rest besprochen. Luana und ich würden in Begleitung von Khan mit den anderen zum Camp zurückreiten, um unsere Sachen zu holen. In etwa zehn Tagen oder etwas mehr würde uns Khan dann nach Karakol begleiten und Otto anschließend die Pferde übergeben, die Luana und ich die nächsten Tage natürlich noch brauchten.

Zwei ganze Nächte und einen vollen Tag kosteten Luana und ich die Behaglichkeit und Wärme der Jurte in vollen Zügen aus. Mit 16, 17 Grad war die Jurte nicht gerade überheizt, aber wir empfanden es nach über zwei Wochen, die wir ausschließlich bei Minustemperaturen im Freien verbracht hatten, als wohlig warm. Die Jurte war sehr solide gebaut und fest installiert, also keine »Reisejurte«. Das Bauprinzip ist jedoch immer dasselbe. Das Gerüst bildet eine Art Scherengitter, das zum Schutz gegen Regen, Schnee, Wind und Kälte mit großen Planen aus dickem Filz abgedeckt wird. Der Boden im Innenraum wird meist mit Teppichen ausgekleidet. In Khans Jurte war es extrem aufgeräumt, alles hatte seinen festen Platz.

Am ersten Abend gab es eine kleine Überraschung für mich: Kaum hatte ich mich auf das mir zugedachte Nachtlager gelegt, setzte in einer Ecke des Kissens hektisches Gekrabbel ein, und ich hörte leises Piepsen und Fiepsen. In dem großen alten Bezug, gefüllt mit Heu, Stroh oder was auch immer, hatte sich eine ganze Mäusefamilie häuslich niedergelassen.

Khan erwies sich in den folgenden Tagen als hervorragender Kenner der Gegend und der Tiere, die hier lebten, und als charismatischer und angenehmer Mensch. Luana behandelte er weit weniger machohaft, als Tamer und Onur dies getan hatten, und das tat ihr sichtlich gut. Die Jahre in der Wildnis waren nicht zu verkennen: Der Kirgise war ein hervorragender Reiter, bewegte sich äußerst geschmeidig, fast schon elegant und beinahe lautlos. Sobald wir seine Jurte verließen, sprach er nur im Flüsterton und war darauf bedacht, nicht aufzufallen. Sein Tarnanzug zum Beispiel war nicht einfach nur weiß, sondern hatte graue Flecken, sodass Khan sowohl im Schnee als auch auf Geröllhalden, die nur leicht überschneit waren, eine sehr gute Tarnung hatte. Ihm selbst schien ohnehin nichts zu entgehen. Ich habe nur selten jemanden kennengelernt, der so sehr sensibilisiert ist für das, was um ihn herum vorgeht. Alles an Khan war auf das Leben und das Überleben in dieser einsamen, eisigen Welt ausgerichtet. Sogar sein Gewehr: Läufe, Mündung und Zielfernrohr hatte er mit Schonern versehen, damit im Fall eines Sturzes alles gegen Schmutz und Schnee geschützt war und nichts beschädigt wurde.

Zwar kehrten wir jeden Abend in die Jurte zurück und mussten die Nächte nicht im Freien verbringen, zwar schleppten Luana und ich seltener als in der Zeit davor die Kameras durch die Gegend und mussten uns nicht über dämliche Sprüche von Otto oder das unmögliche Verhalten der beiden Kirgisen Luana gegenüber ärgern, dennoch waren die Tage mit Khan alles andere als ein Zuckerschlecken. Es wurde noch kälter, so kalt, dass selbst reißende Gebirgsbäche zuzufrieren begannen, und immer wieder schneite es; stellenweise lag der Schnee bald meterhoch.

Der Weg in das Tal, in dem Khan den Schneeleoparden gefährtet hatte, führte durch steile, enge Täler, eher Schluchten ähnlich, durch die ein eisiger Wind pfiff, der uns den Schnee als Tausende feine, spitze Nadeln ins Gesicht trieb. Zum Teil konnte ich Khan, der wenige Meter vor mir ritt, nur schemenhaft erkennen. Es war eine Tortur für Pferd und Reiter. Und da ich den Zuschauer ja gern »mitnehme«, also ihn möglichst authentisch und intensiv am Geschehen teilhaben lassen möchte, damit er weiß: Das, was ich da im Fernsehen sehe, ist nicht gestellt, da läuft keine Windmaschine und verteilt keine Schneekanone ein bisschen künstliches Schneegeriesel, sondern das ist echt – aus diesem Grund also wollte ich das filmen.

Ich zog meine kleine Videokamera unter der Jacke hervor und befestigte sie mit einer kleinen Halterung an meinem Ärmel. Nun saß ich also auf einem Pferd und ritt im Schneesturm hinter dem dick vermummten Khan her, dem sein Gewehr schräg über den Rücken hing. Und obwohl mein Gesicht am Erfrieren war, filmte ich mich und sprach, nein, brüllte gegen den Sturm eine Moderation in die Kamera. Total kurios. Wenn das jemand beobachtet hätte, hätte er bestimmt gedacht, die haben sie nicht mehr alle!

Mit Onur und Tamer gemein hatte Khan im Übrigen die Vorstellung, dass, was er konnte, auch Luana und ich können müssten. Einmal zum Beispiel querte ein Gebirgsfluss unseren Weg, dessen Wasser zwischen den völlig vereisten Ufern sprudelnd und brodeln dahinschoss. Khan ritt einfach weiter. O nein, dachte ich, der will da jetzt nicht wirklich mit uns durch, oder? Tatsächlich lenkte Khan sein Pferd weiter auf den Fluss zu. Am Rand brach es durch das Eis, und blitzschnell riss Khan seine Beine hoch. Im nächsten Moment stand das Pferd bis zum Bauch im reißenden Wasser. Ungerührt und unter heftigem Einsatz seiner Gerte trieb Khan es ans andere Ufer und brüllte: »Andreas, idi suda, idi suda!«, was so viel heißt wie: »Komm her, komm her!«

Nein, ich kann das nicht, schoss es mir in den Kopf. Zwar hatte ich nie zuvor und nie wieder danach so trittsichere Pferde wie die Mongolenpferde gesehen, trotzdem sah ich mich schon samt Tier, Sattel und Kameraequipment den eisigen Fluss hinuntertreiben.

Ich drehte mich zu Luana um, doch die verzog keine Miene. Das muss die jugendliche Unbedarftheit sein, sagte ich mir. Luana ist bestimmt noch nie in eisiges Wasser gefallen und fast erfroren – im Gegensatz zu meinem älterer Sohn Erik und mir.

Das war, als ich den Yukon von Anfang bis Ende bereiste. Am Anfang, zu Beginn des Frühlings, begleitete mich Erik für einige Wochen. Wir waren zunächst zu Fuß oder mit Skiern, später mit dem Kanu unterwegs. Die Ufer des Yukon waren vereist, viel stärker als der Gebirgsfluss hier in Kirgisistan. Wir tasteten uns mit dem Kanu im Schlepp vorsichtig zum offenen Wasser vor, der leichtere Erik vorn, ich hinten. In dem Moment, in dem Erik in das Kanu einsteigen wollte, brach eine Eisplatte vom Rand los und kippte. Erik rutschte in den eiskalten Yukon, klammerte sich aber geistesgegenwärtig ans Kanu. Im letzten Moment konnte ich am anderen Ende ins Kanu springen, bevor es von der Strömung mitgerissen wurde. Mir blieben nur wenige Sekunden, bis Eriks nasse Handschuhe gefrieren würden und er den Halt verlöre! Ich unterdrückte die aufkommende Panik und stieg vorsichtig über all das Gepäck, während das Kanu auf eine Packeisbarriere zuschoss! Jetzt nur nicht kentern! Erik hatte Todesangst in den Augen; ich werde diesen Blick mein Leben lang nicht mehr vergessen. Im allerletzten Augenblick gelang es mir, meinen Sohn aus dem Wasser zu ziehen.

Gerettet war er damit noch lange nicht. Es hatte weit unter null Grad, und Erik war pitschnass. Ich paddelte wie ein Geisteskranker und schrammte das Kanu mithilfe der Strömung Bug voraus auf festen Grund. Erik war bereits stark unterkühlt. Aus ein paar mickrigen Weiden und Erlen sowie Treibholz, das ich unter dem Schnee hervorgrub, entfachte ich ein Feuer, das jedoch nur qualmte, nicht wärmte. Dann holte ich meinen Jungen aus seinen bretthart gefrorenen Klamotten, zog ihm trockene Sachen an und rubbelte und massierte ihn. Zwischendurch versuchte ich ihn dazu zu bringen, dass er sich bewegte. Er konnte nicht. Er war viel zu schwach. Nach wie mir schien endloser Zeit hörte Erik zu zittern auf. Schnell baute ich das Zelt auf und packte Erik in seinen Schlafsack. Dann rieb und knetete ich ihn weiter, bis mein Junge irgendwann sagte: »Papa, ist gut, du reibst mir noch die Haut von den Knochen.«

Am Ende derselben Reise, Erik war längst wieder zu Hause bei seiner Mutter und seinem Bruder, brach ich selbst durchs Eis in den Yukon. Mittlerweile war später Herbst, und wieder war es eiskalt. Überall nur Schnee und Eis; das Feuer brauchte eine Ewigkeit, um mich zu wärmen. Und obwohl ich mich nach nur wenigen Sekunden aus dem Wasser ans Ufer hatte retten können, war ich so ausgekühlt, dass ich meine ganze Willenskraft aufwenden musste, um mir trockene Sachen anzuziehen und mich zu bewegen.

Zurück nach Kirgisistan: Ich nahm all meinen Mut zusammen und hoffte darauf, dass Artak die Durchquerung meistern würde. Artak hatte aber mindestens genauso viel Angst wie ich. Die Augen weit aufgerissen, die Ohren angelegt, stand er stocksteif am Ufer und rührte sich keinen Millimeter. Ich erhöhte den Schenkeldruck – nichts. Ich trat ihn in die Flanken – keine Reaktion. Widerwillig hieb ich ihm mit der Peitsche aufs Hinterteil, und da endlich marschierte er los. Mitten im Fluss brach er auf einmal ein Stück ein, und mir blieb vor Schreck fast das Herz stehen. Doch Artak fing sich sofort wieder und brachte uns heil an Land. Luana meisterte das Kunststück mit ziemlicher Bravour, und ich zog einen imaginären Hut, als sie zu uns aufgeschlossen hatte.

Ein anderes Mal ritten wir auf einem Wildwechsel von Steinböcken. Gleich rechts war eine Steilwand, direkt links von uns ging es gut 300 Meter fast senkrecht in die Tiefe. Ein einziger Fehltritt von Artak oder einem der anderen Pferde, dachte ich, und die Expedition ist zu Ende. Auf einem ähnlich schmalen

Pfad sollte ich gegen Ende unserer Expedition einen Unfall haben: Khan, der stets den Ehrgeiz hatte, uns ganz, ganz weit in die Berge hineinzuführen, hatte sich mit der Zeit verschätzt, und wir kamen in die Dunkelheit. Wir hatten noch einen dreistündigen Ritt zurück zur Jurte vor uns, und das einzige Licht, das wir hatten, waren unsere drei kleinen Stirnlampen und das bisschen Helligkeit, das der Schnee abstrahlte. Die Tiere zur Eile zu treiben war uns unter diesen Bedingungen zu riskant, also ließen wir sie dahintrotten. Urplötzlich rutschte der sonst so trittsichere und zuverlässige Artak aus und fiel – mit mir im Sattel – gegen den Berghang, der neben uns aufragte, und klemmte mein rechtes Bein ein. Zum Glück war nichts gebrochen, allerdings tat mein Bein tagelang tierisch weh.

So viel dazu. Nun endlich zu den Schneeleoparden.

Die erste Fährte entdeckte Khan von einem Felsen aus. Obwohl die Spuren ein gutes Stück entfernt waren, war sich der Kirgise sicher, dass es sich um die Fährte einer Riesenkatze und nicht die eines Steinbocks oder eines Marco-Polo-Argalis handelte. Ich konnte auf die Entfernung so gut wie überhaupt nichts erkennen, dennoch erklärte mir Khan das Trittmuster. Während Huftiere »breitbeinig« daherkommen und stärker einsinken, ist die Spur eines Schneeleoparden sehr eng und hinterlässt nur leichte Abdrücke im Schnee, da seine riesigen Tatzen wie Schneeschuhe wirken. Außerdem streift sein extrem langer Schwanz immer wieder den Boden.

Unsere erste Begegnung mit der Großkatze war ebenfalls sehr »distanziert«: In etwa anderthalb bis zwei Kilometer Entfernung sahen wir das grau gesprenkelte Tier über weißen Schnee laufen. Doch dann war uns das Glück hold. In der Luft kreisende Kolkraben und Bartgeier, auch Lämmergeier genannt, zeigten uns einen Kadaver an.

»Vielleicht der Riss eines Schneeleoparden. Wir lassen die Pferde hier und pirschen uns an«, entschied Khan.

»Ja, warum nicht, sind ja nur etwa zwei Kilometer«, brummte Luana, als ich ihr Khans Worte übersetzte.

»Hey, was ist los, Luana? Du zickst doch sonst nie?«, fragte ich sie.

»Ich zicke nicht, ich maule! Und das wird mir nach drei Wochen Mühsal wohl mal erlaubt sein«, blitzte sie mich an, aber im nächsten Moment machte sie lachend eine wegwerfende Handbewegung, drehte sich um und stapfte hinter Khan her.

Je näher wir der Stelle kamen, über der die Vögel kreisten, umso vorsichtiger bewegten wir uns, und Khan suchte mit den Augen immer wieder das Gelände ab. Auf einmal bleib er so plötzlich stehen, dass Luana fast gegen ihn gelaufen wäre. Er legte den Finger an die Lippen, dann deutete er nach vorn. Dreißig Meter vor uns lag ein toter Steinbock im Schnee – das heißt eigentlich nur ein Teil davon, denn die hintere Seite war beinahe aufgefressen. Drum herum jede Menge Haare und viel Blut.

»Schneeleopard«, raunte er nach einem kurzen Blick auf die Biss- und Kratzspuren. »Der kommt wieder, und zwar relativ schnell; bestimmt noch heute. Weil ihm sonst Geier, Raben oder Füchse zu viel von seiner Beute holen. Normalerweise, wenn Schneeleoparden Beute gemacht haben und nicht alles auf einmal fressen können, versuchen sie den Riss in ein Versteck zu ziehen oder mit Schnee abzudecken.« Er bedeutete uns, ihm zu folgen, ging in einem Bogen um den Steinbock herum, damit wir keine Witterung an dem Riss hinterließen, und führte uns ein gutes Stück weit weg. »Wenn du überhaupt eine Chance haben willst, ihn vor die Kamera zu kriegen, Andreas, dann brauchst du eine Stelle, wo du eine gute Übersicht hast«, flüsterte er. »Und in dem Moment, wo der Schneeleopard auftaucht, musst du drehbereit sein, darfst du dich absolut nicht mehr bewegen; selbst wenn du völlig getarnt hinter einer Schneewand sitzt, wird er die kleinste Bewegung von dir registrieren.«

»Und wo soll diese Stelle sein? Er wird doch sicher erst einmal einen großen Bogen um den Kadaver laufen, um festzustellen, ob ein Feind in der Nähe ist. Das heißt, er wird mich auf alle Fälle wittern – es sei denn, ich postiere mich ewig weit weg«, wandte ich ein.

»Nein, denn die Schneeleoparden in dieser Gegend sind nicht misstrauisch, wenn sie zu ihrem Riss zurückkehren, weil selten Menschen hierherkommen. Er wird also den direkten Weg nehmen, auf einmal einfach da sein – sofern der Wind nicht zufällig ausgerechnet aus deiner Richtung kommt. Wir haben uns mit dem Wind von dem Aas entfernt; und einen Abstand von 150 Meter, was reichen sollte. Also musst du dir irgendwo hier einen Platz suchen.«

Überrascht stellte ich fest, dass der Wind tatsächlich von dem Riss zu uns herüberwehte.

Jetzt wurde mir klar, warum uns Khan nicht in die Richtung, aus der wir gekommen waren, von dem Steinbock weggeführt hatte, und ich bewunderte sein vorausschauendes Denken. Nur wenn der Schneeleopard ausgerechnet hinter uns wäre, würde er uns riechen können.

Wir suchten eine Stelle, die mir freien Blick gewährte, und hoben ganz leise und vorsichtig eine kleine Schneegrube aus, in der ich das Stativ mit Kamera postierte und mit weißen Tüchern abdeckte. In Blickrichtung zum Riss würde ich einen kleinen Ausguck, bestehend aus Schnee, trockenem Gras und ein paar Fichtenzweigen haben.

»Gut, ich komm so eine Stunde vor Dunkelheit und hol dich ab. So lange musst du hier ausharren. Denk an was Schönes, und hör in die Natur rein«, verabschiedete sich Khan und zog mit Luana davon.

Nun sitze ich also bei minus zehn Grad in meinem Schneeloch, die Kamera auf den Riss scharf gestellt, und kann nichts anderes tun als warten. Eigentlich ist mir die Entfernung zu weit, aber mit dem großen Teleobjektiv würde ich immerhin formatfüllende Bilder drehen können. Im Sucher der Kamera kann ich deutlich den gerissenen Steinbock erkennen, den Kopf, das kleine Gehörn des Jährlingstiers.

Wird er kommen? Wenn ja, wann? Wird das Licht so lange halten? Das ist meine größte Sorge. Wird er mich vorher wahrnehmen und flüchten?

Längst haben sich die Kolkraben und die Bartgeier, die sich von unserer Anwesenheit nur kurz hatten irritieren lassen, wieder um und auf dem Kadaver versammelt, hacken – *klong, klong* – in die Augen, zerren die Innereien aus dem aufgebrochenen Leib, und ich vertreibe mir die Zeit damit, sie zu beobachten.

Zehn Grad unter null sind für mich eigentlich kein Problem, zumal die Luft sehr trocken ist, ich gut eingepackt und nach mittlerweile drei Wochen gut an die Kälte gewöhnt bin, aber wenn ich mich nicht bewegen kann, spüre selbst ich sie irgendwann. Die wenigen Male, die ich mich rühre, achte ich darauf, mich ja nicht preiszugeben: mir die juckende Nase reiben, den Kopf nach rechts oder links drehen, wenn ich ein Geräusch oder eine Bewegung wahrnehme – alles im Zeitlupentempo. Und immer wieder der Gedanke: Hoffentlich kriegt er keine Witterung von mir! Ich habe keine Ahnung, wie lange ich bereits ausharre, aber die Sonne steht nun schon so tief, dass der Riss im Schatten liegt. Schade.

Es gibt keine Vorwarnung und kein Vorzeichen, als der Schneeleopard kommt, es ist genau so, wie Khan es beschrieben hat: Wie aus dem Nichts ist er da. Er steht auf einer Bergkuppe in etwa 400 Meter Entfernung und ein gutes Stück höher als ich und äugt zum Riss hinunter. Dann verschwindet er, umrundet den Hügel und taucht 30 Sekunden später wieder auf, nun auf einer Höhe mit mir. In diesen 30 Sekunden habe ich die Kamera gestartet, noch mal die Einstellung geprüft und mich darauf gefasst gemacht, ihn zu filmen. Ein Glück, dass er nicht direkt neben dem Riss aus dem hohen Gras aufgetaucht ist, denke ich mir, dann hätte er bestimmt das Klicken der Kamera gehört.

Der Schneeleopard spurt zum Steinbock und macht sich sofort über den Riss her. Mit seinem Scherengebiss reißt er in Katzenmanier Stücke aus der Keule sowie dem Rücken und schlingt sie hinunter. Die Kolkraben halten Abstand. Mittlerweile sind sie ohnehin satt. In der letzten Stunde haben sie kaum mehr gefressen, sind stattdessen immer öfter mit kleinen Fleischbrocken im Kropf weggeflogen, um Futterdepots anzulegen. Durch dieses typische Verhalten der Kolkraben wird der Geruch des Kadavers in einem größeren Umkreis gestreut, was oft andere Tiere, wie Marder oder Füchse, auf den Plan ruft.

Ungefähr vier Minuten lang filme ich verschiedene Einstellungen des Schneeleoparden beim Fressen. Dann will ich eine Sequenz drehen, in der ich zunächst über die Landschaft und dann zurück auf den Schneeleoparden schwenke. Ganz behutsam und vorsichtig bewege ich die Kamera, und da passiert es: Obwohl ich im Schatten bin, fängt die Frontlinse für den Bruchteil einer Sekunde von irgendwoher eine Lichtreflexion ein, der Schneeleopard reißt den Kopf hoch, äugt kurz in meine Richtung – und verschwindet im hohen Gras.

Als Khan mich abholen kam, war ich so steif, dass er mich aus der Schneegrube ziehen und aufs Pferd hieven musste. Am nächsten Morgen machten Luana und ich uns in seiner Begleitung auf den Weg nach Karakol. Von dem ruhigen, charismatischen Kirgisen Abschied zu nehmen fiel uns schwer.

»Eines weiß ich«, sagte ich zu Luana, als wir acht Tage später für unseren Flug eincheckten, »sollte ich jemals wieder hierherkommen und einen Guide brauchen, werde ich alles daransetzen, Khan zu finden.«

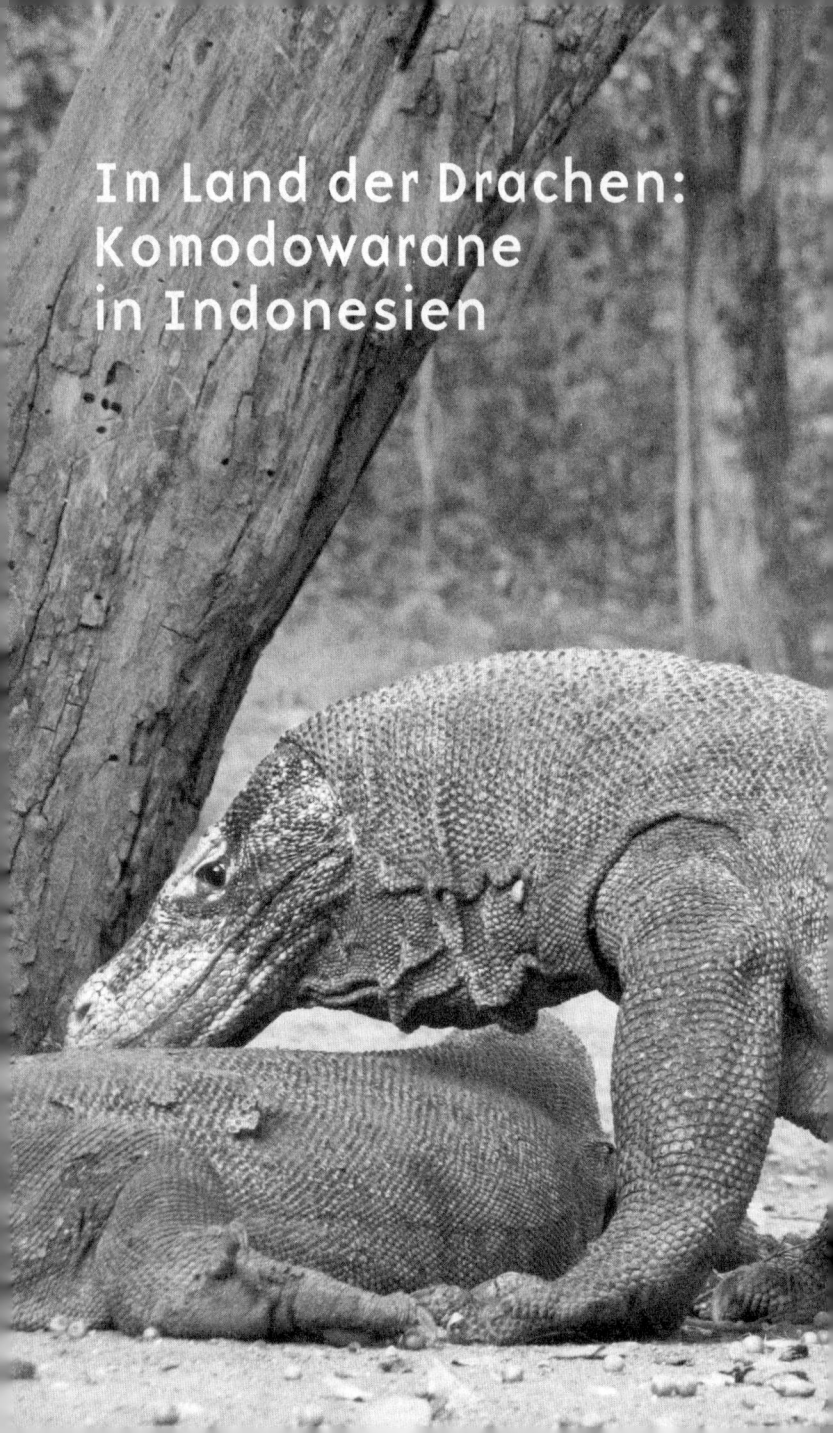

Im Land der Drachen: Komodowarane in Indonesien

Einer meiner größten Kindheits- und Jugendträume in Sachen Tier war, einmal wie John Wayne in Afrika auf dem berühmten Hatari-Sitz zu sitzen und ein großes Tier einzufangen. Mittlerweile habe ich schon oft auf so einem Sitz gesessen – nicht um Tiere zu fangen, sondern um sie aus größter Nähe zu filmen. Und jedes Mal wieder finde ich das höchst spannend. Da liegt ein Löwe nur zwei Meter entfernt, und ich denke, komisch, dass der nichts macht. Es braucht nur einen Sprung, und er holt dich vom Sitz runter. Aber er tut es nicht. Doch wehe, du setzt nur einen Fuß auf den Boden ...

Tatsächlich fing ich als Kind, wie am Anfang des Buches geschildert, unzählige Tiere ein, naturgemäß aber eher kleinere, und mit Vorliebe Echsen und Schlangen. Dieses Interesse für Reptilien blieb auch, als aus dem Tierfänger der Tierfotograf wurde. Und dann sah ich eines Tages das Foto von einem Komodowaran und einem Menschen. Der Waran musste drei Meter lang sein und bestimmt so hoch wie unser Couchtisch zu Hause! Das konnte kein echtes Foto sein! Solch riesige Echsen konnte es auf der Erde doch gar nicht mehr geben! Unweigerlich dachte ich an Saurier – und an Drachen, die feuerspeienden Wesen, die den Menschen einst Angst und Schrecken einjagten. Wenn es in früheren Jahrhunderten hieß: »In diesem finsteren Wald wohnt ein Drache«, dann hielt sich bis auf tapfere Ritter jeder tunlichst fern. Die Drachenschädel, die man damals in Höhlen fand und die den Legenden immer neue Nahrung gaben, stammten in Wahrheit übrigens von Höhlenbären.

Seit ich das Foto gesehen hatte, stand auf meiner Wunschliste, einmal zur Insel Komodo zu reisen, von der die größte Landechse der Erde ihren Namen hat. Es sollten jedoch viele Jahre vergehen, bis sich dieser Traum erfüllte – im Rahmen meiner »Expeditionen zu den Letzten ihrer Art«, denn es gibt nur noch etwa 5000 Exemplare in einem eng umrissenen Verbreitungsgebiet, das außer der Insel Komodo einige kleine Gebiete auf der großen Insel Flores sowie die Eilande Rinca, Padar, Gili Mota und Uwada Sami umfasst – also nur sechs von den etwa 14 000 Inseln Indonesiens.

5000 Exemplare klingt eigentlich recht gut, doch da es bei den Komodowaranen dreimal so viele Männchen wie Weibchen gibt, dürfte die Zahl der fortpflanzungsfähigen Weibchen weit unter 1000 liegen. Eine Seuche oder Krankheit, sei es unter den Komodowaranen selbst oder unter ihren Hauptbeutetieren, könnte den Fortbestand der Art ganz massiv gefährden. Auch könnten die wirtschaftlichen und die innenpolitischen Probleme Indonesiens dazu führen, dass die Naturschutzgesetze in Zukunft noch stärker vernachlässigt werden, als dies zum Teil schon bisher der Fall ist. In so manchem Naturschutzgebiet richten Wilderei und Umweltzerstörung irreparable Schäden an.

Als ich vor meiner Abreise nach Komodo erzählte, dass ich dort die großen Warane filmen wollte, stellte ich erstaunt fest, dass viele Menschen noch nie von diesen Tieren gehört hatten; wieder andere hatten zwar von ihnen gehört und vielleicht auch, dass sie einen hochgiftigen Speichel haben, Letzteres aber für eine Erfindung der Medien gehalten. Zugegebenermaßen wusste ich selbst lange Zeit nicht viel mehr als das, was Douglas Adams in »Die Letzten ihrer Art« über diese seltenen und seltsamen Tiere geschrieben hatte. Erst im Frühjahr 2009 entdeckten Forscher, dass die Komodowarane ihre Beute durch Giftdrüsen zwischen den Zähnen außer Gefecht setzen.

Zum Glück gestaltete sich unsere Anreise nicht ganz so umständlich wie die von Douglas Adams und dem Biologen Mark Carwardine, der ihn begleitet hatte.

Unser erster Step von Frankfurt aus war Bali. Was für eine Enttäuschung! Denpasar – wo der Flughafen ist – und Umgebung waren laut, es war hektisch, es war total überlaufen – kurz: Es war der Horror! Unzählige Kleinbusse, Taxis, Mopeds und Mofas, die sich an keinerlei Regeln zu halten schienen, verstopften die Straßen und verpesteten die Luft. Hatten wir uns gerade beglückwünscht, eine Straße heil überquert zu haben, wurden wir als Nächstes von betrunkenen australischen oder neuseeländischen Jugendlichen oder irgendwelchen Sextouristen angepöbelt. Zwar soll es, wie ich später erfuhr, auf der »Insel der Götter«, wie Bali genannt wird, tatsächlich Oasen der Harmonie, des Friedens und der Freundlichkeit geben, aber mit Sicherheit sind sie nicht im Süden der Insel.

Ständig versuchte uns jemand eine Schnitzerei, einen Sarong oder eine Uhr anzudrehen, wobei frech behauptet wurde, die Uhr für umgerechnet 20 Euro sei eine »original« Breitling oder Rolex. Das erste englische Wort, das ein Balinese lernt, ist, darauf würde ich fast wetten: Massage. Alle paar Meter hörten wir »Massage, massage, very good«, »Do you want massage? Very cheap!«. Ich ließ es auf einen Versuch ankommen. Eine halbe Stunde später glänzte ich wie ein Speckstreifen, stank von Kopf bis Fuß nach Kokosöl und hatte zwei Räucherstäbchen hinter den Ohren stecken. Und musste Luanas Spott ertragen, die sich der Prozedur verweigert hatte.

Von Bali aus flogen wir mit einer äußerst klapprigen Maschine nach Flores. Auf unsere Frage meinte die Flugbegleiterin, wir bräuchten uns überhaupt keine Sorgen zu machen, Air Indonesia würde mit gebrauchten Maschinen von Air Uganda fliegen, und die wären super in Schuss und es würde ganz selten nur eine abstürzen. Na dann.

»Wow, was für eine Landschaft! Schau!«, rief Luana, die am Fenster saß, und stieß mir den Ellbogen in die Seite. »Da *müssen* einfach Drachen leben!«

Die Inselwelt, die unter uns dahinglitt, war unglaublich schön. Einige der Inseln sahen selbst wie Drachen aus, die nur ihre braunen, grauen oder grünen Rückenzacken aus dem kristallklaren Meer ragen ließen.

Wir landeten ohne Probleme in Labuan Bajo am westlichen Zipfel von Flores. Während wir im Flughafengebäude, das eigentlich nur eine kleine Halle war, auf das Gepäck warteten, fragte uns ein »Schlepper«, ob wir wegen der Komodowarane oder zum Tauchen hier wären, und erzählte, dass er jemanden mit einem Boot kenne, der uns nach Komodo oder wohin auch immer fahren könne. Dazu muss man wissen, dass Touristen, die in diese Region kommen, nur diese beiden Interessen haben: Komodowarane zu sehen und/oder die traumhafte Unterwasserwelt zu erkunden. In der Regel buchen sich Tauchtouristen allerdings auf Schiffen ein, auf denen sie dann mehr oder weniger den gesamten Urlaub verbringen.

Kaum hatten wir das Flughafengebäude im Gefolge des Schleppers verlassen, wurden wir von Händlern überfallen, die uns unbedingt eine Perlenkette aufschwatzen wollten und uns ständig versicherten, es seien alles echte Perlen. Echte Perlen heißt in dem Fall Perlen aus Zuchtfarmen, die ja im Grunde echte Perlen sind, nur dass den Muscheln kleine Styroporkügelchen injiziert werden, um die sich in Rekordtempo Perlmutt bildet. Man merkte schon am Gewicht, dass die Perlen aus Zuchten stammten und nicht natürlich gewachsen waren. Mit Müh und Not den aufdringlichen Perlenverkäufern entronnen, bahnten wir uns unseren Weg durch Horden weiterer Souvenirverkäufer, die uns schreiend und fuchtelnd wer weiß was alles andrehen wollten.

»Fast 95 Prozent der Menschen auf Flores sind Christen«, erklärte uns der Schlepper gerade, was ich bereits aus Reiseführern wusste. Während ich mich noch wunderte, warum er das erwähnte, begann der hiesige Muezzin seine wenigen Schäfchen über einen riesigen Lautsprecher lautstark zum Gebet zu rufen.

Die Region um die Kleinen Sunda-Inseln ist bekannt für sehr starke Meeresströmungen, weshalb immer wieder davor gewarnt wird, mit kleinen Booten übers Meer zu fahren. Das fiel mir just in dem Moment ein, als uns der Schlepper zu einer kleinen Nussschale brachte, die nicht gerade vertrauenerweckend aussah. Aber das Boot war preiswert zu mieten, bot ausreichend Platz, und mir war der Motor sympathisch: eine alte Maschine aus Deutschland von der Firma Lanz, von der ich einen alten Traktor in meiner Sammlung stehen habe.

Am Hafen von Labuan Bajo, das nicht sehr groß ist, gibt es einen riesigen Markt mit einem immensen Angebot an frischen Sachen – was nötig ist, da die wenigsten Menschen hier einen Kühlschrank haben. Aus demselben Grund werden die Tiere lebend verkauft.

Das Angebot an Obst und Gemüse war wirklich verlockend, doch Luana und ich brauchten möglichst lange haltbare Sachen, da wir drei Wochen auf den Dracheninseln verbringen würden und man uns gesagt hatte, dass es auf den meisten nichts zu kaufen gab. Also erstanden wir so Dinge wie Kartoffeln, Reis, Salz, Gewürze, Tee, Kaffee, mehrere Paletten Eier und drei große Kisten warmes – natürlich warmes – indonesisches Bier. Sowie vier lebende Hühner. Zum einen hatte ich gehört, dass Hühner, vor allem lebende, sehr gute Gastgeschenke sind, und zum anderen lieben Komodowarane Geflügel. Auch zu Hühnern erzählte Douglas Adams eine nette Geschichte, und da Luana das Buch kannte und wusste, dass ich ein großer Douglas-Adams-Fan bin, hatte sie gemeint: »Hey, das ist einfach Pflicht für dich! Du *musst* lebende Hühner mitnehmen.«

Kaum war alles im Boot verstaut, legten wir ab. Die Crew bestand aus drei Leuten: dem Kapitän, der das Boot steuerte und sich mit den Riffen, den Untiefen und den gewaltigen Meeresströmungen bestens auskannte, dem Koch – ja, das kleine Boot hatte tatsächlich einen eigenen Koch – und einem dritten Mann, der während der gesamten Fahrt damit beschäftigt war, mit einer primitiven Pumpe eindringendes Wasser aus dem Boot zu pumpen – immerhin gut sieben Stunden lang, eine beachtliche Leistung, denn länger als drei, vier Minuten durfte er seine Aufgabe keinesfalls unterbrechen. Damit war klar, warum das Boot so günstig zu mieten war.

Die Überfahrt nach Komodo, das wir uns als Erstes ansehen wollten, verlief erstaunlich ruhig, und der alte Lanz-Glühkopfdiesel, zu Beginn der Fahrt mit einer Kurbel angeschmissen, lief ohne zu mucken die ganze Zeit durch. Das Problem war nur, dass so große Einzylinder mit einem gewaltigen Kolben und einem kleinen Ausgleichgewicht unheimlich starke Vibrationen erzeugen, was wahrscheinlich ein Grund war, warum das Schiff so langsam auseinanderzufallen anfing. Und was, und das war für mich viel wichtiger, es schier unmöglich machte, ein paar Filmeinstellungen von der Überfahrt und der Ankunft an den Dracheninseln zu dokumentieren. Luana versuchte es sowohl mit Stativ als auch freihändig, die Ergebnisse waren in beiden Fällen eher unbefriedigend.

Auf Komodo war beziehungsweise ist nichts so, wie ich es mir gewünscht und erträumt hatte. Der Bootsanleger besteht aus Plastikpontons, die im Wasser schwimmen und an denen die kleinen, zugegeben sehr malerischen Boote festmachen. Man wird wie in Labuan Bajo sofort von einer Schar Händler überfallen, die einem Zuchtperlen andrehen wollen und natürlich behaupten: »All natural, all natural.« Alles wirkte ein bisschen heruntergekommen, obwohl viel gebaut wurde. Und es war sehr, sehr touristisch.

Die meisten Touristen – als wir dort waren, waren es in erster Linie Amerikaner, Russen und hin und wieder Holländer – strömen nach Komodo, um die Warane zu sehen, klar, schließlich haben die Tiere von dieser Insel ihren Namen. Es wird eine »Dschungeltour« angeboten, die über einen ausgetretenen Trampelpfad führt, an dem ein, zwei oder drei angefütterte Warane liegen. Man kommt zum sogenannten Opferplatz, einer Art Amphitheater, zu dem man bis vor etwa 15 Jahren lebende Ziegen oder Hühner mitbringen konnte. Oben steht eine rundum offene Hütte – Douglas Adams nannte sie das »Café am Rande des Universums« –, und unten ist die Drachenschlucht, also der Futterplatz. An Drahtseilen mit Eisenhaken wurden hier früher die Beutetiere zu den Waranen hinuntergelassen.

Heutzutage werden dort keine Tiere mehr verfüttert – weder lebende noch tote –, und für denjenigen, der einmal im Leben einen Komodowaran sehen will und vielleicht nur einen Tag Zeit hat, ist Komodo mit Sicherheit kein schlechtes Ziel, denn die Wahrscheinlichkeit, hier tatsächlich einen großen Drachen zu sehen, ist sehr groß. Außerdem kostet die Tour nicht viel, und es ist sogar ein Ranger dabei, der einiges über die Tiere erzählt. Aber es ist wie bei den Fütterungen in einem Zoo: »Jetzt ist es Viertel nach zehn, meine Damen und Herren, wir müssen jetzt ganz leise sein, weil hier irgendwo ein Waran liegen könnte. Und wir schauen uns mal um, ach, da liegt er, pssst, Vorsicht, da liegt ja einer!«

Ts, der liegt halt immer da, und man denkt: Lebt der? Oder ist der ausgestopft und wird mit einem Elektromotor bewegt? Und der Waran wird sich denken: Schon wieder 'ne Touri-Truppe!

Das war nun wirklich nicht das, was Luana und ich wollten. Also zurück nach Rinca, Komodos Nachbarinsel, an der wir am Vormittag bereits vorbeigeschippert waren und die eigentlich erst für später auf unserem Programm gestanden hatte. Rinca ist, nach allem, was wir recherchiert hatten, noch sehr ursprünglich. Hier sollen sogar mehr Warane als auf Komodo leben, und weil die Insel vom Tourismus weitgehend verschont ist, sollen die Menschen viel freundlicher sein.

Bei fast völliger Dunkelheit erreichten wir Rinca. An einem kleinen Bootsanleger in einer sehr ruhigen und malerischen Bucht legten wir an. Weit und breit niemand zu sehen. Seltsam, hatte doch das Ranger-Office auf Komodo per Funkspruch unsere vorzeitige Ankunft angekündigt. Der Kapitän schickte seinen Koch zur Ranger-Station, und es dauerte nicht lange, da kam der Junge im Laufschritt, mit einem Park Ranger im Schlepp, zurück. Der Mann schien nicht gerade begeistert von unserem Erscheinen und begrüßte uns äußerst knapp, fast schon unhöflich. Wie sich herausstellte, war der Funkspruch nicht angekommen, weil die Ranger die Autobatterie, die zum Betreiben des Funkgeräts gedacht war, an Fischer ausgeliehen gehabt hatten, die Probleme mit der Beleuchtung ihres Boots hatten. Aber musste er deshalb so unfreundlich sein?

Die Nacht nur von unseren Taschen- und Stirnlampen erhellt, marschierten wir etwa einen Kilometer zu einem Camp, bestehend aus fünf Häuschen, in dem die Ranger leben, die auf dieser Insel ihren Dienst tun, und die wenigen Touristen übernachten, die sich hierherverirren.

»Passt auf, wo ihr hintretet«, hatte der Ranger uns gleich zu Beginn gewarnt, »hier gibt es reichlich Skorpione und Giftschlangen.«

In der Tat leben nirgendwo sonst auf der Welt mehr giftige Tiere pro Quadratkilometer als in diesem Bereich der Kleinen Sunda-Inseln: neben Schlangen – etwa der grünen Baumviper, der Russell Viper, die zu den giftigsten Schlangen überhaupt gehört, oder der Speikobra – Skorpione sowie jede Menge Spinnen. Im Meer sieht es nicht viel besser aus: Skorpionfische, Feuerfische, Seeschlangen – alles giftiges Getier. Und Komodowarane sondern aus ihren Giftdrüsen einen wahren Cocktail aus Toxinen ab, der so giftig ist, dass kein Antibiotikum der Welt hilft, wenn man von einem dieser Tiere gebissen wird. Einer der letzten Touristen, der von einem Komodowaran gebissen wurde, ein Franzose, starb anderthalb Jahre später an den Folgen in Paris – trotz bester medizinischer Versorgung.

Der Komodowaran wurde erst relativ spät entdeckt. 1909 hörte der Infanterieleutnant van Hensbroek, der auf Flores stationiert war, das damals zur holländischen Kolonie Niederländisch-Ostindien gehörte, von Fischern, dass es auf der Insel Komodo riesige Echsen geben solle. Bei einem Besuch der Insel im folgenden Jahr erzählten ihm zwei Landsleute, die vor Komodo Perlen fischten, dass die Monster bis zu sieben Meter lang würden. Van Hensbroek machte sich auf die Suche und entdeckte schließlich zwei dieser Tiere, von denen aber selbst das größere lediglich knapp über zwei Meter maß. 1912 fing ein Tierhändler ein fast drei Meter langes Exemplar und brachte es nach Bogor auf Java, wo der niederländische Reptilienspezialist Peter Ouwens es untersuchte. Ouwens stellte schließlich fest, dass es sich um eine für die Wissenschaft neue Waranart handelte, und benannte sie nach der Insel, auf der sie entdeckt worden war, *Varanus komodoensis*.

Warane von sieben Metern Länge blieben Legende. Nur ganz wenige Exemplare erreichen eine Länge von drei Metern, Tatsache aber ist, dass der Komodowaran der mächtigste lebende Waran überhaupt ist. Zwar können der Binden- und der Papua-Waran sogar ein Stück länger werden und eine Gesamtlänge von fast vier Metern erreichen, doch der Komodowaran ist weit kräftiger und stämmiger gebaut, ein einziges Muskelpaket. Interessant ist der enorme Gewichtsunterschied vor und nach dem Fressen. Da die Tiere unglaubliche Mengen verschlingen, kann ein sehr großer Waran, der »nüchtern« gerade mal 100 Kilogramm auf die Waage bringt, vollgefressen 150 Kilogramm wiegen!

»Verschlingen« ist hier in der Tat das richtige Wort, denn die Komodowarane halten sich nicht damit auf, ihre Nahrung zu kauen. Der Zoologe Walter Auffenberg, der die Komodowarane erforschte, beobachtete während seiner Feldstudien zwischen 1969 und 1972, wie ein ausgewachsener Waran ein Hirschkalb als Ganzes verschlang und ein anderer ein 15 Kilogramm schweres Wildschwein unzerteilt hinunterwürgte. Größere Hirsche oder Wildschweine von 30 bis 40 Kilogramm zerreißt ein Komodowaran für gewöhnlich mit seinen gut 60 spitzen und messerscharfen Zähnen in wenige Stücke, die er dann hinunterschlingt. Das dauert alles in allem keine 15 Minuten. Danach allerdings braucht er für mehrere Wochen keine Nahrung mehr.

Die kleinen Häuschen der Ranger-Station – eigentlich sind es nur Bambushütten – standen wegen des vielen giftigen Getiers allesamt auf Pfählen. Die kleinen Veranden am oberen Ende der Treppe waren ja ganz nett, ansonsten waren die Hütten ziemlich heruntergekommen. Das Bild, das sich von außen bot, sollte sich im Inneren bestätigen. Die Bettbezüge sahen aus, als wären sie seit zwei Jahren nicht mehr gewechselt worden, und die Moskitonetze mochten vielleicht einen Riesenfalter abhalten, aber mit Sicherheit nicht die kleinen Stechbiester.

Geschafft von der langen Anreise, schleppten wir unser Gepäck in unsere Räume, und ich deponierte die vier Hühner, richtiger gesagt: Hähne, die ich einzeln in Pappkartons gesteckt hatte, auf der Veranda. Trotz der Müdigkeit fand ich lange keinen Schlaf. Wenige Meter entfernt brummte ein Generator, der das Camp mit Strom versorgte, und in den Palmblättern, mit denen das Dach gedeckt war, herrschte munteres Treiben. Ständig huschten und flitzten irgendwelche Tiere durch das Gebälk oder über das Dach. Sobald ich aber das Licht anschaltete, war es sofort still, und kein einziges Mal entdeckte ich einen der Ruhestörer.

Erst weit nach Mitternacht, nachdem die Tiere und der Generator endlich zur Ruhe gekommen waren, nickte ich ein. Viel Schlaf war mir allerdings nicht vergönnt, denn gegen fünf Uhr morgens fing einer der Hähne in seinem Pappkarton zu krähen an. Ich dachte, ach du Schande, sprang auf, sauste nach draußen und zog die vier Kartons unter mein Bett. Sofort war wieder Ruhe – für geschlagene fünf Minuten, dann gaben wie auf Kommando alle vier Hähne den baldigen Tagesanbruch kund.

Beinahe im selben Moment klopfte es an meine Tür. Ich zog sie einen Spalt auf und guckte, wer da zu so früher Stunde was von mir wollte.

Draußen stand, völlig verschlafen, der Ranger, der uns vom Boot abgeholt hatte, und fragte: »Sag mal, habt ihr etwa lebende Hühner dabei?«

»Ja, als Gastgeschenk für dich und deine Kollegen. Und für uns zum Essen«, erklärte ich unbedarft.

»Spinnst du?«, fuhr er mich an. »Weißt du nicht, dass Komodowarane Hühner über alles lieben? Die werden in spätestens einer Stunde, wenn es hell wird, munter. Die steigen dir hier ein, die brechen die Tür auf, nur um an diese Hühner ranzukommen. Die Hühner müssen weg.«

»Ja, aber wohin denn? Was macht ihr denn, wenn ihr Hühner habt?«

»Es gibt nur einen Ort, wo die Hühner gut aufgehoben sind, und das ist die Küche, da kommen die Warane nicht rein.«

Na gut, wenn er meint. Wie klemmten uns jeder zwei Kartons unter die Arme und marschierten zum Nachbargebäude, in dem die Küche untergebracht war und der Koch sowie zwei andere Ranger schliefen. Die Eingangstür war nicht einfach nur aus Holzlatten zusammengezimmert wie bei meiner Hütte, sondern aus massivem, richtig dickem Holz und außerdem mit einem sehr stabilen Schloss gesichert. In der Küche wiederum gab es einen abschließbaren Spezialschrank, und da hinein packten wir die Hühner, samt Karton.

Mittlerweile war ich putzmunter, und da es ohnehin bald hell werden würde, setzte ich mich auf die Veranda und ließ einfach die Umgebung auf mich wirken: die Bilder, die sich aus der schwindenden Dunkelheit schälten, die Gerüche, die Geräusche. Nach vielleicht einer halben Stunde näherte sich im ersten Tageslicht, das die Sonne über den Horizont vorausschickte, von der anderen Seite des, ja, wie soll man sagen? Dorfplatzes?, um den sich die Häuschen gruppierten, raschelnd ein Schatten meiner Hütte. Der erste Drache!

Eine Viertelstunde später saßen drei Warane unter meiner Hütte und züngelten mit ihrer langen, gespaltenen Zunge unablässig in Richtung Veranda und Zimmer. Obwohl die Hühner längst weggeschafft waren, stach deren Geruch den Waranen offensichtlich in die Nase beziehungsweise in die Zunge, denn Warane nehmen, wie fast alle Reptilien, Gerüche in erster Linie mit der Zunge auf und leiten sie dann weiter an das eigentliche Riechorgan: das Jacobson'sche Organ am Gaumen. Durch die vielen Spalten im Fußboden beobachtete ich aus nächster Nähe fasziniert das Geschehen – bis eine der drei Echsen versuchte, die Treppe zu erklimmen.

Zum Glück tauchte in dem Moment Tana, der Ranger, auf, mit dem ich eine gute Stunde vorher die Hähne in Sicherheit gebracht hatte, und verscheuchte die Tiere. Ich hatte mich schon gewundert, warum an jedem Häuschen etwa zweieinhalb Meter lange Stöcke mit einer Astgabel an einem Ende lehnten. Mit diesen Stecken kann man die Tiere nicht nur auf Abstand halten und vertreiben, sondern auch ganz gut in eine gewünschte Richtung dirigieren. Letzteres jedoch unterließ Tana, und die drei Warane nahmen Kurs auf die Küche.

»Schon Freunde gewonnen?«, flachste Luana, mit der ich mir die Hütte teilte, auf einmal hinter mir.

»Hm, mhm. Wer sagte denn, es sei quasi meine Pflicht, lebende Hühner mitzubringen?«, gab ich zurück.

»Schon gut. Es gibt übrigens kein Wasser. Aus dem Wasserhahn kommen nur ein paar Tropfen.«

Fürs Zähneputzen hatten wir zwar etliche Flaschen stilles Mineralwasser dabei, aber wir wollten uns zumindest auch Hände und Gesicht waschen, und dafür war das Mineralwasser definitiv zu kostbar. Vielleicht gibt es im Toilettenhäuschen Wasser, überlegte ich, und ging zu dem einzigen ebenerdigen Bau der kleinen Siedlung. Gestern Abend hatte ich dort nämlich ein Waschbecken gesehen.

Als ich näher kam, sah ich, dass ein ziemlich großer Schwanz durch die geöffnete Tür ins Freie ragte. Ich ging ein Stück zur Seite, um einen besseren Blick ins Innere des Outdoor-WCs zu haben. Nanu, stutzte ich, das kann ja wohl nicht sein, da trinkt ein Waran aus dem Klo! Das Klo war einfach nur ein Loch im Boden, mit Trittsteinen ummauert. Daneben stand ein großes gemauertes Becken, aus dem man mit einem kleinen Plastikbehälter Regenwasser zum Nachspülen schöpfen konnte – sofern nicht gerade Trockenzeit war. Der erste Eindruck, nämlich dass die Drachen ziemlich vertraut mit den Gegebenheiten in der Ranger-Station waren, traf offensichtlich zu.

Ich nutzte die Tür als Deckung und packte den Waran hinten am Schwanz.

»Bist du wahnsinnig?«, rief Luana, die das Ganze beobachtete.

»Hey, es kann überhaupt nichts passieren. Erstens ist der halb im Klo drinnen, kann also nicht nach hinten beißen, und außerdem ist er noch ziemlich kältestarr und kann sich eh nicht schnell bewegen. Hol lieber die Kamera und film das; das ist wirklich schräg.«

Wobei es natürlich keine gute Idee ist, einen Drachen am Schwanz zu packen, egal, ob das Tier unterkühlt ist oder nicht, zum einen, weil sie das als Belästigung empfinden, zum anderen, weil sie mit dem Schwanz sehr gezielt und – wie ich ein paar Tage später am eigenen Leib erfahren sollte – sehr kräftig zuschlagen können.

Jedenfalls packte ich das Tier am Schwanz und zog es über den glatten, rutschigen Boden rückwärts aus der Toilette. Die Echse fing an zu fauchen, doch ich zog einfach weiter, bis sie ganz im Freien war; erst dann ließ ich los. Sie schlug mit dem Schwanz – *tack, tack* – ein paarmal auf den Boden, allerdings recht langsam und irgendwie unentschieden, als wüsste sie nicht so recht, was das Ganze jetzt sollte und wie sie sich verhalten sollte; dann stakste sie steif davon und verschwand in den Büschen.

»Und? Wie fühlt sich so ein Waran an?«, fragte Luana aufgeregt. Das war typisch. War eine brenzlige Situation vorüber, malte Luana sich nicht lang und breit aus, was alles hätte passieren können, sondern dachte ganz pragmatisch, und das hieß in dem Fall so viel wie: Wenn der Idiot schon so ein Tier anfasst, dann will ich jetzt auch wissen, wie das ist.

»Tja, wie? Es ist kein glattes, seidiges Schuppenkleid, wie man es von Eidechsen oder Schlangen kennt. Die Haut ist relativ rau, nicht spröde, aber, ja, rau halt«, versuchte ich die Beschaffenheit zu erklären.

»Wie Sandpapier?«, half Luana nach. »So wie bei Haien?«

»Nein, das auf keinen Fall, nicht *so* rau; eher griffig, und am Morgen noch angenehm kühl! Besser kann ich es nicht beschreiben.«

Die anderen Ranger und der Koch, die jetzt nach und nach aus ihren Kojen krochen, zeigten sich von unserem Auftauchen so wenig begeistert wie Tana am vorigen Abend, denn das bedeutete ja mehr Arbeit und Umstände für sie. Doch im Grunde waren sie richtig nette, freundliche, in der Regel gut gelaunte Menschen. Das zeigte sich auch gleich, als sie sahen, was wir alles an Lebensmitteln in der Küche verstauten. Alles wurde begutachtet, und das Grinsen in den Gesichtern der Männer wurde immer breiter. Am meisten freuten sie sich offensichtlich über das Bier. Wie wir bald feststellen sollten, ernährten sich die Ranger hier normalerweise – und gezwungenermaßen – vorwiegend von Reis und Trockenfisch: ungefähr fingerlangen Sardellen, oder etwas in der Art. Diese Fische werden im Ganzen luftgetrocknet, mit Innereien und allem Drum und Dran. Man beißt den Kopf ab und spuckt ihn aus und isst dann den Körper bis zum Schwanz.

Als wir die Einkäufe in Labuan Bajo eigentlich schon abgeschlossen hatten, hatte ich bunte Tütchen mit Knabberzeug entdeckt und mir gedacht, ach, die kauf ich auch noch, so als Snack für zwischendurch. Gestern auf dem Boot hatten Luana und ich bereits zwei, drei Tütchen verdrückt, obwohl das Zeug eigenartig schmeckte.

»Wozu braucht ihr denn Fischfutter?«, fragte der Koch gerade neugierig und hielt eines dieser Tütchen hoch.

»Fischfutter?«, japste Luana entgeistert und drehte sich mit blitzenden Augen zu mir. »Das ist *Fischfutter*?«, setzte sie auf Deutsch nach.

»Offenbar, ja. Tut mir leid, konnte ich nicht wissen. Steht ja alles nur auf Indonesisch drauf.«

»Was ist denn los?«, wollte nun einer der Ranger wissen.

»Öh, ach, nichts weiter!«, wiegelte ich schnell ab.

Später sollte ich die restlichen »Leckereien« den Kindern in einem Dorf am anderen Ende der Insel schenken, die sie sogleich an die Hühner verfütterten.

Von der Küchenveranda aus beobachteten wir, wie immer mehr Warane auftauchten und sich unter einem der zwei Fenster der Küche gruppierten. Schließlich schlurfte der Koch zurück in sein Reich, und wenig später kamen ein paar Essensreste durch das Fenster geflogen. Sofort stürzten sich die Warane darauf.

»Das sind sozusagen unsere Hausdrachen«, sagte einer der Ranger grinsend, fuhr dann aber ernst fort: »Komodowarane gelten als die intelligentesten Reptilien der Erde. Zwei oder drei Kilometer von hier findet ihr welche, die nicht an Menschen gewöhnt sind und ein ganz anderes Verhalten zeigen als diese hier, die uns kennen und mit uns vertraut sind.«

Reptilien können in der Tat sehr vertraut werden, erkennen einzelne Menschen am Geruch, an den Vibrationen, vielleicht sogar an der Stimme. Ich hatte in meinem Zuhause jahrelang eine Riesenschlange, eine braune Tigerpython. Die hatte ich 1988, als ich für ein Jahr als Forstberater der chinesischen Regierung in China war, in einem Schlangenrestaurant erworben. Ich fand das Tier viel zu hübsch zum Essen, behauptete, ich würde sie mir selbst zubereiten wollen, und kaufte sie dem Restaurant für zwei, drei Dollar ab. Der Tigerpython, damals nur 80 Zentimeter lang und ganz dünn, lebte viele Jahre bei mir und wurde sehr zahm. Wenn ich zum Beispiel abends entspannt in meinem Sessel im Wohnzimmer saß, kroch er in meinen Ärmel, wand sich am Arm empor und suchte sich die wärmste Stelle an meinem Körper, in der Regel ist das der Bauch, rollte sich dort zusammen und schlief. Es gibt allerdings auch Reptilien, Geckos zum Beispiel, die dem Menschen gegenüber ein Leben lang distanziert bleiben.

Die »Hausdrachen« der Ranger-Station waren zwar an Menschen gewöhnt, nichtsdestotrotz keine Haustiere. Die wenigen Küchenabfälle reichten keineswegs zum Überleben, sodass sich die Warane zusätzlich andernorts Fressen suchen mussten, also wie ihre Artgenossen als wilde Tiere lebten. Und natürlich war es auch bei diesen Exemplaren angeraten, den Sicherheitsabstand einzuhalten, das hieß, die Tiere nie näher als drei Meter an sich heranzulassen. Wenn sich ein Waran und ein Ranger über den Weg liefen, wich der Mann aus. Und wenn ein Ranger in der Mittagshitze im Schatten eines Baumes saß und ein Waran auf ihn zusteuerte, stand der Ranger auf und machte den begehrten Platz frei. Was anderes war es, wenn ein Waran etwas tat oder getan hatte, was er nicht sollte; dann wurden die langen Stöcke eingesetzt oder wurde ihm auch schon mal ein Schuh nachgeworfen. Generell war es aber eher so, dass die Warane – selbst die großen – trotz all ihrer Masse und Größe relativ viel Respekt vor den Menschen hatten. Die kleineren waren sogar ausgesprochen scheu und liefen sofort weg, wenn man ihnen zu nahe kam. Es war auch nicht so, dass man ständig damit rechnen musste, über eine der Echsen zu stolpern, im Gegenteil: Die »Hausdrachen« holten sich morgens die wenigen Essensreste, die der Koch ihnen zukommen ließ, dann trollten sie sich wieder.

»Was kommen denn da für schräge Vögel?«, fragte Luana eines Morgens, während wir auf der Küchenveranda frühstückten.

Eine Gruppe Amerikaner wanderte den Weg vom Bootsanleger zur Ranger-Station hoch. Zwei der Frauen trugen Riesenhüte mit langen Tüchern dran wie in alten amerikanischen Filmen, und einer der Männer stolzierte mit einer Art Speer in der Hand daher.

Wie sich herausstellte, handelte es sich um superreiche Amerikaner, die mit einem großen Charterschiff unterwegs waren und auf Rinca den kleinen Rundweg gehen wollten, der an der Ranger-Station begann und endete. Der Typ mit dem Speer, der ständig irgendwelche Späßchen machte, war angeblich ein Serienstar. Luana und ich kannten jedoch weder ihn noch die Fernsehserie. Jeder der Gruppe hatte eine kleine Videokamera und filmte, wie mir schien völlig wahl- und ziellos, in der Gegend herum – Hauptsache, das Ding lief. Die Menschen an sich, ihre Kleidung – todschick, aber absolut ungeeignet, um auf der Insel herumzulaufen –, ihr Gebaren: Es war alles derart grotesk, dass Luana und ich uns nur mit Mühe das Lachen verbeißen konnten, während Tana glucksend in der Küche verschwand.

Unter einem der zwei Fenster der Küche – das zweite Fenster war ums Eck an der Schmalseite der Hütte – lag ein Waran und wartete augenscheinlich auf etwas.

Da fragte eine der Amerikanerinnen: »Füttern Sie die Drachen denn?«

Und ein Ranger antwortete: »Natürlich nicht, das kommt überhaupt nicht infrage.«

Genau in dem Moment kam ein Waran um die Ecke spaziert, der offensichtlich unter dem zweiten Fenster auf der Lauer gelegen hatte, und zwar erfolgreich, denn auf seinem Rücken lagen noch Reste von Reis und ein paar Sardellenköpfe und -schwänze. Der Ranger allerdings stand mit dem Rücken zu ihm, sodass er ihn nicht sehen konnte, und erklärte mit Nachdruck: »Wir füttern hier keine Drachen.«

»Ist euch schon aufgefallen? Es sind keine Warane da«, sagte an einem anderen Morgen ein Ranger. »Die haben bestimmt wo was Größeres zum Fressen gefunden. Los, gehen wir sie suchen«, forderte er uns auf.

Und tatsächlich: Einen guten Kilometer vom Camp entfernt fanden wir in einer Suhle einen verendeten Timorhirsch beziehungsweise dessen Reste. Denn bis wir den Kadaver endlich lokalisiert hatten, war er bis auf die großen Knochen aufgefressen.

Doch zurück zum ersten Morgen nach unserer Ankunft. Nachdem die Ranger im sogenannten Office unsere Drehgenehmigung und unsere Pässe überprüft hatten, bekamen wir erst einmal genaue Anweisungen, was wir zu tun und was wir zu lassen hatten; zum Beispiel sollten wir wegen der giftigen Schlangen und der Skorpione immer lange Hosen und festes Schuhwerk tragen.

»Wenn ihr von einem giftigen Tier gebissen werdet, können wir euch nicht helfen. Weil wir hier keinen Kühlschrank haben, können wir kein Serum lagern. Und weil das Funkgerät meistens nicht geht, könnten wir unter Umständen nicht einmal ein Boot holen, das euch nach Labuan Bajo bringt. Also seht zu, dass ihr nicht gebissen werdet.«

Und immer wieder die Warnung, einen ausreichenden Sicherheitsabstand zu den Waranen zu halten, da ein Biss von ihnen unweigerlich zum Tod führt. Einzig auf Flores soll es eine Frau geben, die den Biss eines Warans überlebt hat.

Noch während der Unterweisung meldete sich das Funkgerät, das wohl ausnahmsweise mal funktionierte. Einer der Ranger wechselte ein paar Worte mit wem auch immer.

»In dem Ort Rinca ist gerade ein neunjähriger Junge von einem Komodowaran gebissen worden«, informierte er uns anschließend ruhig.

»O mein Gott!«, entfuhr es Luana, und erstaunt fragte sie nach einem Blick in die gleichmütigen Gesichter der Ranger: »Wie könnt ihr bei einer solchen Nachricht so gelassen bleiben?«

»Es ist nicht so, dass uns das Schicksal des Jungen nicht berühren würde«, versuchte einer zu erklären, »doch auf diesen Inseln sterben sehr viele Menschen durch Gifttiere, ob Schlangen, Skorpione oder eben Warane. Für uns ist das nichts Außergewöhnliches, es gehört zu unserem Leben dazu.«

»Wo liegt dieses Rinca?«, fragte ich, denn wenn sich die Möglichkeit ergab, wollte ich mich gern mit den Menschen unterhalten, die vom Tod des Jungen direkt betroffen waren, mit seinen Eltern, den Geschwistern, Freunden. Ich konnte mir nämlich nicht vorstellen, dass die genauso gelassen reagierten.

Rinca ist, so erfuhr ich, einen anderthalbtägigen Fußmarsch über Trampelpfade, die in erster Linie von verwilderten Pferden und Wasserbüffeln benutzt werden, von der Ranger-Station entfernt und ansonsten nur per Boot zu erreichen.

Eine halbe Stunde später kam die Nachricht, dass der Junge gestorben war.

Die Insel Rinca ist Teil des Komodo-Nationalparks, der das Gebiet zwischen den Inseln Sumbawa im Westen und Flores im Osten mit insgesamt 26 Inseln umschließt. Schon 1915 hatte der weitsichtige Sultan von Bima den Komodowaran unter Schutz gestellt, und 1928 wurde die Insel Komodo zum Reservat erklärt. Der Komodo-Nationalpark schließlich wurde 1980 gegründet, ursprünglich zum Schutz »nur« der Komodowarane, doch bald erstreckten sich seine Ziele auf die Erhaltung des gesamten Artenreichtums dieser Gegend – ob an Land oder im Wasser –, und

1991 wurde der Park von der UNESCO zu einem Weltnaturerbe und einem Biosphärenreservat erklärt.

Allein die Unterwasserwelt mit ihrer enormen Vielfalt lockt Jahr für Jahr unzählige Taucher an. Sie beherbergt über 1000 Fisch- und um die 260 Korallenarten sowie 70 verschiedene Schwämme. Darüber hinaus bietet der Komodo-Nationalpark Seekühen, Haien, Mantarochen, Walen, Delphinen und Meeresschildkröten eine Heimat.

Über Wasser ist die Natur weniger farbenfroh und generell etwas eintöniger. Die Inseln sind fast alle vulkanischen Ursprungs, dementsprechend sind sie sehr bergig, zum Teil wild zerklüftet. Das Klima ist in der Trockenzeit von April bis Oktober/November trocken und heiß und in der Regenzeit ein bisschen feucht und immer noch heiß, weshalb die Inseln nur spärlich bewachsen sind. Große savannengleiche Landschaften mit hohem Gras wechseln sich mit spärlichen Laub- und ein paar Flecken Nebelwäldern ab. Dazwischen findet man Sträucher und Orchideen. Purgiernuss-, Tamarinden- und Feigenbäume, Palmyrapalmen und andere Pflanzen ernähren Timorhirsche, Wildschweine, Wildpferde, Wasserbüffel und tropische Vögel.

Die Heimatinseln der Komodowarane waren nie sehr stark von Menschen bevölkert, abgesehen vom sehr fruchtbaren Flores. Dort waren und sind die Menschen gegenüber den Komodowaranen, den Konkurrenten um die natürlichen Ressourcen, weit weniger tolerant als auf den anderen Inseln, weshalb die Echsen auf Flores extrem scheu sind und man sie kaum zu Gesicht bekommt.

Früher war die Hauptbeute des Komodowarans der mittlerweile ausgestorbene, etwa bernhardinerhundgroße Zwergelefant. Heute stehen in erster Linie Wildschweine, Timorhirsche und verwilderte Hausziegen auf seinem Speiseplan; daneben Reptilien, ob giftig oder ungiftig, Meeresschildkröten, Vögel und deren Gelege, Ratten und sogar Jungtiere der eigenen Art. Dazu später mehr. Warane greifen also eigentlich alles an, was sie überwältigen können, und sind nicht gerade wählerisch.

Interessanterweise lassen sie den Menschen normalerweise in Ruhe, obwohl es für einen Komodowaran ein Leichtes ist, einen Menschen zu erlegen. Der bereits erwähnte Zoologe Auffenberg meinte dazu: »Von 100 Tieren verhalten sich höchstens zwei dem Menschen gegenüber aggressiv.« Das stützt wieder einmal meine Theorie, dass wir Menschen im Grunde bei keinem Beutegreifer der Welt auf dem Speiseplan stehen: Wenn ein Mensch von einem Raubtier angegriffen wird, ist das die große Ausnahme, hervorgerufen durch unglückliche Umstände, etwa eine ungewollte, eine überraschende Konfrontation.

Junge und kleinere Warane gehen aktiv auf Jagd, große hingegen verhalten sich im Prinzip wie Wegelagerer. Sie können tagelang fast bewegungslos am Rand eines Wildwechsels oder an einer Wasserstelle liegen und auf ein Opfer lauern. Ein kleines Beutetier wird entweder durch einen kräftigen Schwanzschlag betäubt oder mit den Zähnen im Nacken oder am Rückgrat gepackt. Kann es nicht durch einen Biss getötet werden, wird es so lange hin und her geschleudert, bis das Genick beziehungsweise das Rückgrat bricht. Etwas größeren Tieren schlitzt der Waran die Bauchdecke auf.

Bei großen Beutetieren, wie zum Beispiel Wasserbüffeln, funktionieren diese beiden Methoden nicht. Selbst ein sehr großer Komodowaran wäre niemals in der Lage, einem Büffel die Bauchdecke aufzureißen oder ihn zu Boden zu ziehen. Aber wozu hat man schließlich Giftdrüsen im Maul? Große Tiere werden daher einfach kräftig gebissen und dann wieder losgelassen. In kürzester Zeit bekommen die Opfer eine heftige Blutvergiftung und sterben. Die Komodowarane brauchen mit ihrem feinen Geruchssinn nun nur noch dem Aasgeruch zu folgen oder die Suhlen abzusuchen, in denen kranke Tiere sich zu kühlen versuchen und dann in der Regel auch sterben. Wie Walter Auffenberg beobachtete, ist es jedoch nicht so, dass sich Warane vorwiegend und am liebsten von Aas ernähren, was lange Zeit die vorherrschende Meinung war, vielmehr fressen sie in erster Linie frische, selbst erlegte Tiere.

Was mich am meisten faszinieren sollte, war, dass Warane keinen Futterneid untereinander kennen, sondern fast einträchtig an einer Beute fressen – vorausgesetzt, diese ist groß genug für mehrere Warane. Das mag daran liegen, dass Warane nur sehr wenig und sehr selten Nahrung brauchen, weil sie wie alle Echsen richtige Energiesparer sind und ihren Stoffwechsel auf ein Minimum herunterfahren können – das trifft allerdings nur auf ausgewachsene Echsen zu, junge Tiere brauchen regelmäßig Futter.

»Mensch, ihr habt echt Glück, ihr seid gerade zur richtigen Zeit hier«, meinte Tana, der gesprächigste und netteste der Ranger, »denn Ende Juli, Anfang August ist der Höhepunkt der Paarungszeit. Da werden die sonst eher behäbigen Echsen ein bisschen aktiver.«

Nun gibt es ja bei Komodowaranen das seltsame Phänomen, dass es dreimal so viele Männchen wie Weibchen gibt, und man kann sich gut vorstellen, was das in der Paarungszeit bedeutet. Tatsächlich spielten sich fast jeden Tag Kämpfe dieser Monsterechsen direkt vor unserer Tür ab. Zwei der »Hausdrachen«, sehr große Männchen mit drei Meter Länge, buhlten um ein Weibchen, das sich immer in der Nähe des Camps aufhielt und offensichtlich ebenfalls in Paarungsstimmung kam. Die beiden Männchen schoben sich mehrmals auf das Weibchen und versuchten zu kopulieren. Das Weibchen war zwar noch nicht so weit, verharrte aber in einer Art lethargischem Zustand.

Wenn sich die beiden Männchen zu nahe kamen, stießen sie einen kräftigen Zischlaut aus – ein Geräusch, wie wenn man das Ventil einer Pressluftflasche öffnet. Unglaublich laut. Dann staksten die beiden Kontrahenten parallel nebeneinanderher, beäugten sich und züngelten mit ihren extrem langen weißen Zungen – oder sie gingen aneinander vorbei, um sich im richtigen Moment am Hals zu packen und daran festzubeißen. Dabei bäumten sich beide Tiere komplett auf, sodass sie nur noch auf ihrem gewaltigen Schwanz und den Hinterbeinen standen, und versuchten den jeweils anderen niederzuringen. Oft kippten dann alle zwei zur Seite hin um, und einer der beiden ergriff die Flucht und verschwand im Buschland.

Diese Kämpfe gehören zum Eindrücklichsten, was ich in den letzten Jahren gesehen habe. Und weil sich ein solcher Schlagabtausch durch Zischen und Züngeln ankündigte, hatte ich mehrmals die Gelegenheit, solche Szenen aus allergrößter Nähe zu filmen – bis irgendwann eines der beiden Männchen einfach nicht mehr auftauchte. Es hatte das Feld geräumt. Mittlerweile war das Weibchen bereit, und die beiden Riesenechsen paarten sich, indem das Männchen sich auf das Weibchen schob und ihren Schwanz beiseitedrückte, um an ihre Kloake – die Körperöffnung für Geschlechtsorgane, Harnleiter und Darm bei Reptilien, Vögeln und einigen anderen Tieren – zu kommen.

»Was passiert nun?«, fragte Luana Tana.

»Das Weibchen wird eine etwa 40 Zentimeter tiefe Grube ausheben, so 20 bis 30 Eier hineinlegen – was mehrere Tage dauern kann –, und die Grube dann sorgfältig zuscharren. Solange die anderen Weibchen nach geeigneten Orten zur Eiablage suchen, also etwa drei Monate lang, wacht es über das Gelege, damit die Eier nicht von Artgenossinnen ausgegraben und gefressen werden. Danach überlässt es seine Nachkommen ihrem Schicksal.«

»Und wann schlüpfen die Kleinen?«

»Nach etwa acht bis neun Monaten«, antwortete Tana.

»Puh, so lange? Wieso das denn?«, wunderte sich Luana.

»Weil dann die Regenzeit ihrem Ende entgegengeht und die Schlüpflinge reichlich Nahrung finden.«

»Hm, klingt logisch«, mischte ich mich nun mit ein. »Und wie groß sind die Kleinen dann?«

»Nur etwa 40 Zentimeter lang; die wachsen recht langsam«, erklärte Tana. »Im Alter von fünf bis sieben Jahren haben sie erst eine Länge von etwa eineinhalb Metern. Dann sind sie auch fortpflanzungsfähig. Die Kleinen sehen übrigens ganz anders aus als die Großen, sind schlank, fast grazil, und haben eigentlich eine schöne gelbe Zeichnung: Längsstreifen am Kopf, Kleckse am Körper und Querstreifen am Schwanz.«

»Und wie alt wird ein Komodowaran?«, fragte Luana.

»So genau weiß das keiner, aber man schätzt, 40 bis 50 Jahre.«

»Ich habe gelesen, dass die Jungen die erste Zeit nicht am Boden, sondern in den Bäumen leben, selbst gesehen habe ich es aber noch nicht. Stimmt das überhaupt?«, wollte ich wissen.

»Ja, das stimmt schon«, nickte Tana. »Da Warane über alles herfallen, was ihnen als Beute erscheint oder was sie überwältigen können, sind junge Warane von ihren eigenen Artgenossen, also unter Umständen sogar von den eigenen Eltern bedroht. Daher verbringen sie die ersten zwei, zweieinhalb Lebensjahre überwiegend auf Bäumen, wohin die größeren Echsen ihnen nicht folgen können. Die Jungtiere sind richtig gute Kletterer und ernähren sich von dem, was sie in den Bäumen erwischen: Käfer und andere Insekten, Geckos, Mäuse und so Zeug. Irgendwann werden sie zu schwer und zu plump zum Klettern; dann verlassen sie die Bäume und leben auf dem Boden.«

»Weißt du«, meinte Luana, als wir am Abend bei warmem Bier auf der Miniveranda saßen, »schon bei den Krokos in Australien hatte ich den Eindruck, in einer anderen Zeit gelandet zu sein, aber die Viecher hier sind irgendwie noch urtümlicher. Das ist so richtig Jurassic Park, findest du nicht?«

»Ja, mir geht es genauso. Vielleicht, weil hier noch weniger von der Zivilisation zu spüren ist. Sobald man ein paar Meter vom Camp weg ist, ist man mitten in der Urzeit.«

»Hast du 'ne Ahnung, warum die Komodowarane aussehen wie Saurier – als hätten sie sich seit Jahrtausenden nicht weiterentwickelt?«, hakte Luana neugierig nach.

»Hm, sie sind im Grunde ein recht erfolgreiches Modell der Evolution, wie die Krokodile, die ja auch aussehen wie seit Urzeiten. Die Komodowarane haben ein unheimlich breites Nahrungsspektrum, anders als zum Beispiel der Koalabär, der sich allein von Eukalyptusblättern ernährt und ohne Eukalyptusbäume keine Überlebenschance hat. Dazu kommt, dass auf Inseln generell die Evolution langsamer abläuft als auf dem Festland. Das ist einfach ein Fakt. Weil es auf Inseln in der Regel weniger Arten gibt, die zueinander in Konkurrenz stehen. Klassisches Gegenbeispiel ist Afrika. Da werden Nischen besetzt; der eine ist ein Lauerjäger, der andere ist ein Schnellläufer, der hinterherhetzt, andere wiederum jagen im Rudel; der eine ernährt sich von im Baumkronenbereich befindlichen Blättern und Früchten, der andere wühlt nur unten am Boden nach Fressbarem. Jeder ist hoch spezialisiert, weil es eben eine Menge Arten gibt. Um es kurz zu fassen: Für die Komodowarane bestand überhaupt keine Notwendigkeit, sich irgendwie an irgendwas anzupassen. Für ihren Lebensraum sind sie perfekt. Besser gesagt: waren es – bis der Mensch auftauchte.«

Für eine Weile hingen wir unseren Gedanken nach und nippten nur ab und zu an dem schalen, lauwarmen Bier.

»Mir fällt gerade etwas ein, worüber ich bei den Recherchen zu den Komodowaranen gestolpert bin, eine interessante Sache.«

»Erzähl«, brummte Luana schläfrig.

»Es gibt ein paar ganz wenige Tiere, die sich durch Parthenogenese vermehren können.«

»Hm, nie gehört.«

»Das deutsche Wort dafür ist Jungfernzeugung.«

»Ach«, warf Luana, auf einmal wieder hellwach, ein, »da soll es doch vor 2000 Jahren mal eine Frau gegeben haben, der das gelungen ist. Sag bloß, Komodowarane können das auch?«

»Ja«, ich schmunzelte, »und Insekten, Krebse, Eidechsen, die Blumentopfschlange –«

Luana brach bei dem Namen in schallendes Gelächter aus. »Blumentopfschlange! Sag mal, du denkst wohl, ich glaub dir jeden Quatsch!«, prustete sie.

Die Blumentopfschlange gibt es tatsächlich. Sie gehört zur Gattung der Blindschlangen. Bis heute weiß ich jedoch nicht, ob mir Luana das abgenommen hat. Übrigens hat noch ein weiteres Tier, von dem Parthenogenese bekannt ist, einen sehr witzigen Namen: der Schaufelnasen-Hammerhai.

»Bei einigen Tieren«, fuhr ich fort, nachdem sich Luana beruhigt hatte, »wird die Jungfernzeugung nur vermutet, bei anderen hat man sie definitiv nachgewiesen, unter anderem eben bei den Komodowaranen. Vor Kurzem hat in einem Zoo in England ein Waranweibchen, das niemals Kontakt zu einem Waranmännchen hatte, Eier gelegt, und aus den Eiern sind Warane geschlüpft.«

»Klone!«, rief Luana.

»Hätte ich auch gedacht, aber aus irgendwelchen genetischen Gründen waren es Männchen. Bei Menschen halten die Forscher Jungfernzeugung übrigens für höchst unwahrscheinlich.«

Während der Tage im Camp, an denen wir die Kämpfe der beiden Kontrahenten beobachteten oder Streifzüge in die nähere Umgebung machten, verfolgte ich eines Abends im letzten Tageslicht einen der beiden »Hausdrachen«, die täglich vor unseren Augen um das Weibchen buhlten, um herauszufinden, wo er die Nächte verbrachte. Der Waran stapfte nur 300, 400 Meter von der Ranger-Station entfernt einen Berghang hoch, kroch in eine Höhle unter einer großen Felsplatte und legte sich schlafen. Den Schwanz ließ er etwa einen Meter ins Freie ragen; so hatte er ein bisschen mehr Platz zum Schlafen. Die Höhle war nämlich derart eng, dass er sich darin kaum bewegen konnte.

Noch vor Sonnenaufgang war ich wieder zur Stelle, um nur ja nicht den Moment zu verpassen, in dem der Waran wach wurde und seinen Tag begann. Im ersten Dämmerlicht schob er sich rückwärts ein Stück aus seinem Unterschlupf, bis er sich drehen konnte, träge, unterkühlt und offenbar ein bisschen genervt von meiner Nähe. Die endlos lange Zunge züngelte hin und her, um Witterung aufzunehmen; dann kam er ganz aus der Höhle heraus und ging erst einmal den Berg hoch bis zu der Stelle, wo morgens die ersten Strahlen der Sonne hinschienen. Sobald er sich ein bisschen aufgewärmt hatte – wobei ja die Temperatur selbst nachts nicht unter 22, 23 Grad fiel, was aber im Vergleich zu den Tagestemperaturen von 35 bis 40 Grad doch recht kühl war – und einigermaßen beweglich war, marschierte er schnurstracks zum Camp.

Vier weitere Male kroch ich kurz vor Tagesanbruch den Abhang hoch, und jedes Mal war der Ablauf derselbe: aufwachen, züngeln, sonnen und dann nichts wie runter zur Küche.

Eine der spannendsten Geschichten auf Rinca war für mich folgende: Der Koch band die Flügelenden unseres vorletzten Hahns – die Hähne haben wir übrigens alle selbst gegessen und nicht an die Drachen verfüttert – an eine Schnur und zog sie daran über die Erde. Da der Mann kein Wort Englisch sprach, winkte er mir, ihm zu folgen, und spazierte kreuz und quer an den Waranen vorbei durch das Camp. Es dauerte vielleicht drei, vier Minuten, bis die erste der Echsen die Spur aufnahm, die die beiden Hühnerflügel im Sand hinterließen. Irgendwann kam sie unweigerlich an die Stelle, wo der Koch inzwischen die Flügel an einem Busch festgebunden hatte, und machte sich darüber her. Die Komodowarane müssen eine echte Schwäche für Geflügel haben, dachte ich mir, denn außer Federn war an dem Köder ja nicht viel dran.

Zehn Tage nach unserer Ankunft auf Rinca zogen Luana und ich mit Zelt und Verpflegung für einige Tage los, in der Hoffnung, auf Warane zu treffen, die weit abseits von Menschen leben, und um zu sehen, wie und wo diese Echsen leben. Da Warane tagaktiv sind und nachts schlafen, hatten wir in dem Zelt von ihnen nichts zu befürchten.

Auf dieser Wanderung kreuz und quer über die Insel kamen wir in den kleinen Ort Rinca, in dem einen Tag nach unserer Ankunft der neunjährige Junge nach dem Biss eines Komodowarans gestorben war.

Wir wurden ausgesprochen freundlich begrüßt, die Menschen, durchwegs Perlenfischer, machten alle einen sehr fröhlichen und zufriedenen Eindruck, und im Nu begleitete uns eine Schar von mindestens 25 Kindern. Sofort wurde der, na ja, was?, so eine Art Bürgermeister alarmiert, der uns herumführte. Der Ort ist größer, als wir erwartet hatten, trotz des Mülls, der herumlag, recht gepflegt, mit Häusern auf hohen Stelzen. Man findet nicht mehr viele Siedlungen auf der Welt, wo man keine Motorengeräusche hört; Rinca ist so eine. Es gibt dort zwar einen Generator, der gelegentlich angeworfen wird, aber kein Haus hat Strom. Es gibt kein Auto, keinen Traktor, nicht einmal ein Moped, gar nichts. Am Strand lagen bunte Fischerboote, davor standen Holzrahmen mit großen, alten Drahtnetzen, auf denen der Fang in der Sonne trocknete.

Der Bürgermeister, oder welche Funktion auch immer der Mann bekleidete, sprach ein paar Brocken Englisch. Schließlich gesellte sich ein junger Mann von vielleicht knapp 20 Jahren zu uns, der eine Zeit lang auf Flores gelebt und dort ein bisschen mehr Englisch aufgeschnappt hatte. Unterstützt von Gesten und Grimassen, konnten wir uns mit seiner Hilfe recht gut verständigen.

Wir wollten natürlich wissen, wie die Menschen mit dem Tod des Jungen umgingen, der von dem Waran angegriffen worden war. Beim Gang durch das Fischerdorf hatten wir bereits gemerkt, dass Warane hier sehr präsent sind. Auf dem Friedhof sind die Gräber noch einmal extra mit Steinen abgedeckt, damit die Warane nicht die Leichen ausgraben. Über Nacht werden Ziegen, Hühner und andere Haustiere in Pferche gesperrt beziehungsweise mit in die Häuser genommen.

Die Menschen erzählten uns, was geschehen war: Der Junge hatte gerade eben Ziegen aus dem Haus getrieben und wollte mit ihnen losziehen, als sich ein Waran eines der Tiere schnappte. Obwohl die Ziege ohnehin verloren war, schlug der Junge mit einem Stock auf den Waran ein, damit der von seiner Beute abließe. Die Echse gab die Ziege auch tatsächlich frei, attackierte aber den Jungen, verbiss sich regelrecht in ihn und riss ihm die Seite auf. Selbst wenn Komodowarane keine Giftdrüsen hätten, wäre der Junge nicht zu retten gewesen.

Nicht einmal zwei Wochen waren seit dem Unglück vergangen, und so herrschten in Rinca noch Trauer und Entsetzen. Die

Menschen empfanden jedoch keinen Hass gegenüber den Komodowaranen.

»Die gehören zu unserem Leben mit dazu«, erklärte unser »Dolmetsch«. »Das ist wie mit den Haien im Meer, die sind eben einfach da. Und wenn du im Meer schwimmst oder tauchst, besteht immer die Möglichkeit, wenn auch nicht die Wahrscheinlichkeit, dass du von einem angegriffen wirst.«

Wir unterhielten uns eine ganze Weile mit den Fischern und versuchten ein bisschen etwas über ihre Lebensgewohnheiten ausfindig zu machen, als uns einer der Männer bedeutete, dass er uns etwas zeigen wolle. Er verschwand in einer der Hütten, kam kurz darauf wieder und streckte Luana und mir die offene Hand hin.

Zwei wunderschöne, natürlich gewachsene Perlen lagen in seiner Handfläche; zurückhaltend, distanziert, ganz anders als die aufdringlichen Verkäufer in Labuan Bajo, bot er sie uns zum Kauf an. Umgerechnet 20 Dollar wollte er pro Perle haben. Ich fand das angemessen und kaufte sie ohne zu feilschen, als Souvenir dieser Reise – und ein bisschen als Reminiszenz an meine Kindheit: In der DDR gab es als Gegenstück zu den Comicfiguren »Tick, Trick und Track« die drei Brüder »Dig, Dag und Digedag«. Jeden Monat, wenn die neue Ausgabe des *Mosaik* mit den Abenteuern der »Digedags« in aller Welt herauskam, gab es einen Ansturm auf die Zeitungsgeschäfte, denn es gab – charakteristisch für die Mangelgesellschaft der DDR – immer zu wenige Hefte. Entweder musste man die Zeitungsverkäuferin gut kennen, sodass sie eines der Exemplare herausrückte, die sie unter dem Ladentisch bunkerte, oder man stellte sich mit 30, 40 Leuten an in der Hoffnung, dass noch ein *Mosaik* da war, wenn man endlich an die Reihe kam. »Gibt's noch ein Mosa?«, fragte man dann als kleiner Junge bang. »Mosa«, so nannten wir die Hefte. Selbst wenn die Reihe vor einem schon hoffnungslos lang war, hat man sich angestellt.

Ähnlich war es mit guten Büchern. Man bekam natürlich das »Kommunistische Manifest« von Karl Marx und Friedrich Engels in allen Ausgaben, von Reclam bis in Leder gebunden, und Marx' »Kapital«, aber die Bände von Abenteuerschriftstellern waren Mangelware. Die konnte man eigentlich nur über Beziehungen ergattern oder wenn man eine Pralinenschachtel über die Theke schob. Eines meiner Lieblingsbücher, »Südseeabenteuer« – zwölf Erzählungen, in denen der große Abenteurer und Schriftsteller Jack London seine Erlebnisse in der Südsee schilderte –, war einfach nicht zu kriegen. Langer Rede kurzer Sinn: Dig, Dag und Digedag waren längere Zeit auf einer einsamen Insel irgendwo im Persischen Golf, wo es nur Perlentaucher gab, und alle waren auf der Jagd nach der Schwarzen Perle.

Luana und ich trafen bei unserer Wanderung über die Insel mehrmals auf Komodowarane, zum Beispiel in der Nähe einer Suhle, die aussah wie ein Wasserbüffelfriedhof. Überall lagen Knochen von Wasserbüffeln verstreut: Schädel, Schulterblätter, Rippen, Bein- und Armknochen. Das musste ein wahres Tischleindeckdich für Warane sein. Und dazwischen wälzte sich – welch ein makabres Bild – ein einzelner gesunder Wasserbüffel genüsslich im faulig riechenden Schlamm.

Die Komodowarane verhielten sich uns gegenüber entweder total phlegmatisch, was eher selten der Fall war, oder reserviert. Einige flüchteten schon, wenn wir nur auf 30, 40 Meter an sie herankamen, ins Buschland, und keiner von uns hatte den Mumm, ihnen zu folgen. Alles in allem gewannen wir den Eindruck, dass die Tiere rund um die Ranger-Station die besseren Motive hergaben, und so kehrten wir relativ schnell zurück.

Der Koch war ziemlich frustriert, denn alle Lebensmittel, die wir mitgebracht hatten, waren bis auf einen einzigen Hahn und ein paar Eier aufgegessen – das Bier war ohnehin längst alle –, und er hätte sich so gern dafür revanchiert, dass Luana und ich unsere Vorräte mit ihm und den Rangern geteilt hatten, aber seine Möglichkeiten waren begrenzt. Und so gab es von nun an tagtäglich Reis und Trockenfisch.

Den Trockenfisch kauften sie den Fischern ab, die Tag für Tag an dem Bootsanleger, an dem auch Luana und ich angekommen waren, festmachten und ihre Ware feilboten. Die Gewässer um die Inseln herum sind zwar sehr fischreich, aber es wimmelt nicht gerade von essbaren Fischen. Nur die kleinen Sardellen, die ich schon erwähnte, schien es in unvorstellbaren Mengen zu geben.

Diese Fischer haben mich schwer beeindruckt. Sie fahren immer an der Insel entlang, ankern an einer Stelle, indem sie ein mit einem Stein beschwertes Seil ins Wasser lassen, und versuchen Fische zu harpunieren oder in simplen Netzen zu fangen, oder sie tauchen in den Flachwassergebieten nach Naturperlen. Und nachts ankern sie einfach in einer Bucht. Ihre Boote sind sehr schmal, höchstens einen Meter breit mit je einem Ausleger auf jeder Seite, und messen ungefähr fünf Meter in der Länge. Meistens waren die Boote mit billigen Plastikplanen überspannt, um die Fischer und ihre paar Habseligkeiten vor Regengüssen und vor der Sonne zu schützen. Sie hatten ein sehr einfaches Dreieckssegel, mit dem man nur in eine Richtung, nämlich mit dem Wind, segeln kann.

Auf diesen Booten schlafen die Menschen, auf diesen Booten kochen sie, auf diesen Booten leben sie – Nomaden des Meeres. Sie sammeln Treibholz, das sie irgendwo an der Küste oder im Wasser finden, trocknen es und entfachen damit auf einer kleinen Metallplatte ein offenes Feuer auf dem Schiff. In einem Kessel, der an einem Dreifuß darüber hängt, bereiten sie sich ihr Essen zu, in erster Linie Fische, Krabben und Muscheln. Wie können Menschen auf so einem kleinen Boot völlig autark auf dem Meer leben? Sie haben ja nicht einmal die Möglichkeit, größere Mengen von Süßwasser mitzuführen. Und es gibt Stürme. Und was machen sie in der Regenzeit?

Was auffiel, war, dass die Seenomaden fast alle unglaublich alte Gesichter haben, obwohl Asiaten ja eigentlich immer jünger aussehen, als sie sind, und sehr schlechte Zähne haben. Sie sind offensichtlich die Ärmsten der Armen jener Region, und weder Mann noch Frau genieren sich, was ich sonst bei den Menschen dort nie erlebt habe, einen um Zigaretten und Alkohol anzubetteln. Ich gewann auch den Eindruck, dass sie eine Art Aussätzige der Gesellschaft waren.

Einige litten offensichtlich an der Taucherkrankheit. Sie hinkten oder humpelten, hatten Lähmungserscheinungen, wie Menschen, die einen Schlaganfall hatten, und manche gaben mir per Zeichensprache zu verstehen, dass sie starke Kopfschmerzen hätten.

»Wie kommt es«, fragte ich Tana verwundert, »dass so viele der Fischer die Taucherkrankheit haben?«

»Das sind ehemalige Perlentaucher, denen es eigentlich mal ganz gut ging. Früher haben sie einfach die Luft angehalten, sind runtergetaucht und haben die Muscheln hochgeholt. Dann gab es auf Flores die ersten Pressluftflaschen und Lungenautomaten zu kaufen oder zu mieten, und natürlich Kompressoren, um die Pressluftflaschen zu füllen. Damit konnten die Leute viel länger unter Wasser bleiben, nur hat ihnen keiner gesagt, dass sie ganz langsam wieder auftauchen und eventuell sogar Deko-Stopps einlegen müssen.«

Durch den erhöhten Druck unter Wasser – je tiefer man taucht, desto höher wird der Druck – reichert sich beim Tauchen Inertgas im Körper an, in erster Linie Stickstoff: Je länger und je tiefer der Tauchgang, desto mehr Gas, lautet die einfache Formel. Beim Auftauchen, wenn der Wasserdruck wieder abnimmt, dehnen sich die Gasblasen im Körpergewebe und den Körperflüssigkeiten aus und können diese schädigen. Um das zu verhindern, werden Dekompressionsstopps, kurz Deko-Stopps, eingelegt. Das heißt, man verweilt während der Auftauchphase in verschiedenen Tiefen, wodurch das »überschüssige« Gas langsam abgeatmet wird.

Nicht nur um das Essen, auch um die Hygiene war es schlecht bestellt. Wegen der Trockenzeit gab es kaum Frischwasser, also musste man sich im Meer waschen. Das Salzwasser hinterließ zwar einen leicht juckenden Film auf der Haut, tat ihr ansonsten aber erstaunlich gut. Insekten- und Wanzenstiche etwa heilten dank des Meerwassers erstaunlich schnell ab. Vor allem von

Letzteren hatten wir ziemlich viele, weil sich die Biester in den alten Matratzen einfach zu wohlfühlten und unsere Hüttenschlafsäcke nur ein schwacher Schutz waren.

Die wenige Kleidung, die wir dabeihatten, hätte mittlerweile eine gründlichere Wäsche als das notdürftige Spülen im Meer vertragen. Meine zwei Hosen jedenfalls rochen ziemlich streng, was jedoch nicht verhinderte, dass mir eine davon geklaut wurde. Eines Tages stieg ich nach dem Frühstück die paar Stufen zur Veranda der Hütte hoch und sah, dass meine lange Fjällräven-Hose, die ich zum Auslüften über das Geländer gehängt hatte, verschwunden war. Ein T-Shirt, das ich ebenfalls aufgehängt hatte, lag am Boden, meine halbhohen Schuhe waren durcheinandergeworfen. Diebstahl!, dachte ich perplex. Über drei Wochen sind wir nun hier, und nie ist irgendetwas weggekommen, obwohl die Tür der Hütte nicht abschließbar ist und Luana und ich ein paar Tage unterwegs gewesen waren! Ich schaute mich in der Hütte um. Komisch, alles ist da und an seinem Platz: das Kameraequipment, der Reisepass und andere wichtige Papiere, das Geld. Nur meine dreckige, stinkende Hose fehlt!

Dann sah ich im Sand vor der Hütte eine frische Waranspur.

»Das kann nicht sein, oder?«, brummte ich vor mich hin.

»Was denn?«, fragte Luana, die inzwischen herangekommen war.

»Ein Waran muss meine Hose geklaut haben!«, klärte ich sie auf.

»Hä, deine *Hose*?«, wunderte sie sich.

»Ja, für einen Waran riecht die wahrscheinlich richtig lecker«, mutmaßte ich. Und dann fiel mir siedend heiß etwas ein. »O Scheiße! Ach du Scheiße!«

»Was ist denn jetzt los?«

»Die Visa Card! In der Hose steckt meine Kreditkarte!« Natürlich konnte ich die Visa auf dieser Insel nirgendwo einsetzen, aber aus Gewohnheit hatte ich sie in eine der großen Außentaschen gesteckt. »Ich muss unbedingt die Hose wiederkriegen, da hilft alles nichts.«

Wir folgten der Fährte des Räubers, die ich wegen des vielen Laubs mehrmals verlor, und kamen dabei immer weiter in den Wald hinein. Dann sah ich die Hose. Sie hatte sich an einer Wurzelspitze verhakt. Offensichtlich hatte der Waran nicht gleich aufgegeben, sondern noch mit aller Kraft daran gezogen und gezerrt, da sie bis zum Bund aufgeschlitzt war. Am verlockendsten hatte die Echse wohl den Ledergürtel gefunden, denn der war ziemlich zerbissen.

»Tja, muss ich die restliche Zeit auf Rinca mit der kurzen Hose herumlaufen, aber wenigstens habe ich die Visa wieder«, schnaufte ich erleichtert, als ich die Plastikkarte aus der Tasche zog.

Einerseits waren wir im Umgang mit den Tieren nun schon ein bisschen eingespielt und zeigten die Tiere, die in Menschennähe lebten und immer wieder zum Camp kamen, keine großen Aggressionen, andererseits war es immer wieder aufregend – besser gesagt: nervenaufreibend –, den Tieren nahe zu kommen, denn wir waren uns ihrer Gefährlichkeit sehr wohl bewusst. Wir hatten zwar aus Deutschland das stärkste Antibiotikum mitgebracht, das wir bekommen konnten, aber ein Arzt in Djakarta hatte uns gesagt: »Ihr könnt gar nichts machen, wenn ihr gebissen werdet. Ihr werdet höchstwahrscheinlich irgendwann an diesen Bakterien sterben, Antibiotikum hin oder her.« Und so herrschte beim Filmen stets eine Mischung aus Faszination, Herausforderung und Angst.

Drei-, viermal kniete ich in wenigen Metern Abstand auf allen vieren auf der Erde, um außergewöhnliche Einstellungen drehen zu können – was wirklich nicht zur Nachahmung empfohlen ist! Wenn dann einer der Warane fauchte oder zischte und der Wind auf mich zu stand, blieb mir jedes Mal schier die Luft weg. Diese Viecher haben einen äußerst üblen Mundgeruch. Sehr häufig sieht man die Komodowarane auch seibern: Sobald sie das Maul aufmachen, laufen ihnen Speichelfäden herunter. Dann fand nicht einmal mehr ich sie schön. Denn, so komisch es klingen mag: Ich finde das Gesicht dieser Reptilien sehr hübsch.

Im Gegensatz zu einem Krokodil, das ja immer irgendwie verschlagen wirkt, hinterlistig, allein schon durch die vertikal stehende Pupille, haben Komodowarane für meine Begriffe ein ästhetisches Gesicht.

Bei einer dieser Gelegenheiten kämpften zwei große Männchen miteinander. Sie richten sich zu voller Größe auf und dann – *paff!* – stürzen sie um und fallen in den Staub. Der eine flüchtet blindlings direkt auf mich zu. Luana schreit, und im letzten Moment weicht die Echse aus, rennt in nur 40, 50 Zentimeter Entfernung an mir vorbei und verpasst mir im Laufen mit dem Schwanz einen ordentlichen Schlag gegen den Oberschenkel.

»Scheiße, das war knapp!«, ruft Luana und stürzt auf mich zu. »Alles okay?«

»Ja, alles okay. Verflucht, tut das weh! Das war der reinste Peitschenhieb!« Ich krempele das Hosenbein hoch – ich hatte die von dem Waran zerfetzte Hose doch nicht aufgegeben und mehr schlecht als recht zusammengenäht – und reibe mir das Bein. »Und wieder auf den rechten Schenkel, wie beim Schlag des Wasserwarans in Australien und als Artak gegen die Felswand kippte.«

Die nächste brenzlige Situation haben wir gleich zwei Tage später. Wir kommen gerade aus der Küche, in der wir zusammen mit den Rangern gefrühstückt haben, als Luana auf einmal in den Himmel über den Bergen deutet und sagt: »Hey, guck mal! Da kreisen Geier!«

Das kann nur bedeuten, dass da ein verletztes oder krankes Tier liegt, auf dessen Ende die Aasfresser warten. Wir laufen zur Hütte, holen das Filmequipment und stiefeln sofort los. Vielleicht haben wir nun endlich die Gelegenheit, Warane an einer größeren Beute als ein paar Küchenabfällen zu filmen! Als wir zwei Stunden später die Stelle erreichen, ist das Tier, eine verwilderte Ziege, bereits tot.

Ich prüfe den Wind. »Mist, der steht nicht runter Richtung Tal, sondern weht ins Hinterland rein, wo wahrscheinlich nur wenige Drachen sind.«

Dennoch warten wir. Stunden vergehen. Auf einmal frischt der Wind auf, und bald darauf erscheint der erste Waran. Wie weggeblasen die Trägheit und das Rammdösige, das diese Tiere normalerweise kennzeichnet. Jede Faser des Körpers angespannt, nervös nach allen Richtungen züngelnd, nähert sich das Reptil, lokalisiert den Kadaver und stürzt darauf zu. Ohne zu zögern verbeißt sich die Echse in die Seite, reißt ein großes Stück aus der Ziege und beginnt gierig zu fressen.

Nach wenigen Minuten taucht ein zweiter Waran auf. Luana und ich sind total gespannt.

»Jetzt wird es gleich einen Kampf um die Beute geben!«, wispere ich aufgeregt.

Der zweite Drache stapft zur Ziege, züngelt kurz und – macht sich ans Fressen. Kein Kampf! Nicht einmal ein leises Zischen oder zartes Fauchen!

»Ich fass es nicht! Guck dir die an, Luana! Außer dass jeder versucht, die besten Stücke zu bekommen, fressen die völlig friedlich!«, stammle ich perplex.

»Ist ja fast langweilig«, brummt Luana. »Nicht das, was du dir erhofft hast, nicht?«

»Hm, wir müssen halt schauen, wie wir trotzdem spannende Bilder kriegen«, entgegne ich und überlege, wie wir das anstellen könnten. Dann habe ich eine Idee. »Haben wir die Tonangel dabei?«

»Ja klar!«

»Komm, schnell. Die kleine Kamera und die Angel.«

Jetzt ist Eile geboten, denn nun taucht schon der dritte Waran, ein kleines Weibchen, auf. Und es ist abzusehen, dass in wenigen Minuten von der Beute nichts mehr übrig sein wird. Die Ziege klemmt zwischen Steinen fest, der eine Waran zieht in die eine, der andere in die andere Richtung. Ich befestige die kleine Videokamera an der Angel, stelle sie auf Weitwinkel und schalte sie ein.

Korrigieren kann ich nun nichts, nur hoffen, dass die Einstellung passt.

»Film du mich mit der großen!«, werfe ich Luana unnötigerweise zu, denn sie hat die große Kamera bereits geschultert und startklar gemacht.

Die Drachen wälzen sich vor mir im Gras, schmatzen, zerren an dem Kadaver, schlingen riesige Stücke hinunter. Ich gehe um die Warane herum, halte ihnen die Kamera zum Teil direkt vors Maul. Plötzlich schiebt sich eine vierte Echse ins Bild. Das ist es, denke ich, so hat garantiert noch keiner Komodowarane gefilmt.

Je knapper die Beute wird, umso erregter werden die Warane. Sie reagieren zunehmend gereizt, beginnen sich anzufauchen, nacheinander zu schnappen. Das ist die Entschädigung für die letzten Wochen, geht es mir durch den Kopf, in denen außer den Kämpfen nichts Spektakuläres passiert ist. Und im nächsten Moment: Jetzt bloß nicht stolpern oder hinfallen! Das wäre dein sicherer Tod! Und trotz der Hitze läuft mir ein Schauer über den Rücken. Die verschiedensten Gerüche steigen mir in die Nase. Das warme Blut der Ziege, das Fleisch, der üble Gestank der Gedärme und aus dem Maul der Echsen mischt sich mit der tropisch warmen Luft der Insel. Ich höre Knochen brechen und Rippen knacken. Wie gebannt betrachte ich die gewaltigen, schuppigen Urzeittiere, unheimlich und faszinierend zugleich. Ich bewege mich wie von einer inneren Kraft getrieben, kann mich nicht losreißen.

Für mich war dieser Moment das Highlight des gesamten Drehs in Indonesien: Diesen Tieren so nah sein und auch noch ungewöhnliche, sensationelle Bilder drehen zu können.

Natürlich war es sehr gefährlich, denn vor allem am Schluss zu hätte der geringste Verdacht, dass ich ihnen die Beute streitig machen wolle, gereicht, dass die Warane mich angriffen. Zum Glück taten sie es nicht. Und zum Glück bin ich nicht hingefallen. Denn bei allen Tieren, und Drachen machen da keine Ausnahme, ist das der springende Punkt: Solange man sich normal bewegt, nehmen sie einen als gesundes Wesen wahr, aber in dem Moment, wo man zeigt, dass man krank ist, oder eine Unterlegenheitsgeste macht – und dazu gehört in gewisser Weise auch das Hinfallen oder das Liegen am Boden – wird man als Beute identifiziert.

Das musste ich vor vielen Jahren am eigenen Leib erfahren. Damals lebte ich in der Eifel fast drei Jahre lang mit einer Wildschweinrotte zusammen. Wildschweinrotten bestehen immer nur aus Bachen, also aus Weibchen, in verschiedenem Alter und aus noch nicht geschlechtsreifen Männchen, während erwachsene Keiler das ganze Jahr als Einzelgänger leben und nur in der Paarungszeit zu einer Rotte stoßen. Die Leitbache konnte mich gut leiden – da hatte ich natürlich mit Futter ein bisschen nachgeholfen – und war mir gegenüber sehr vertraut, weshalb alle rangniederen Tiere mich ebenfalls akzeptierten und mir gegenüber sehr entspannt reagierten. Außer dass es mal zu einer Rempelei kam, passierte nichts Schlimmes – bis zu jenem Tag.

Ende November, Anfang Dezember, als die Paarungszeit ihren Höhepunkt erreicht hatte, tauchte ein Keiler bei »meiner« Rotte auf. Er machte immer einen Bogen um mich und war mir gegenüber eher scheu als aggressiv, weil er mich nicht kannte und vielleicht schlechte Erfahrungen mit Menschen gesammelt hatte. So weit, so gut. Eines Tages kniete ich am Boden, die Ellbogen vor mir aufgestützt, um die Wildschweine auf Augenhöhe drehen zu können, und da griff mich der Keiler ohne Vorwarnung an. Rund 150 Kilogramm donnerten von schräg hinten gegen meine Schulter. Die Kamera und ich flogen durch die Luft. Im nächsten Moment traf mich der Keiler mit seinen messerscharfen Eckzähnen im Gesicht. Ich riss die Arme hoch, um die nächsten Hiebe abzuwehren. Der Keiler setzte ein paarmal nach, dann, urplötzlich, ließ er von mir ab und verschwand im Wald.

Ich schleppte mich die anderthalb Kilometer zu meinem alten VW Käfer durch den Wald. Fast mein ganzer Körper tat weh. Dass ich aus mehreren Wunden heftig blutete, nahm ich gar nicht so richtig wahr. Dank ihrer Ausbildung als Krankenschwester behielt meine Frau Birgit einen kühlen Kopf, als ich blutüberströmt ins Haus wankte, legte mir in Sekundenschnelle Druckverbände an und fuhr mich dann in unser Wald- und Wiesenkrankenhaus. Erst dort verlor ich das Bewusstsein. Der Keiler hatte mir das Schulterblatt angebrochen, die rechte Wange und beide Unterarme aufgeschlitzt, wovon noch heute etliche Narben zeugen, darunter eine fast sieben Zentimeter lange im Gesicht. Das waren die schlimmsten Verletzungen, die ich in 18 Jahren Tierfilmerei je durch ein Tier davongetragen habe.

Offensichtlich hatte der Keiler die Tatsache, dass ich halb am Boden lag, als Zeichen meiner Hilflosigkeit oder Unterlegenheit interpretiert und die Chance ergriffen, Dominanz und Rangordnung zwischen uns beiden neu zu klären. Daher sollte man vor keinem größeren Tier, das man nicht gut kennt, auf die Knie gehen.

Nach fast drei Wochen waren unsere Tage in Indonesien gezählt, aber noch hatten wir die Hoffnung nicht aufgegeben, vor die Kamera zu bekommen, wie ein Waran ein großes Beutetier beißt, einen Büffel, einen großen Timorhirsch oder ein Wildschwein. Oder einen besonders schönen Kampf der Echsen filmen zu können; doch die hatten mittlerweile offensichtlich geklärt, wer der Stärkere war, und gingen sich aus dem Weg.

Wie schon oft lief ich morgens den knappen Kilometer zum Meer, um mich in einer Bucht zu waschen. Es war ziemlich windig, aber sehr warm und sonnig. Da gerade Ebbe war, musste ich ziemlich weit hinauslaufen, bis ich endlich in gut knietiefem Wasser stand. Ich formte meine Hände gerade zu einer Schale, um Wasser zu schöpfen, als ich aus dem Augenwinkel eine Bewegung wahrnahm. An dem Korallenblock neben mir schlängelte sich knapp unter der Wasseroberfläche etwas Langes, Schlankes zwischen Muscheln und Anemonen, und ich dachte, oh, eine kleine Muräne, die ist aber schön gefärbt.

Um das Tier besser sehen zu können, beuge ich meinen Kopf weit hinunter. Die Wasseroberfläche kräuselt sich aber so stark, dass ich das Tier noch immer nicht richtig gut sehen kann. Ich lege meine Hände an die Schläfen, um das Sonnenlicht abzuschirmen, und gehe noch tiefer runter, bis meine Hände das

Wasser berühren. In dem Moment schießt das Tier hoch und beißt mich in die Augenbraue.

Erschreckt zucke ich zurück. Ach du Scheiße, was sollte denn das jetzt? Die Lust, mich zu waschen, ist mir fürs Erste vergangen, und ich laufe zurück zur Ranger-Station. Luana sitzt noch bei einer letzten Tasse Tee auf der Küchenveranda.

»Luana«, rufe ich schon von Weitem, »kannst du mal gucken.« Ich laufe die Treppe hoch und deute auf meine Augenbraue. »Mich hat hier oben was gebissen. Ich vermute, eine Muräne; dann müsstest du nur einen Einstich sehen.«

»Hm, ja, du blutest. Aber ich sehe zwei Löchlein.«

»Zwei? Bist du sicher?«, stammle ich, und mir kommt ein fürchterlicher Verdacht.

»Ja, warum?«, fragt Luana irritiert.

»Shit! Dann war es höchstwahrscheinlich eine Seeschlange.«

Bis jetzt habe ich komischerweise überhaupt nicht an die Möglichkeit gedacht, dass es eine Wasserschlange gewesen sein könnte, obwohl ich weiß, dass es hier welche gibt. Vom Tauchen und weil ich mich seit Jahrzehnten mit Schlangen befasse, weiß ich, dass Seeschlangen zwar nicht sehr aggressiv sind, aber ein hochwirksames Gift haben, giftiger als das der Kobra. Es gibt bei Schlangen nur zwei Arten von Giften: Blutgifte beziehungsweise Hämotoxine, die das Blut-, Blutgerinnungs- oder Blutbildungssystem verändern und den Blutkreislauf derart schädigen, dass es zu einem Kreislaufkollaps kommen kann, und Neurotoxine, die das Nervensystem lähmen, im Speziellen den Teil des Gehirns, der für die Aufrechterhaltung der Lebensfunktion notwendig ist, was schließlich zum Atemstillstand führt, sprich zum Erstickungstod. Seeschlangen haben Neurotoxine.

»Eine Seeschlange?« Luana weiß, was das bedeuten würde, denn die Ranger haben uns erzählt, dass hin und wieder Fischer durch den Biss einer Seeschlange umkommen, wenn sie beim Aussortieren des Beifangs aus ihren Netzen aus Versehen eine anfassen. »Setz dich und rühr dich nicht vom Fleck«, befiehlt sie und rennt los.

Kaum eine Minute später kommt sie mit Tana angelaufen. Der wirft nur einen kurzen Blick auf die Wunde und konstatiert: »Das war eine Seeschlange! Kein Zweifel!«

In dem Moment merke ich, wie das Gift zu wirken beginnt.

»Ich muss mich hinlegen«, sage ich mühsam, denn das Sprechen fällt mir auf einmal schwer, und ich bekomme kaum noch Luft.

Tana ruft nach dem Koch, und zu dritt tragen wir Andreas in sein Bett.

»Was können wir machen?«, frage ich Tana.

»Gar nichts. Wahrscheinlich wird Andreas heute Nacht sterben.«

Tanas Worte dringen durch die dicke Watte, die sich in meinem Kopf ausgebreitet hat. Ich denke, ist das ein Scherz? Oder meint er das ernst?

»Man muss doch irgendwas tun können!«, schreie ich und spüre, wie Panik in mir hochkriecht. »Habt ihr denn nichts hier? Ein Gegengift oder so?«

»Mein Gott, Luana, natürlich nicht. Dieses Zeug muss gekühlt werden. Wie denn? Du kennst doch die Gegebenheiten hier«, erinnert Tana mich.

Ich höre den beiden zu, als ginge mich das alles nichts an. Wie vor einer OP, wenn die Narkose bereits zu wirken anfängt, man alles um sich herum noch mitbekommt, aber irgendwie ganz weit weg ist. Ich habe keine Angst, nicht wie vor ein paar Jahren in Alaska, als ich beinahe ertrunken wäre und um mein Leben strampelte. Damals war ich von der Strömung des Yukon fortgerissen worden, als ich den Kiel meines Segelboots *Tardis* unter Wasser reparieren wollte.

Bis jetzt haben wir alles richtig gemacht, geht es mir durch den Kopf, immer lange Hosen getragen, wenn wir im Gelände waren, damit, falls mal eine Schlange zubeißt, sie nur das Hosenbein erwischt, immer robuste Schuhe angehabt und, und, und. Da mache ich die verrücktesten Sachen, gehe immer wieder bewusst, aber kontrolliert Risiken ein, schwimme mit einem Krokodil, stelle mich praktisch mitten unter die giftigen Warane, um sie zu filmen, und dann erwischt es mich in so einer idiotischen Situation, beim Waschen!

Dann beginnen meine Gedanken zu treiben, mal hierhin, mal dorthin. Ich denke an meine Familie, dass ich tolle Sachen erlebt habe. Hm, habe immer geglaubt, dass ich mal von einem Grizzly oder einem Eisbären getötet werde, das wäre naheliegend, oder dass ich mit *Tardis* in einem Sturm im Golf von Alaska absaufe. Oder mit einem alten, klapprigen Flugzeug irgendwo abstürze. Dass es während irgendwelcher gefährlichen Dreharbeiten zu einem tödlichen Unfall kommt. Und nun das! Von einer Seeschlange gebissen, weil ich mir das Gesicht waschen wollte! Na, hab ein schönes Leben gehabt. Hab viel erlebt. Hab zwei tolle Söhne, eine wunderbare und schöne Frau.

Mist, wenn ich tot bin, wie bringen die mich eigentlich weg? Oder vergraben die mich gleich hier? Hoffentlich legen sie genug Steine obendrauf wegen der Warane.

Nicht in einen Plastiksack! Das muss ich immer wieder denken. Ich will nicht in einen Plastiksack! Ständig habe ich Bilder von amerikanischen GIs vor meinem inneren Auge, die in Plastiksäcken aus Vietnam oder sonst wo heimgeflogen wurden. O Mann, hey, wenn ich in so einem Riesenmüllsack in Deutschland ankomme, erst von hier nach da, von da nach dort geflogen werde, wie sehe ich denn dann aus? So soll mich niemand sehen. Die sollen mich so in Erinnerung behalten, wie ich war.

Wenn ich doch nur mehr Luft bekäme!

Mir fällt eine Geschichte ein, die ich vor ungefähr einem Jahr in *National Geographic* gelesen habe. Es ging um einen Giftschlangenspezialisten aus den USA, der mit einigen seiner Studenten irgendwo in Malaysia oder Thailand in einem Urwaldlabor arbeitete und von einer giftigen Schlange gebissen wurde. Er sagte noch zu seiner Assistentin, das sei nicht so schlimm, er habe genug Serum im Körper. Aber sie solle ein paar Bilder von ihm machen, um festzuhalten, wie er reagiere.« Ich sehe die Fotostrecke vor mir. Offensichtlich war es doch nicht genug Serum, denn das Gift der Schlange lähmte ihn. Seine Leute versuchten über Funk eine Beatmungsmaschine zu bekommen – vergeblich. Der Professor erstickte vor den Augen seiner Studenten.

Ich kann nur ganz flach atmen, so, wie ich es von sterbenden Tieren kenne. Ich bereite mich auf meinen Tod vor. Nelken. Wieso rieche ich immer wieder Nelken?

Andreas dämmert seit gestern Morgen in diesem kritischen Zustand dahin. Tana und ich wachen abwechselnd an seiner Seite, reden mit ihm, damit er uns nicht völlig entgleitet; legen ihm Waschlappen auf die Stirn und verabreichen ihm mithilfe eines nassen Stoffzipfels tröpfchenweise Wasser, denn vor allem untertags ist es brütend heiß, und wir haben ja nicht einmal einen Ventilator. Mit Mund-zu-Mund-Beatmung versuche ich, Andreas Luft in die Lungen zu pressen – vergebens.

Immer wieder frage ich Tana, was wir tun können, doch der zuckt nur die Schultern. »Nichts!« Diese Machtlosigkeit! Ängstlich beobachte ich Andreas' Brustkorb. Hebt er sich? Atmet Andreas noch? Hin und wieder murmelt er etwas. Einmal glaube ich das Wort »Plastiksack«, ein anderes Mal »Nelken« zu verstehen. Verursacht ihm das Schlangengift nur wirre Träume? Oder hat es sein Gehirn angegriffen?

Dann entwirren sich meine Gedanken allmählich, werden wieder klarer, und irgendwann fällt mir auf, dass ich wieder leichter und tiefer atmen kann. Und auf einmal die Erkenntnis: Mensch, ich lebe ja noch! Bin ich dem Tod noch mal von der Schippe gesprungen? Hab ich's überstanden? Wie lange liege ich schon hier? Zwei Stunden? Einen Tag? Wie ich später erfahren sollte, waren es fast zwei Tage.

Ich habe nur bruchstückhafte Erinnerungen an diese beiden Tage. Doch seltsamerweise steigt mir jedes Mal, wenn ich heute daran zurückdenke, der würzig-süße Duft von Kretek-Zigaretten, die fast zur Hälfte aus geschroteten Gewürznelken bestehen, in die Nase – obwohl Tana sich natürlich Mühe gegeben hat, mir den Rauch nicht direkt ins Gesicht zu pusten, wo ich doch ohnehin zu ersticken drohte.

Am dritten Tag ging es mir bereits bedeutend besser. Nicht nur, dass ich fast wieder normal atmen konnte, auch konnte ich das erste Mal seit dem Schlangenbiss wieder etwas zu mir nehmen – zunächst nur Flüssiges, da Mund und Hals völlig ausgetrocknet waren und mir das Schlucken wehtat. Aber mit jedem Löffel Fischbrühe – die einzige Krankenkost, die der Koch mit seinen beschränkten Mitteln zaubern konnte –, wurde es besser, und ich spürte, wie meine Lebensgeister zurückkehrten.

Am folgenden Morgen funktionierte das Funkgerät endlich einmal wieder, und die Ranger orderten ein Boot, das Luana und mich nach Labuan Bajo brachte. Ich war stark angeschlagen, fühlte mich total schwach und klapprig, als hätte ich eine schwere, zehrende Krankheit hinter mir.

»Für ein Gegengift ist es jetzt zu spät«, ließ mich eine Art Krankenpfleger wissen, den ich in Labuan Bajo konsultierte, da wir keinen Arzt ausfindig machen konnten, »aber ich würde dir raten, dich unter ärztliche Aufsicht zu begeben für den Fall, dass du einen Rückfall erleidest und künstlich beatmet werden musst.«

Toller Rat, denn die nächst liegende einschlägige Adresse auf indonesischem Boden war seines Wissens in Denpasar, also auf Bali. Wir flogen stattdessen über Kupang auf der östlich gelegenen Nachbarinsel Timor nach Darwin in Australien. Zur Sicherheit fragte ich sowohl in Labuan Bajo als auch in Kupang am Check-in-Schalter, ob der Flieger einen Notfallkoffer mit Beatmungsbeutel an Bord habe, worauf ich natürlich beide Male erklären musste, warum ich das wissen wollte. Mir war nicht klar, was ich damit auslöste, denn in Darwin wurde ich sogleich in einen Krankenwagen verfrachtet und in eine Klinik gefahren.

Die Ärzte sagten mir im Grunde dasselbe wie der Mann in Labuan Bajo, nämlich, dass sie eigentlich nichts für mich tun konnten, mich aber gern zwei Tage dabehalten wollten, damit man mich künstlich beatmen konnte, falls es einen Rückfall gab.

»Du hast Riesenglück gehabt«, klärte mich ihr Giftschlangenspezialist auf, »offensichtlich wollte sich die Schlange nur verteidigen; anderenfalls stündest du nicht hier. Beißt eine Schlange zur Verteidigung, ist der Biss sehr kurz und es wird nicht die volle Giftmenge injiziert. Notfalls beißt sie mehrmals zu. Wenn eine Schlange hingegen töten oder immobilisieren will, lässt sie ihre Giftzähne so lange in ihrem Opfer stecken, bis sie leergepumpt sind.«

»Und? Wirst du weitermachen?«, fragte mich Luana, als wir das Krankenhaus verließen.

»Wie, was, weitermachen?«, fragte ich perplex, weil ich keine Ahnung hatte, worauf sie hinauswollte.

»Na, mit dem Tierfilmen, mit Expeditionen zu den Letzten ihrer Art und überhaupt mit abenteuerlichen Reisen, exotischen Drehorten, nicht ungefährlichen Tieren. All dem halt.«

»Natürlich werde ich weitermachen!«, antwortete ich, ohne zu zögern – das ist doch mein Leben!

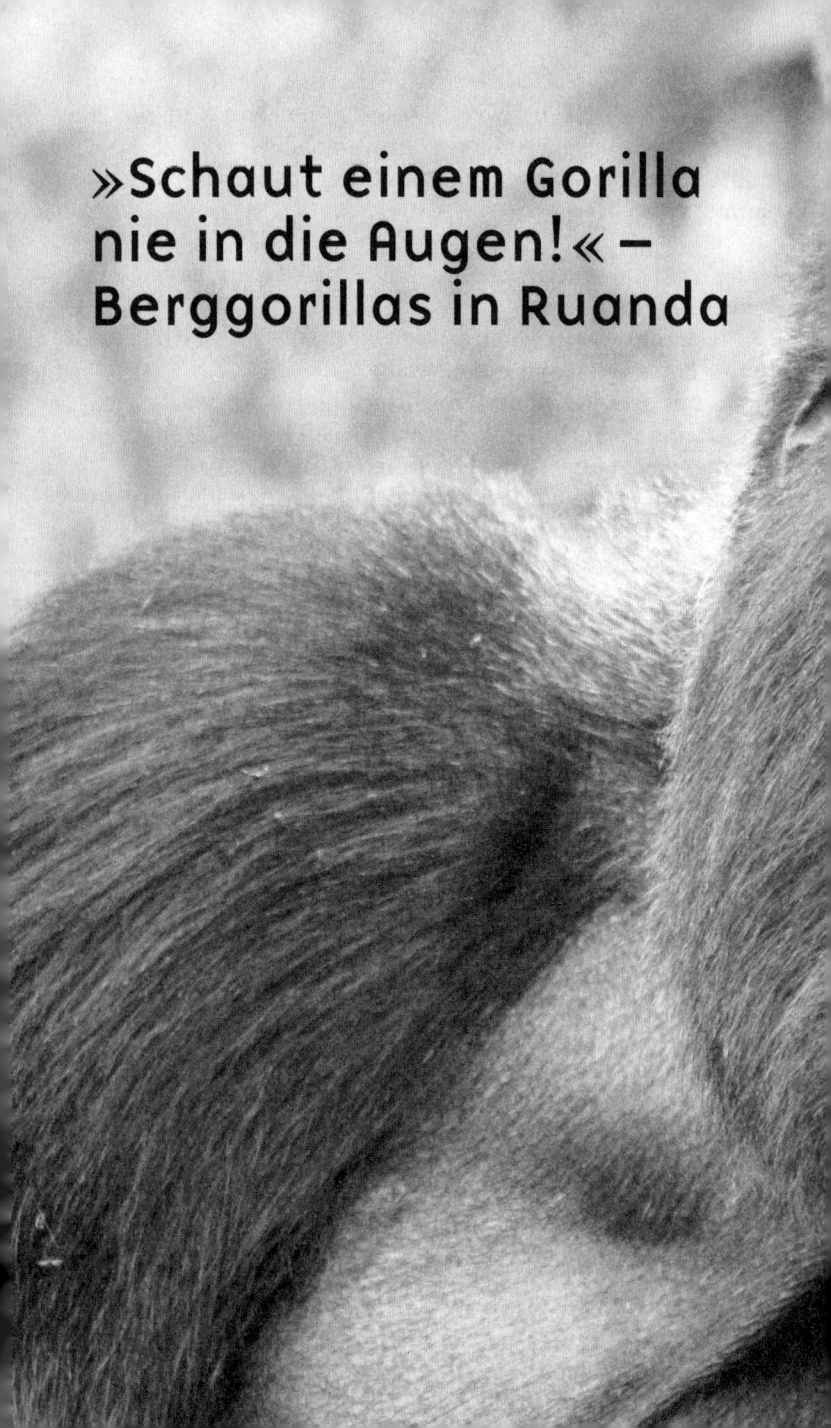

»Schaut einem Gorilla nie in die Augen!« – Berggorillas in Ruanda

Beim Anflug auf Entebbe hat man einen großartigen Blick auf den Viktoriasee, den die Einheimischen Ukeweri nennen, mit seinen vielen kleinen Inseln. Am Flughafen nahm Jibs, unser Fahrer, Frank und mich in Empfang und meinte gleich, wir müssten uns sputen, denn die Grenze nach Ruanda würde um sieben Uhr abends dicht gemacht und wir bräuchten bestimmt den ganzen Tag bis dahin.

Es war heiß, das Leben pulsierte. Eine große Menge Menschen wälzte sich durch die Straßen der ehemaligen Hauptstadt Ugandas, wohin man blickte alte Autos. Wer glaubt, schlechte Straßen zu kennen, aus Europa oder aus Nordamerika, sollte mal nach Afrika fahren. Die Autofahrer suchen sich den besten Weg um die zahlreichen Schlaglöcher und nutzen dazu nicht selten die Gegenfahrbahn. Im letzten Moment wird dem entgegenkommenden Verkehr ausgewichen, was oft genug misslingt. Ein einziges Chaos. Mir fällt ein, irgendwo gelesen zu haben, dass Verkehrsunfälle die dritthäufigste Todesursache in Uganda sind, und kaum hatten wir die Stadt hinter uns gelassen, sahen wir auch schon den ersten schweren Unfall.

Die unglaublich schöne Landschaft entschädigte uns für die nicht ungefährliche und abenteuerliche Fahrt durch das ländliche Uganda. Sträßchen und Wege aus roter Erde bilden einen herrlichen Kontrast zu dem satten Grün, das sich so weit das Auge reicht über die Hügel mit tropischem Regenwald zieht.

Bis wir endlich in Cyanika, der winzigen Grenzstadt zu Ruanda, ankamen, war der Grenzübergang geschlossen. Das bedeutete, dass wir die Nacht hier verbringen mussten. Nachdem wir uns in einem netten Gästehaus einquartiert hatten, zogen Frank und ich los, um uns den Ort anzusehen.

»Hm«, sagte ich nach einer Weile, »hier scheint es mehr Soldaten als Einwohner zu geben.«

»Bist du sicher, dass das Soldaten sind?«, fragte Frank skeptisch. »Guck dir die doch mal an. Die Uniformen sind total zerschlissen, und die meisten Gewehre werden nur noch von Klebeband zusammengehalten. Die sehen eher aus wie die Miliz von irgend so 'nem Kriegsherrn.«

»Ne, das ist schon offizielles Militär. Am Flughafen waren doch auch Soldaten, und deren Uniformen waren ebenfalls ziemlich derangiert«, beruhigte ich ihn.

»Ob nun Miliz oder Militär; auf jeden Fall liegt hier eine komische Schwingung in der Luft«, entgegnete Frank.

In der Tat herrschte eine leicht aggressive Stimmung, die wir uns nicht erklären konnten. Da Cyanika sehr hoch liegt, wird es am Abend relativ kühl, und so saßen viele Soldaten um ein Lagerfeuer. Na ja, eigentlich lungerten sie eher, als dass sie saßen. Alle paar Meter fragte einer, woher wir kämen, wohin wir wollten. Und dann hieß es immer: »Ihr müsst ja viel Geld haben ...«

Ich fragte eine Gruppe, ob ich sie fotografieren dürfe, und sie nickten. Doch in dem Moment, wo ich abdrückte, sprangen sie – im tatsächlichen und im übertragenen Sinn – wie vom Blitz getroffen auf, forderten Geld für das Foto, schrien »Money, money!« und bedrängten uns massiv. Es war gar nicht so einfach, die Kerle, die regelrecht an uns dranhingen, abzuschütteln, und wir waren froh, als wir heil wieder in unserer Unterkunft waren.

Ab sieben Uhr morgens sollte der Grenzübergang geöffnet sein, doch wie das so ist in Afrika, kam der Beamte erst um Viertel vor acht. Langsam und behäbig trat er aus seinem Häuschen, kontrollierte unsere Pässe und Visa, stellte Fragen, hieß uns Formulare ausfüllen, kassierte Geld. Dann ging er hinein und rief uns einzeln in sein karges Büro, das eine sehr unangenehme Atmosphäre ausstrahlte. Dort befragte er uns erneut, wollte wissen, was wir in Ruanda wollten, warum wir die Berggorillas nicht in Uganda filmten und, und, und. Endlich drückte er zwei große, dicke Stempel in unsere Pässe und setzte seine Unterschrift darunter. Er öffnete den Schlagbaum und winkte uns durch. Während all der Zeit wuselten Hunderte von Einheimischen mit Körben voller Ware – in erster Linie landwirtschaftliche Produkte – zu Fuß über die Grenze, von Uganda nach Ruanda und umgekehrt, ohne auch nur ein Fitzelchen Papier vorzuzeigen.

Nun waren wir also in Ruanda, dem »Land der tausend Hügel«. Und tatsächlich: Wohin man schaute Berge, weshalb die Kolonialmächte Ruanda einst die Schweiz Afrikas nannten. Ruanda ist einer der kleinsten Staaten Afrikas, etwa so groß wie Belgien, und der am dichtesten besiedelte des ganzen Kontinents. Das Land ist dank zahlreicher Vulkane und ausgiebiger Regenfälle extrem fruchtbar und erlaubt bis zu drei Ernten im Jahr; in den Niederungen reihen sich große Plantagen mit Bananen, Maniok, Kaffee, in einigen Gebieten Tee, weiter oben hat man Terrassen angelegt und wachsen Hirse und Mais, in den Hochlagen Kartoffeln und Bohnen. Felder, Felder, nichts als Felder. Kein Fleckchen kultivierbares Land bleibt ungenutzt, was heißt, dass auch ein Großteil des Bergregenwalds abgeholzt ist.

Das ständige Auf und Ab in unzähligen Serpentinen zwang irgendwann die Bremsen unseres alten Mitsubishi-Geländewagens in die Knie, und Jibs konnte nur noch mit der Motoroder mit der Handbremse bremsen. An einem besonders steilen Hang wurde das Auto immer schneller, der Gang sprang raus, und Jibs begann zu schwitzen, weil er merkte, dass er den Wagen nicht mehr unter Kontrolle hatte. So will ich nicht sterben, schoss es mir durch den Kopf, und ich machte mich zum Absprung bereit. Ein Blick nach hinten zu Frank zeigte mir, dass er ähnlich dachte, denn er hatte eine Hand bereits am Türgriff.

Wir hatten noch mal Glück und landeten unbeschadet in der nächsten Siedlung, in der es eine Werkstatt gab, in der alles repariert wurde, vom Fahrrad bis zum Mitsubishi. Das war insofern erstaunlich, als wir in dieser Bergregion praktisch kein anderes Auto sahen, keinen Traktor, keinen Generator. Woher der Besitzer eine passende Manschette für den Hauptbremszylinder nahm, blieb mir ein Rätsel, aber eines ist sicher: Davon, wie in Afrika improvisiert wird, könnte sich bei uns so manch einer eine Scheibe abschneiden.

Dass außer unserem Wagen kein einziges anderes motorisiertes Gefährt unterwegs war, faszinierte mich total. Auf Rinca hat es zwar ebenfalls keine Autos oder Mopeds gegeben, aber da bewegen sich die Leute auch vorwiegend auf dem Wasser; und die paar Meter im Ort Rinca oder in der Ranger-Station kann man wahrlich zu Fuß gehen. Hier hingegen waren ständig Menschen unterwegs, die außerdem alle irgendetwas transportierten, auf dem Fahrrad oder dem Kopf. Ich konnte mich kaum daran sattsehen, mit welcher Anmut die Frauen riesige Säcke mit Kartoffeln oder Mais, große Kanister mit frischem Wasser aus den Bergen oder enorme Bündel Brennholz aus dem Regenwald auf ihren Köpfen hinunter in die Täler zu den Märkten balancierten. Unwillkürlich stellte ich mir die Frage, wie wohl die Wirbelsäulen der älteren Frauen aussahen. Wer Glück hatte und ein Fahrrad besaß, der belud es so schwer, dass man es nicht mehr fahren, sondern nur noch schieben konnte. Was ebenfalls Sache der Frau war. Die Männer liefen mit leeren Händen daneben her; kein einziges Mal sah ich einen etwas tragen.

Was mir schon in Uganda aufgefallen war: Die Menschen waren sehr farbenfroh gekleidet – und manche auffallend modisch. Jibs zum Beispiel trug Schuhe von Lloyds und ein Polohemd von Ralph Lauren, womit er in jeder Stadt dieser Welt eine gute Figur gemacht hätte. Als ich ihn darauf ansprach, wie er zu solch teurem Zwirn käme, erklärte er uns: »Das ist ganz einfach. In Kenia, Uganda, Ruanda und Tansania gibt es eine Art Schwarzmarkt mit mafiaartigen Strukturen für gespendete Kleider aus aller Welt. Die billigen Sachen werden an die Armen verteilt, die Markenware landet bei Händlern, die sie für wenig Geld verkaufen; die Sachen kosten vielleicht noch fünf oder zehn Prozent vom ursprünglichen Preis.«

Wenige Tage vor meiner Abreise hatte ich mir noch einmal die Reportage »Ruanda – zurück ins Leben« von Christa Graf auf DVD angeschaut. Der Film von 2004 befasst sich mit den Folgen des Völkermordes an den Tutsis, dem von April bis Juli 1994, also innerhalb weniger Monate, nach Schätzungen zwischen 800 000 und einer Million Menschen zum Opfer gefallen waren. Die Bilder der Massengräber, der verstümmelten Menschen, der vergewaltigten Frauen, der verwaisten Kinder, die um Vergebung flehenden Blicke der Täter verfolgten mich tagelang. Die unvorstellbare Grausamkeit, mit der die Hutus die Tutsis abgeschlachtet und dabei nicht einmal vor den engsten Nachbarn haltgemacht hatten, die tiefen Wunden, die diese bis heute unerklärliche Eruption der Gewalt in der Gesellschaft und in jedem Einzelnen gerissen hat, übersteigen bis heute meine Vorstellungskraft und mein Fassungsvermögen.

Die sichtbaren Wunden hatte die Zeit geheilt, und oberflächlich wirkte trotz des Militärs, das allgegenwärtig war, alles friedlich. Doch wie in Uganda spürten wir eine unterschwellige Aggressivität, die sich manchmal Bahn brach: Wenn wir in einem der kleinen Dörfer, durch die wir kamen, anhielten, waren die Menschen erst neugierig, dann freundlich *und* neugierig, und wenn man ein Späßchen machte, rissen sie ebenfalls ein paar Witze; doch wenn man abfuhr, kam es nicht selten vor, dass die Leute, in erster Linie junge Männer, Kinder und Jugendliche, gegen das Auto traten oder gegen die Scheiben spuckten.

Gegen Abend erreichten wir unsere Herberge, das Kinigi Guesthouse, am Fuß des Sabinyo, einem der acht Gipfel der Virunga-Vulkane. Der Virunga-Nationalpark erstreckt sich über drei Staaten: die Demokratische Republik Kongo, Uganda und Ruanda. Virunga-Nationalpark heißt eigentlich nur der kongolesische Teil; der Anteil hier in Ruanda heißt offiziell Vulkan-Nationalpark, und auf ugandischem Staatsgebiet heißt er Mgahinga-Gorilla-Nationalpark. Da der Nationalpark aber allgemein unter seinem kongolesischen Namen bekannt ist, verwende ich hier diese Bezeichnung. Die steilen, schwer zugänglichen Hänge sind eines der beiden letzten Refugien des Berggorillas weltweit. Knapp 400 dieser Tiere leben hier. Der zweite Zufluchtsort mit gut 300 Exemplaren ist der Nationalpark Bwindi Impenetrable Forest in Uganda.

Die frühere Unterteilung der Gorillas in drei Unterarten, den Westlichen und Östlichen Flachland- sowie den Berggorilla, wurde den Unterschieden im Körperbau und in der Lebensweise nicht gerecht, sodass man heute von zwei Arten ausgeht: dem Westlichen Gorilla mit den Unterarten Westlicher Flachlandgorilla und Cross-River-Gorilla sowie dem Östlichen Gorilla mit den Unterarten Östlicher Flachlandgorilla und Berggorilla. Erschreckend wäre, wenn sich bewahrheiten würde, was manche Forscher neuerdings vermuten: dass die Population des Bwindi-Waldes, die bislang dem Berggorilla zugerechnet wird, aufgrund der Unterschiede in Morphologie und Lebensweise eine eigene Unterart des Östlichen Gorillas sein müsse. Das würde bedeuten, dass der Berggorilla – und natürlich auch der »Bwindi-Gorilla« – noch weit stärker gefährdet wäre. Bislang jedoch ist der »Bwindi-Gorilla« nicht als eigene Unterart klassifiziert, da etliche Forscher die Unterschiede für zu gering halten.

Das Kinigi Guesthouse liegt ganz in der Nähe der Ranger-Station und ist daher ein idealer Ausgangsort. Das einfache Haus aus Naturstein hat mehrere Zimmer mit fließend Wasser, das aus einer großen Zisterne stammt. Wir trauten dem Wasser nicht so recht, kauften uns lieber im Bar-Restaurant gutes Trinkwasser in Flaschen, obwohl das sehr teuer war, weit teurer als Coca-Cola. Total schräg, noch in keiner Region der Welt habe ich für Wasser so viel mehr als für Coca-Cola oder einen vergleichbaren Softdrink bezahlt – Nachahmerprodukte ausgenommen. Da Frank und ich große Wassertrinker sind, haben die mit uns während unseres Zwangsaufenthalts durch die Quarantäne – dazu gleich mehr – ein richtig gutes Geschäft gemacht. Das Restaurant des Kinigi Guesthouse bot zwar keine große Auswahl, dafür waren Hühnchen und Eier so frisch, wie man sie sonst selten bekommt, da sie aus der eigenen Hühnerhaltung kamen.

In der Lobby wurde am Abend ein Feuer im Kamin entzündet. Da die Gewinnung von Brennholz einer der Gründe dafür ist, dass der Lebensraum der Berggorillas bedroht ist, wurde sehr sparsam damit umgegangen, obwohl es abends empfindlich kalt wurde.

Zwar waren wir nur wenige Grad südlich des Äquators, aber der Nationalpark liegt zwischen 1800 und 4000 Meter über dem Meeresspiegel, und da ist es auch in Zentralafrika ziemlich frisch. Zusätzlich sorgten tägliche schwere Gewitter mit heftigen Wolkenbrüchen dafür, dass es nicht zu warm wurde.

Das Kinigi Guesthouse gehört im Übrigen ASOFERWA, einer Organisation, die ruandische Frauen nach dem Völkermord gründeten und die sich der nationalen Versöhnung sowie der sozio-ökonomischen Wiedereingliederung widmet.

Am nächsten Morgen fuhren wir zur Ranger-Station. Der einzige Ranger im Büro war in ein Gespräch mit einem Touristenpärchen vertieft, sodass wir uns die verschiedenen Informationstafeln und -broschüren zu Gemüte führten.

»Jedes Mal, wenn ich einen Gorilla in einem Tierfilm im Fernsehen sehe, bin ich total fasziniert, dass die nur aus Muskeln zu bestehen scheinen, jedenfalls die großen Männchen«, meinte Frank nach einer Weile. »Und hier steht, dass ein ausgewachsenes Männchen etwa 1,70 Meter groß wird und dann gut 200 Kilogramm wiegt. Und dass sie sich allein von Schösslingen, Blättern, Stängeln, Wurzeln und Rinde ernähren. Hätte gar nicht gedacht, dass man von Grünzeug so viele Muskeln bekommt!«, staunte er.

»Tja, kannst mal sehen. Vielleicht solltest du mal eine Gorilla-Mastkur machen«, schlug ich vor und musterte den asketischen Frank mit gespielt kritischem Blick.

»Nein, danke, hier steht nämlich auch, dass wilder Sellerie, junger Bambus und Disteln zu ihren Lieblingsspeisen zählen. Sellerie und Bambus würde ich mir vielleicht noch eingehen lassen, aber Disteln!?«

»Ah«, wurden wir schließlich begrüßt, »ihr müsst die Millionäre aus Deutschland sein. Ihr habt doch die zehn Tage Gorillatrecking gebucht, oder? Das kostet mit Filmkamera 20 000 Dollar. Wir hatten schon lange niemanden mehr, der so viel Geld dafür ausgegeben hat, Gorillas zu sehen. Die meisten machen nur eine Tagestour, und manchen gefällt es so gut, dass sie einen weiteren Tag dranhängen. Aber gleich zehn Tage, puh, das ist wirklich selten.«

Kein Wunder, ein einziger Tag kostet bereits 380 Dollar pro Person – ohne Filmkamera.

Ich erklärte, dass wir für National Geographic arbeiten, und sofort schnellte der Preis nach oben.

»Oh, ihr dreht professionell? Dann macht es 4000 Dollar am Tag. Ihr müsst verrückt sein. Das sind unter dem Strich 40 000 Dollar!«

»Moment mal, langsam! Ich habe ein Empfehlungsschreiben vom Botschafter Ruandas in Berlin. Er hat mich sogar zum Teetrinken in die Botschaft eingeladen und ist sehr darauf bedacht, dass wir eine positive Dokumentation über Ruanda drehen. Und ich habe ihm versprochen, dass ich bei einem deutschen Radiosender eine Sendung zu dem Thema mache. Wenn ich positiv über Ruanda berichte, kann das nur gut für euren Tourismus sein ...«

Aber wie das so ist, wenn man schlafende Hunde weckt und sagt, wer man ist und was man will, wird die Sache in solchen Ländern oft nicht leichter, sondern komplizierter. Der Ranger ließ sich jedenfalls nicht erweichen und meinte, so einfach ginge das nicht, Empfehlungsschreiben hin oder her, wir müssten das mit dem Ministerium für Tourismus in Kigali klären. Na toll, Kigali, die Hauptstadt, ist ungefähr vier Autostunden entfernt!

»Ihr könnt ja heute erst einmal eine normale Touristentour zu den Gorillas mitmachen, aber nur mit kleinen Kameras«, schlug er abschließend vor.

Wir hatten sowieso nur kleine, relativ handliche HDV-Kameras (mit einer enorm guten Bildqualität) dabei, denn der Aufstieg zu den Gorillas würde auch ohne schweres Gepäck mühsam genug sein, und nach kurzem Überlegen willigten wir ein.

Es gab in Ruanda zu der Zeit sieben habituierte Gorillagruppen. Habituiert heißt, dass sie an Menschen gewöhnt sind, weil sie fast täglich von Ökotouristen und Forschern besucht werden. Diese Gorillas sind dementsprechend entspannt, nicht so scheu oder misstrauisch. Die Susa-Gruppe war die größte, sie bestand aus über 30 Tieren: unter anderem drei Silberrücken, etlichen Jungtieren, darunter sogar ein Zwillingspärchen – was sehr selten ist – und mehreren Babys. Diese Gruppe hält sich in der Regel weit oben in den Bergen auf, zum Teil auf 3500 Meter, und ist daher nur für Leute geeignet, die körperlich absolut fit sind. Am anderen Ende der Skala gibt es eine kleinere Gruppe mit einem jüngeren Silberrückenmännchen, die sehr nah an der Nationalparkgrenze lebt und meistens von älteren Touristen besucht wird. Dann wird – das fand ich wirklich schräg – immer eine Trage mitgeführt, sodass man ältere Besucher, die sich zu viel zumuten, zur Not aus dem Urwald heraustragen kann.

Wir entschieden uns für die Susa-Gruppe, und schon ging es los. Außer uns waren mit von der Partie: ein schottischer Bergsteiger und seine Freundin; ein junges Pärchen aus Südafrika, beides Lehrer, die mit ihrem Landrover eine Afrikadurchquerung machten, ein deutscher Fotograf und ein Guide mit zwei Helfern. Erst einmal fuhren wir ein Stück mit dem Geländewagen, bis es nicht mehr weiterging; dann liefen wir zwischen Feldern mit Kartoffeln, Maniok, Hirse und Mais bergan zur Grenze des Nationalparks, die durch eine niedrige, aber breite, aus Steinen aufgeschichtete Mauer gekennzeichnet ist. Verblüfft hielten Frank und ich inne. Das war wirklich befremdlich: Auf der einen Seite reicht landwirtschaftlich genutztes Land bis direkt an die Steinmauer heran, und unmittelbar dahinter beginnt das Schutzgebiet, ohne Pufferzone oder etwas in der Art. Diese Mauer geht von Uganda über Ruanda bis an die Grenze zum Kongo und zeigt den Einheimischen: bis hierher und nicht weiter; dahinter ist Gorillaland, da dürft ihr nicht siedeln, euch kein Holz, keine Früchte, keinen Wildhonig holen, da dürft ihr keine Schlingen auslegen, keine Antilopen jagen, kurz: Dieses Gebiet ist für euch tabu.

Auf dem Weg hierher hatte uns Guide Paul gefragt, ob wir verheiratet wären, wie viele Frauen wir hätten und wie viele Kinder. Als er hörte, dass ich eine Frau habe und zwei Söhne, 25 Schafe, aber keine Ziegen, schien für ihn klar zu sein, dass ich kein reicher Bauer sein konnte, denn er, so erklärte er, würde jetzt schon auf die vierte Frau sparen, was finanziell allerdings einen großen Aufwand bedeute. Um sich eine vierte Frau leisten zu können, müsse er in der Hierarchie noch ordentlich aufsteigen.

»Die Susa-Gruppe«, meinte Paul dann übergangslos, »gibt sich manchmal scheu und verschwindet im Unterholz, wenn Menschen kommen.« Diese Aussage führte zu einigem Unmut in unserer Gruppe, denn in der Ranger-Station war davon kein Wort erwähnt worden, und immerhin hatte jeder von uns 380 Dollar abgedrückt – nicht für eine anstrengende Wanderung den Berg hoch, sondern um Gorillas zu sehen. »Wir geben natürlich keine Garantie, dass ihr Berggorillas seht«, erklärte er, »die Chancen stehen aber ganz gut.«

»Ja, was denn nun?«, warf die Südafrikanerin leicht ungehalten ein.

»Die Fährtenleser, die mehr oder weniger immer an der Gorillagruppe dran sind, sind schon vor Stunden hochgestiegen, um die Gruppe zu suchen. Sobald sie sie gefunden haben, lotsen sie uns per Funk zu den Tieren. Der ungefähre Aufenthaltsort ist ja klar, allerdings wandern Gorillas auf der Suche nach Futter umher. Ein ausgewachsenes Männchen muss am Tag immerhin 35 bis 40 Kilogramm Pflanzennahrung zu sich nehmen. Weshalb, das nur nebenbei, Gorillas immer einen dick aufgequollenen Bauch haben – die Folge einer riesigen Biogasanlage in ihrem Inneren – und ständig Blähungen. Es gibt sogar Gruppen, die nachts mal über die Mauer klettern und in den Feldern Schaden anrichten. Das kommt zwar sehr selten vor, trotzdem reagieren die Bauern sehr sauer darauf. Die Bauern sehen ohnehin nicht ein, warum sie jenseits der Mauer nicht roden und Brennholz sammeln dürfen, schließlich seien die Berggorillas ja nur Tiere. Kurz: Die Tiere sind nicht immer an ein und demselben Ort, aber die Spurensucher sind ihnen auf den Fersen.«

An der Mauer erwartete uns ein kleiner Trupp auffallend magerer Soldaten, die Uniformen wie schon gehabt ein bisschen heruntergekommen, an den Füßen zum Teil Gummistiefel, um die Schulter eine Kalaschnikow. Wir kletterten über die Mauer, und ehe wir uns versahen, hatte uns der Wald verschluckt. Dass man in guter Kondition sein sollte, stellte sich jetzt als absolut nötige Voraussetzung heraus, denn der Aufstieg hatte es wahrlich in sich.

Zunächst ging es ein Stück durch mehrere Meter hohen Bambus, dann kamen die ersten Lobelien und schließlich der Hagenien-Hypericum-Wald mit seinen dicht mit Moosen und Orchideen bewachsenen hohen Hagenien- und kleinen Hypericumbäumen, die aus üppigem Kraut-, Busch- und Strauchbewuchs emporragten. Unzählige Flechten hingen von den Bäumen und streiften wie Geisterfinger unsere Gesichter, und unsere Beine verfingen sich immer wieder in Schlingpflanzen. In Verbindung mit der unglaublichen Stille ringsum hatte das Ganze fast etwas Unheimliches. Wir fanden Dungballen von Bergelefanten und kleinen Wildbüffeln, die Tiere selbst bekamen wir allerdings nicht zu Gesicht. Außer ein paar Vögeln, die durch das Geäst flogen, sahen wir überhaupt keine Tiere.

Wir stiegen immer weiter auf, bis es irgendwann keine Pfade mehr gab. Mit Macheten schlugen uns Paul und seine Helfer einen Weg durch den Dschungel. Der schnelle Aufstieg über 1000 Höhenmeter und die zunehmend dünnere Luft machten uns irgendwie high, und obwohl das Atmen immer schwieriger wurde, unterhielten wir uns und scherzten miteinander. Die gute Laune war wie weggeblasen, als Paul ankündigte, dass wir die Gruppe wahrscheinlich nicht mehr erreichen würden. Kurz darauf meldete sich erneut sein Funkgerät. Die »Tracker« glaubten nun ganz nah an der Gruppe dran zu sein, allerdings waren sie ein gutes Stück von unserem Standort entfernt.

Nach kurzer Diskussion entschlossen wir uns, es zu riskieren. Die Nachricht hatte uns neuen Auftrieb gegeben, und so legten wir alle einen Zahn zu. Dann plötzlich ein kurzer, lauter Ruf. Die Fährtenleser hatten die Susa-Gruppe ausgemacht! Jeder suchte nun mit den Augen fieberhaft die Umgebung ab, doch eines ist sicher: Als Ortsunkundiger ohne Erfahrung mit Berggorillas hat man null Chance, die Tiere in diesem dichten Bergregenwald aufzuspüren.

Plötzlich traten wenige Meter vor uns drei Männer, offensichtlich die Fährtenleser, aus dem Urwald. Paul drehte sich zu uns um, legte den Finger an die Lippen und winkte uns zu sich.

»Okay«, flüsterte er, als wir uns um ihn versammelt hatten, »ihr habt eine Stunde Zeit, die Gorillas zu beobachten, zu fotografieren, zu filmen. Dann ist Schluss. Diese Tiere sind zwar an die Nähe von Menschen gewöhnt, sollen aber nicht zu vertraut werden. Daher: eine Stunde, nicht länger. Schaut einem Gorilla nie in die Augen, und fasst auf keinen Fall eines der Tiere an! Beides könnte der Chef als Provokation und Aggression werten. Wenn er euch daraufhin angreift, müssten die Soldaten ihn erschießen. Die sollen euch nämlich nicht nur vor Wilderern schützen.« Erschrocken zogen manche von uns die Luft ein, und ein Murmeln und Raunen ging durch unsere Gruppe. Ich glaube, bis zu diesem Moment war keinem von uns so recht bewusst gewesen, welche Verantwortung gegenüber den Tieren wir mit dieser Tour auf uns genommen hatten. »Macht keine schnellen Bewegungen!«, fuhr Paul fort, »Essen und Trinken vor den Gorillas ist absolut tabu, ebenso laute Geräusche und Blitzlicht.«

Wir mussten unsere Rucksäcke und bis auf die Kameras alles ablegen, was wir nicht direkt am Körper tragen konnten, dann folgten wir den Trackern.

Und endlich kam der Moment, dem ich seit meiner ersten Begegnung mit Berggorillas vor einigen Jahren entgegengefiebert hatte. Zehn Meter vor mir machte ich in dem grünen Blattwerk zwei Gorillas aus, und mir stockte der Atem. Ich war gebannt, gefesselt, beeindruckt, überwältigt, konnte weder filmen noch fotografieren. Die beiden Gorillas, zwei jüngere Männchen mit bereits silbernem Rücken, guckten kurz zu uns herüber, eher gelangweilt denn interessiert.

»Geht ruhig näher ran«, wisperte Paul.

Keiner würde da nein sagen. Sieben Meter, dann fünf, der Blick der beiden zeigte nun Skepsis. Da machte Paul tiefe Geräusche, sagte in der Gorilla-Sprache vermutlich so etwas wie »Keine Gefahr, alles ist gut«. Die zwei rollten sich daraufhin ein paarmal herum, brachen sich ein paar Stängel Sellerie ab und machten sich daran, das Mark herauszupulen. Doch sie wirkten nervös. Auch der Rest der Gruppe schien irgendwie unruhig, blieb auf 20, 30 Meter Abstand, sodass wir sie in der hohen Vegetation kaum sehen konnten. Dann tauchte der eigentliche »Silberrücken« auf. (Die Bezeichnung »Silberrücken« geht auf die weißen Haare am Rücken erwachsener Männchen zurück, wird aber meist als Synonym für den Anführer einer Gruppe verwendet.) Irgendetwas schien ihn zu stören, vielleicht wollte er auch nur seine Ruhe haben, jedenfalls führte er seine Gruppe ein Stück weiter weg. Die beiden Männchen blieben zunächst in unserer Nähe, entschlossen sich dann aber doch, den anderen zu folgen. Allerdings waren wir nun im Weg, und statt einen kleinen Bogen durch die Büsche zu schlagen, rannten sie knapp einen Meter an uns vorbei. Dabei geschah etwas völlig Unerwartetes: Im Vorbeilaufen schnappte sich einer der beiden mit einer Hand den kleinen, schmächtigen schottischen Bergsteiger; der stolperte, fiel hin und wurde etwa drei Meter über den Boden geschleift, bevor der Gorilla ihn losließ.

Paul rief: »Geht zurück, zurück, zurück!«

Von einem auf den nächsten Moment völlig entspannt, zog die Gorillagruppe den Hang hoch und fing an zu fressen. Wir standen da und schauten uns voller Verblüffung an. Was war das gewesen? Ein Spiel? Eine Warnung? Wir wussten es nicht.

»Alter Schwede! Ich hätte mir fast in die Hosen gemacht!«, wisperte Frank.

»Nicht nur du!«, gestand ich.

Der Schotte erholte sich erstaunlich schnell von seinem Schrecken, und Paul meinte ziemlich unbeeindruckt von dem Vorfall: »Wir gehen noch mal näher ran.« Das und die Tatsache, dass die Gorillas uns gelassen näher kommen ließen, so, als wäre nichts geschehen, ließ uns vermuten, dass das Männchen sich wohl nur einen Spaß erlaubt hatte.

Wenige Meter vor ihnen verteilten wir uns und gingen in die Hocke. Auf einmal kam ein Weibchen mit seinem Jungen aus dem Blättergewirr auf mich zu. Dem Kleinen, etwa drei Monate alt, standen die Haare zu Berge, als hätte er gerade in eine Steckdose gefasst. Er sah einfach umwerfend aus. Die Mutter setzte sich vor mich hin, neben ihr hockte der Chef. Sie fühlte sich offensichtlich total sicher neben ihm. Er schaute mich ein paarmal aus dem Augenwinkel an und fraß weiter große Disteln mit bunten Blüten. Und dann begann der Kleine direkt vor mir an der Brust seiner Mutter zu trinken! Ich war völlig verzückt von diesem wunderschönen Bild und glaube, es ging allen so.

Paul bemerkte das und sagte: »Rückt doch alle noch ein bisschen näher heran.«

Das war des Guten zu viel, denn in dem Moment, in dem wir seiner Aufforderung nachkamen und einen Halbkreis um diesen Kern der Familie bildeten, richtete sich der Silberrücken auf und brach mit einem riesigen Knall einen großen Ast ab. Eine eindeutige Demonstration von Macht und Dominanz. Die ihre Wirkung nicht verfehlte, denn plötzlich wurde uns klar, welch enorme Kraft in dem Kerl steckte, und wir begannen uns zurückzuziehen. Nur der deutsche Fotograf nicht; der musste unbedingt in erster Reihe weiterfotografieren! Da kam der Silberrücken urplötzlich auf uns zugespurtet, brach erneut einen gewaltigen Ast ab – als wäre es ein Zündholz! Er war nun offensichtlich richtig genervt von uns und unserer Nähe. Da er von seinen Weibchen beobachtet wurde, war es für ihn wahrscheinlich auch wichtig zu zeigen, wer hier der Chef war.

Zum Glück sind Gorillas nicht angriffslustig, und nach einem letzten kräftigen Aufstampfen war die Sache für den Silberrücken erledigt. Die Gruppe zog weiter den Hang hoch und verschwand nach wenigen Metern in der dichten Vegetation.

Wir alle waren total überwältigt von der Toleranz und Gutmütigkeit, die uns diese Tiere entgegengebracht hatten. Erst als wir ihnen zu nahe auf den Pelz gerückt waren, hatte der Silberrücken uns Einhalt geboten. Es wäre ihm ein Leichtes gewesen, uns ernsthaft zu verletzen, vielleicht sogar einen zu töten, stattdessen hatte er es bei einer Warnung bewenden lassen. Wenn man überlegt, was man den Gorillas alles angetan hat, ist das wirklich erstaunlich.

Ihre Leidensgeschichte begann mit einem deutschen Offizier, der die Berggorillas 1902, also sehr spät, »entdeckte«. Robert von Beringe unternahm während einer Afrikaexpedition mit einigen Askaris und Trägern den Versuch, erstmals den Mount Sabinyo zu besteigen. Von Einheimischen hatte er gehört, dass es auf dem Vulkan Waldmenschen gäbe, die ganz seltsam aussähen und gefährlich seien. Im *Deutschen Kolonialblatt* beschrieb von Beringe seine erste Begegnung mit den »Waldmenschen« später mit folgenden Worten: »Von unserem Lager aus erblickten wir eine Herde schwarzer, großer Affen, welche versuchten, den höchsten Gipfel des Vulkans zu erklettern. Von diesen Affen gelang es uns, zwei große Tiere zur Strecke zu liefern, welche mit großem Gepolter in eine nach Nordosten sich öffnende Kraterschlucht abstürzten. Nach fünfstündiger, anstrengender Arbeit gelang es uns, ein Tier angeseilt heraufzuholen.« Da er seinen Fund keiner bekannten Affenart zuordnen konnte, schickte er ihn zur Untersuchung an das Zoologische Museum in Berlin. Ihm zu Ehren erhielten die Tiere schließlich die wissenschaftliche Bezeichnung *Gorilla beringei beringei*.

Als sich Robert von Beringes Entdeckung herumsprach, machten sich Großwildjäger, Tierfänger und Forscher auf in das

Gebiet der Virunga-Vulkane. Plötzlich waren die Tiere gefragt. Viele Museen wollten ein ausgestopftes Exemplar als Ausstellungsstück haben. Gorillatatzen und die Schädel großer Männchen wurden an Sammler verhökert, Babys und Jungtiere eingefangen und an (Privat-)Zoos in aller Welt verkauft. Letzteres hat der Art wahrscheinlich am meisten geschadet, da es unzählige illegale Fangaktionen gab. Da Gorillamütter und -väter ihre Kinder aber genauso wenig freiwillig hergeben wie wir Menschen, mussten für jedes Gorillababy, das gefangen wurde, in der Regel mehrere erwachsene Gorillas sterben. Viel dramatischer noch: Die meisten Kleinen starben schon während des Transports an Entkräftung, Vereinsamung oder falscher Ernährung, und die wenigen, die einen Zoo erreichten, gingen dort jämmerlich zugrunde. Bis heute gibt es in keinem Tierpark der Welt einen Berggorilla. Die Gorillas, die wir dort besichtigen können, sind ausnahmslos Flachlandgorillas. Dass sich Berggorillas nicht in Gefangenschaft halten lassen, ist insofern erstaunlich, als sie sehr ruhige, ausgeglichene und tolerante Tiere sind. Tiere, von denen man annehmen sollte, dass sie sich in einem Zoo durchaus wohlfühlen können, da sie auch keinen so starken Bewegungsdrang haben und längst nicht so agil sind wie Schimpansen oder Paviane, bei denen immer Halligalli herrscht. Das bedeutet: Wenn die letzten etwa 700 Berggorillas, die es in freier Wildbahn gibt, einmal ausgestorben sind, wird diese Art für immer von unserem Planeten verschwunden sein!!!

Hinzu kam, dass die Bevölkerung explodierte und die Einheimischen Wald rodeten, um neue Ackerflächen zu gewinnen, und auf der Suche nach Brennholz und Nahrung immer höher in die Berge vordrangen. Vielen Gorillas wurden und werden Schlingen zum Verhängnis – Schlingen, die für sie oder für Antilopen gedacht waren/sind – und enden dann nicht selten als »bush meat« in den Kochtöpfen, vor allem in jenen der Bürgerkriegsmilizen. Der kongolesische Rebellenführer Laurent Nkunda hingegen hatte den Propagandawert der Berggorillas erkannt und sie zu Werbung in eigener Sache genutzt: Um die Sympathien des Auslands zu gewinnen, hatte er sich und seine Rebellenarmee als Hüter der Gorillas in Szene gesetzt!

Illegaler Holzeinschlag ist ein weiteres Faktum, das die Berggorillas bedroht. Als 2007 im kongolesischen Teil des Nationalparks zuerst zwei Weibchen und zwei Monate später fünf Mitglieder der bei Touristen und Rangern sehr beliebten Rugendo-Gruppe, darunter der mächtige Silberrücken Senkwekwe, regelrecht exekutiert wurden, führte die Spur zur »Holzkohle-Mafia«. Mit dem Handel von Holzkohle lässt sich viel Geld verdienen – im Jahr 2006 waren es rund 20 Millionen Euro, während der Gorilla-Tourismus nur 200 000 Euro einbrachte! Vermutlich glauben die Urheber solcher Hinrichtungen, dass mit dem letzten Berggorilla auch die Umweltschützer verschwinden würden, die sich ihnen in den Weg stellen.

Wegen seiner schieren Größe, seiner enormen Kraft und seines imposanten Brusttrommelns galt der Gorilla lange Zeit als Ungeheuer, bis die Feldstudien des amerikanischen Forschers George Schaller und vor allem seiner Landsmännin Dian Fossey die wahren Stärken dieser Tiere zeigten: ihre Sanftmut im Umgang miteinander, ihre Achtung vor ihresgleichen und der Gruppe, ihre Hingabe und Fürsorge bei der Aufzucht des Nachwuchses – und ihre Toleranz gegenüber ihrem größten Feind, dem Menschen. Und dass diese Tiere nur gefährlich werden, wenn sie sich bedroht fühlen.

Wie sonst sollten Jahr für Jahr Hunderte Touristen sich bis auf wenige Meter frei lebenden Gorillas nähern können, ohne dass es zu Zwischenfällen kommt? Denn um die letzten Berggorillas zu retten, wird seit Jahren im Rahmen des »Projekts Berggorilla«, das vom WWF und anderen Naturschutzorganisationen gestützt wird, ein maßvoller Gorilla-Tourismus betrieben, der den Ländern Ruanda, Uganda sowie der Republik Kongo dringend benötigte Devisen beschert und Arbeitsplätze im Tourismussektor schafft. Eine ungemein wichtige Maßnahme, denn dass die Bevölkerung im Schutz der Berggorillas und in der Erhaltung ihres Lebensraums eine Chance – sprich Verdienstmöglichkeiten –

für sich selbst sieht, ist eine der wichtigsten Voraussetzungen zur Rettung dieser Art.

Wie die weiter oben beschriebenen Vorfälle und Fakten beweisen, tut hier Aufklärung noch immer Not. Hoffentlich mag das »Jahr des Gorillas«, zu dem die UN das Jahr 2009 erklärten, dazu beitragen.

Auf dem Rückweg erzählte Paul, dass die beiden jungen Männchen, ungefähr zehn bis zwölf Jahre alt, nur darauf warteten, dass der Patriarch das Zepter abgebe. »Der ist aber gerade erst 18, sprich im besten Mannesalter, denn Männchen werden 35 bis 40 Jahre alt. Da müssen sie sich noch ein Weilchen gedulden.«

»Oder ihn einfach vom Thron stoßen«, schlug die Südafrikanerin vor.

»Unwahrscheinlich«, entgegnete Paul und wiegte skeptisch den Kopf. »Dass ein Gorillamännchen einen Kampf vom Zaun bricht, in der Hoffnung, den Pascha besiegen und dessen Gruppe übernehmen zu können, ist extrem selten und kaum je von Erfolg gekrönt.«

»Soviel ich weiß, darf sich bei den Gorillas, wie es ja bei vielen Tierarten, die in Gruppen oder Rudeln leben, üblich ist, nur der Chef paaren, richtig?«, fragte ich, und auf Pauls Nicken hin: »Das heißt, da in der Regel kein Kampf um die Vorherrschaft stattfindet, wird erst wenn der Silberrücken eines Tages stirbt, einer der beiden Jüngeren seine Nachfolge antreten und darf sich dann paaren – und der andere hat wieder das Nachsehen.«

Erneut nickte Paul, worauf beileidigtes Gemurmel unter den Männern unserer Gruppe zu hören war.

»Hat er hat keine andere Chance, zum Zug zu kommen?«, wollte der Schotte wissen.

»Er könnte versuchen, ein Weibchen abzuwerben und eine neue Gruppe zu gründen. Doch solange ein Silberrücken gut auf seine Familie achtgibt und für sie sorgt, lässt sich kaum ein Weibchen dazu überreden, einem jungen, unerfahrenen Männchen in eine unsichere Zukunft zu folgen. Das riskiert höchstens eines, das in der Rangordnung nicht sehr hoch steht. Die Paschas wollen das natürlich verhindern und geben sich daher alle Mühe, ihren Frauen ein Gefühl von Sicherheit, Geborgenheit und Sozialität zu vermitteln. Und das beherrschen vor allem die älteren Gorillamännchen sehr, sehr gut.«

Frank und ich waren alles in allem doch eher enttäuscht von diesem ersten Tag. Die Tiere waren zu sehr an Touristen gewöhnt, vor allem störte uns aber, dass Besuche auf eine Stunde limitiert waren. Die Chancen, außergewöhnliche Aufnahmen zu bekommen, waren da äußerst gering.

Am nächsten Tag brachen wir daher noch vor Sonnenaufgang nach Kigali auf.

Im Ministerium für Tourismus wurden wir an zwei gut aussehende, sündhaft teuer in Chanel und Prada gekleidete Ladys verwiesen. Beide hatten sich ihr Haar mit langen Braids, kleinen Flechtzöpfchen, künstlich verlängern lassen. Das sieht man hier sehr häufig, obwohl die Prozedur sechs Stunden und länger dauert und gerade mal vier Monate hält. Die beiden Frauen waren sehr freundlich. Sie hätten schon von uns gehört, TV, National Geographic, ZDF und so, und sie würden uns gern einen Deal vorschlagen: Wir könnten eine Drehgenehmigung bekommen und die Drehkosten enorm reduzieren, wenn wir auch gleich einen Film über Ruanda drehen würden.

Ich erklärte ihnen, dass wir nicht hierhergekommen wären, um ein Reisevideo oder einen Imagefilm über Ruanda zu machen. Dass wir dafür gar keine Zeit hätten. Wir könnten aber ein oder zwei Tage lang touristische Aktivitäten drehen, zum Beispiel an der Ranger-Station. Diese Aufnahmen könnten sie haben – und einen Teil des Filmmaterials von unserer Expedition, sofern wir eine offizielle Drehgenehmigung bekämen.

Wir wurden zum Minister für Tourismus gebracht. Er war ebenfalls sehr nett und zuvorkommend, und schließlich hielten Frank und ich das Dokument in Händen. Na also. Und dann kam die große Überraschung.

»Wenn ihr genug Zeit habt«, schlug der Minister vor, »könntet ihr zu einer Gorillagruppe, die nicht habituiert ist. Ihr könntet cure eigene Expedition zusammenstellen – ich würde euch dabei helfen. Aber erst – das ist absolute Bedingung – müsstet ihr eine vierzehntägige Quarantäne in Ruanda durchlaufen. Das ist Gesetz, um die Gorillas vor Krankheiten zu schützen, die ihr eventuell aus Europa mitgebracht habt.«

»Na, das ist ja schräg«, flüsterte ich Frank zu, als der Minister durch ein Telefonat abgelenkt war, »denn in diesem Land wimmelt es nur so vor Krankheiten. Aids, Bilharziose, Fleckfieber, Gelbfieber, Hepatitis A und B, Schlafkrankheit ...«

»Ja, ja, erinnere mich nur nicht daran!«, stöhnte Frank genervt, obwohl er sich, wie ich ihn kenne, bestimmt das Gesamtpaket aller möglichen Impfungen verpassen hatte lassen. »Aber wenn sie uns zu Tieren bringen, die nicht habituiert sind, heißt das vermutlich, dass die auch mit Einheimischen keinen Kontakt haben und, falls doch, vielleicht weniger anfällig für hiesige Krankheiten sind als für einen deutschen Schnupfen«, wandte Frank ein. »Ehrlich gesagt, finde ich das mit der Quarantäne eigentlich ganz vernünftig.«

»Hm, ja, wahrscheinlich hast du recht«, gab ich nach einigem Abwägen zu.

Als wir schließlich wieder die Aufmerksamkeit des Ministers hatten, dankten wir ihm gebührend für die Möglichkeit, die er uns eröffnete, und nahmen sein Angebot an. Durch die Quarantäne hatten wir nun fast zwei Wochen Zeit, die Expedition zu organisieren, und so entschieden wir uns, uns zunächst Kigali ein bisschen genauer anzuschauen.

Kigali ist eine Stadt, die aus allen Nähten platzt. 1978 hatte sie gerade mal 120 000 Einwohner, jetzt leben dort knapp eine Million, darunter viele Flüchtlinge aus dem Kongo. Die Menschen waren eine bunte Mischung: rundgesichtige Moppelige, schlanke Große, die eher an die Menschen aus Äthiopien erinnerten, bullige Muskelbepackte à la Idi Amin. Zwei Tage lang liefen wir durch die Stadt, fuhren auch mal mit den kleinen Bussen mit, die die Einheimischen nach der Arbeit in die Randbezirke bringen. Dort lebt die Mehrheit der Stadtbevölkerung in ärmlichen Verhältnissen in selbst gebauten Hütten ohne fließend Wasser. Die Wohlhabenden – und davon gibt es doch einige in Ruanda – verschanzen sich in neuen Villenvierteln und modernen Wohnsiedlungen hinter dicken Mauern mit Stacheldraht und geschützt durch Alarmanlagen. Hier arm, dort reich; dazwischen gibt es nichts, keine Mittelschicht. Wegen der hohen Armut ist es keine gute Idee, nach Einbruch der Dunkelheit durch die Stadt zu laufen oder sich gar in irgendwelche abgelegenen Viertel zu wagen.

Allerdings macht die Stadt keinen armen Eindruck. Es gibt hohe Bürokomplexe und Einkaufszentren, und ständig entstehen neue. Auf riesigen Märkten gibt es ein enormes Angebot, vor allem an Lebensmitteln. Zumindest wird in Ruanda nicht gehungert. Aber es hat natürlich seine Schattenseiten, zum Beispiel, dass, wie schon zu Beginn des Buches erwähnt, ein Arzt auf 25 000 Menschen kommt und die medizinische Versorgung dementsprechend schlecht ist.

Schließlich machten wir uns daran, unsere Expedition zusammenzustellen. Wir brauchten einen guten Führer, Träger, die richtige Gorillagruppe. Wir fragten herum und hörten immer wieder von einem Führer, der sich wirklich gut auskenne, auch am Karisimbi, dem mit 4507 Metern höchsten Berg der Virunga-Vulkane, wo es Gorillagruppen gibt, die mit Menschen kaum Kontakt haben. Mühsam fragten wir uns zu diesem berühmten Fidel durch und fanden ihn schließlich in einer kleinen Dorfkneipe.

Die Kneipe war eine Lehmhütte, in der eine Art Bananenbier ausgeschenkt wurde. Von irgendwo plärrte ein Radio, und die Barfrau, ein junges Mädchen, drückte Frank und mir einen Becher mit dem vergorenen Saft in die Hand.

»Ich rühr das nicht an«, weigerte sich Frank, »ich will mir hier nicht irgendwelche Würmer oder Bakterien einfangen.«

Ich bin, was solche Dinge anbelangt, weit sorgloser. Vor allem bin ich neugierig und wollte die Leute nicht auch noch vor den

Kopf stoßen, und so nahm ich einen ordentlichen Schluck. Boah, das Zeug war nicht süß wie das industriell hergestellte Bananenbier aus dem Laden, sondern zu meiner Überraschung blitzsauer! Das Mädchen gluckste vor Vergnügen über meine Grimasse, und ihre Gäste hatten ebenfalls ihren Spaß. Beim zweiten Schluck erschien mir das Bier nicht mehr ganz so sauer, und ich schmeckte sogar einen Hauch Banane heraus. Da habe ich schon schlimmere Sachen getrunken. Man durfte bei solchen Gelegenheiten bloß nicht darüber nachdenken, unter welchen hygienischen – vielmehr unhygienischen – Verhältnissen es aller Wahrscheinlichkeit nach hergestellt worden war, und sollte sich vor allem das Trinkgefäß nicht genauer anschauen. Fingertapper wären da noch das geringste Übel.

Fidel war ein ausgesprochen gut aussehender, sehr freundlicher und zuvorkommender Mann, und wir wurden uns schnell handelseinig. Fidel würde versuchen, uns zu einer Gorillagruppe am Karisimbi zu bringen, zu der nie Touristen, nur hin und wieder Forscher geführt würden. Frank und ich sollten Wasser, Lebensmittel und was wir beide sonst noch brauchten, selbst besorgen, um die Träger und alles andere würde er sich kümmern. Dennoch wurde es, bis alles geklärt war, später Abend.

Eine sehr nettes älteres Ehepaar lud uns ein, bei ihm zu übernachten, und so folgten wir den beiden. Ihr Zuhause, eine Rundhütte aus Lehm, bestand aus einem einzigen Raum, in dem mehrere Leute wohnten: das Ehepaar, drei junge Frauen – vielleicht die Töchter – und drei kleine Kinder. Die Frauen sahen krank, ausgezehrt und verhärmt aus, und Fidel erzählte uns, dass sie im Bürgerkrieg unzählige Male vergewaltigt worden waren. Alle drei waren damals mehrmals schwanger geworden und hatten abgetrieben. Die drei Kinder sind allerdings ihre. Die Frau des Hauses reichte uns je einen Teller mit etwas Hirsebrei und gekochten Kartoffeln. Die Kleinen, die total unterernährt waren, schlangen ihre Portion im Nu in sich hinein und schrien nach mehr. Frank und ich gaben ihnen daraufhin den Rest unseres Essens, aber die Kinder hörten einfach nicht auf zu weinen. Da gab ich jedem einen Energieriegel. Das war ein Fehler, denn wenige Minuten später gaben die Mägen das ungewohnt hochwertige und extrem energiehaltige Konzentrat wieder von sich.

Am Morgen erwachten Frank und ich ziemlich gerädert. Wir hatten kaum Schlaf gefunden, da die Kinder die ganze Nacht gequengelt, ihre Mütter sich im Schlaf unruhig herumgewälzt und manchmal gestöhnt hatten. Ich mochte mir gar nicht vorstellen, unter welchen Albträumen sie litten. Es war eine sehr beklemmende Situation, eine erschreckende, nachdenklich stimmende Welt. Allein die Vorstellung, wie diese Frauen permanent von marodierenden Söldnern, Rebellen oder offiziellen Soldaten missbraucht wurden, wie sie fast zu Tode kamen, wie sie schwanger wurden, mit HIV infiziert, und nun ohne Lebensgrundlage und krank an Körper und Seele ihr Dasein fristeten. Beim Abschied steckten wir der älteren Frau, die offensichtlich alle irgendwie durchzubringen versuchte, mehr Geld zu als ursprünglich abgesprochen. Doch letztendlich war das nur ein Tropfen auf den heißen Stein und änderte nichts an der grundlegenden Situation.

Wie die Kneipe und die Lehmhütte des Ehepaares, so war das ganze Dorf von Armut gezeichnet. Nur ein Beispiel: Vor einer der Hütten hatten bei unserer Ankunft Jungs Fußball gespielt – mit einem Klumpen aus fest zusammengeknoteten Mülltüten, die sie irgendwo aufgesammelt hatten. Bei diesem Anblick musste ich daran denken, dass meine beiden Söhne bestimmt fünf Fußbälle haben. Drei davon liegen ohne Luft in irgendeiner Ecke und ein vierter verrottet seit mehreren Monaten im Garten. Ich lasse ihn bewusst dort liegen, weil ich gespannt bin, ob einer der beiden mal auf die Idee kommt, ihn wegzuräumen. Als ich nach meiner Rückkehr aus Ruanda Erik und Thore von dem Fußball aus alten Plastiktüten erzählte, waren sie zwar betroffen, aber hatten es auch schnell wieder vergessen; wie das halt so ist, wenn man etwas nicht selbst erlebt hat.

Endlich sollte es losgehen. Als wir zum vereinbarten Treffpunkt kamen, blieb uns vor Überraschung der Mund offen stehen. Da standen jede Menge Träger – viel zu viele, ungefähr 30, da es sich herumgesprochen hatte, dass eine größere Expedition losgeht. Ein Träger bekommt am Tag 1,50 Dollar; dafür schleppen sie in Gummistiefeln und einem billigen Blaumann den ganzen Tag einen Sack Kartoffeln, eine ganze Kiste mit Wasserflaschen oder was auch immer durch die Berge – in unseren Augen ein Hungerlohn, aber man darf die Preise natürlich nicht auf deutsche Verhältnisse beziehen. Frank und ich wollten zwar unsere kleinen Rucksäcke selbst tragen, aber die schweren Stative und die Zelte gern Trägern überlassen. 30 Mann waren dennoch zu viel, und mit Fidels Hilfe suchten wir zehn aus.

Die Träger waren das eine; uns erwartete aber auch eine halbe Armee, vom Ministerium für Tourismus eigens zu unserem Schutz abkommandiert. Einer der Soldaten hatte ein Stand-MG dabei, ein anderer eine Panzerfaust, der Rest war mit Kalaschnikows und Handgranaten ausgerüstet.

»Dreh das mal«, sagte ich zu Frank, »das glaubt uns sonst keiner! Die denken doch nicht wirklich, am Karisimbi auf Panzer zu stoßen!?«, und ging auf einen kleinen, drahtigen Mann zu, der offenbar das Kommando führte, denn er trug lediglich eine Pistolentasche an seiner Lederkoppel und hielt ein Stöckchen in der Hand.

Frank hatte die Kamera noch kaum auf der Schulter, da brüllte dieser Offizier auf Ruandisch los. Wir verstanden zwar kein Wort, doch wenn wir seine wütende Stimme, seine Mimik und Gestik richtig deuteten, schrie er so etwas Ähnliches wie: »Verdammter Hund, hier wird nicht gefilmt. Mach die Kamera aus!«

»Stell dich dumm«, warf ich Frank zu und bedeutete dem Typen durch Gesten, dass wir ihn nicht verstanden. Der herrschte Fidel an, der uns die Tirade übersetzte und nur bestätigte, was wir schon wussten: Wir durften die Soldaten nicht filmen.

Wir gaben natürlich nicht auf und ließen uns in den folgenden Tagen verschiedene Sachen einfallen, um Aufnahmen von den Soldaten zu erhalten: Wir hielten die Kameras verkehrt herum in der Hand, wenn sie hinter uns hergingen, oder ließen die kleinen Kameras am Handgelenk baumeln. Wir befestigten eine Kamera an einem Einbeinstativ und trugen sie wie einen Schnorchel, oder ich klemmte sie mir unter den Arm und filmte durch die Armbeuge nach hinten. Aber was wir uns auch einfallen ließen, immer kam uns der Kommandant oder einer der Soldaten auf die Schliche, brüllte »Kamera!«, und die ganze Horde sprang in die Büsche und war wieder einmal verschwunden. Man konnte daraus fast eine militärische Übung machen. Sehr kurios.

Als Erstes besuchten wir das Grab von Dian Fossey in »Karisoke«, wie sie ihr Camp und das Forschungsgebiet an den Hängen der Vulkane Karisimbi und Visoke genannt hatte. Auf dem Grabstein steht zuoberst der Name, den die Einheimischen ihr gegeben haben: Nyiramachabelli – »Die Frau, die einsam im Wald lebt«.

1963 besuchte die Amerikanerin die Ausgrabungsstätte von Louis Leakey in der Olduvai-Schlucht – der »Wiege der Menschheit« – in Tansania und lernte den berühmten Paläoanthropologen persönlich kennen. Von dort reiste sie weiter in den Kongo, wo sie ihre erste Begegnung mit Gorillas hatte; ein Schlüsselerlebnis, das ihr ganzes weiteres Leben bestimmen sollte. Es vergingen jedoch noch drei Jahre, bis Dian Fossey mit Unterstützung ihres Mentors Leakey, der schon berufsbedingt ein besonderes Interesse am Verhalten der Menschenaffen hatte und bereits Jane Goodalls Feldforschung an Schimpansen angestoßen hatte, eine Langzeitstudie über das Verhalten, die Lebensweise und die Kommunikation der schon damals vom Aussterben bedrohten Berggorillas begann. Als Ergotherapeutin brachte Fossey eigentlich keine der Voraussetzungen mit, die für eine solche Arbeit nötig sind, aber sie hatte in den vorangegangenen drei Jahren ein Maß an Hartnäckigkeit und Ausdauer in der Verfolgung ihres Ziels bewiesen, das Leakey offensichtlich überzeugte.

Dian Fossey war eine der stärksten Frauen und einer der widersprüchlichsten Menschen, die mir bekannt sind. Wer Fosseys Buch »Gorillas im Nebel« gelesen oder den geschönten Film gesehen hat, der weiß, dass sie kein einfacher Charakter war. Der weiß aber auch, dass es ohne Dian Fossey, die ihr Leben dem Schutz der Berggorillas verschrieben und einen erbitterten Kampf gegen Andenkenjäger, skrupellose Wilderer, Geschäftemacher und Behördenvertreter gefochten hat, heute wahrscheinlich keine Berggorillas mehr gäbe.

Dian Fossey stellte eine Anti-Wilderer-Brigade zusammen, die sehr erfolgreich wirkte, dennoch blieben Rückschläge nicht aus. Als der Fotograf Bob Campbell, der fast drei Jahre an ihrer Seite lebte, 1970 Fotos von Dian Fossey und ihren Berggorillas im *National Geographic Magazine* veröffentlichte, wurde die Forscherin über Nacht berühmt und es setzte ein Medienrummel ein, der dem Schutz der Berggorillas äußerst dienlich war. Doch Fosseys Liebe zu den sanften Riesen entwickelte sich zunehmend zu einer Obsession. Als ihr Lieblingsgorilla Digit tot aufgefunden wurde, Kopf und Hände abgehackt, schlug ihre Verzweiflung in blinden Hass um. In ihrem unbedingten Willen, die Berggorillas zu schützen, kannte sie nun keine Grenzen mehr, zündete die Hütten von Einheimischen an und schreckte Wilderer mit Scheinexekutionen ab.

Am 26. Dezember 1985 wurde »die Frau, die einsam im Wald lebt« in ihrer Hütte erschlagen. Ihre letzte Ruhestätte fand sie, wie sie es gewünscht hatte, auf dem Gorilla-Friedhof, den sie für ihre Lieblinge angelegt hatte, neben dem Grab von Digit. Es wird wohl nie geklärt werden, wer für den Mord verantwortlich war. Wilderer? Ruandische Behörden, da Fossey selbst friedliche Touristen vertrieben hatte?

Interessanterweise waren und sind es immer wieder Frauen, die im Umgang mit Primaten besondere Leistungen vollbringen, ob nun Jane Goodall, Dian Fossey oder, um nur zwei weitere von vielen Beispielen herauszugreifen, Francine Patterson und Duane Rumbaugh. Patterson zog das Tieflandgorillaweibchen Koko auf, das im Alter von sechs Monaten zu ihr kam, und brachte ihr unter anderem die amerikanische Taubstummensprache Ameslan bei. Mit sechs Jahren beherrschte Koko mehr als 400 Ameslan-Zeichen. Sie benutzte diese Sprache aus eigenem Antrieb und bildete Wortfolgen mit bis zu vier Worten. Rumbaugh unterrichtete die Schimpansen Lana, Sherman und Austin in der von ihr selbst entwickelten Primatensprache Yerkisch. Die Schimpansen lernten, Mitteilungen in Yerkisch auf einer Tastatur zu tippen. Frauen haben offensichtlich mehr Geduld und mehr Einfühlungsvermögen als Männer. George Schaller, der als Erster Berggorillas erforschte und mit ihnen lebte, fand nie denselben Zugang zu diesen Tieren wie seine Nachfolgerin. So blieben wichtige Entdeckungen Dian Fossey vorbehalten, zum Beispiel, dass die Runzeln auf der Nase eines Gorillas wie unser Fingerabdruck einzigartig sind und ein Leben lang gleich bleiben.

Dian Fossey war so immens wichtig für die Berggorillas, dass ich an ihrem Grab und auf dem Gorilla-Friedhof eine Moderation machen wollte, und die musste natürlich wieder in Deutsch und in Englisch gedreht werden. Ich weiß nicht, warum, aber ständig verhaspelte ich mich bei der Sequenz »Nyiramachabelli, die Frau, die einsam im Wald lebt«. Und wenn mal nicht, stolperte ich über eine Baumwurzel oder meine eigenen Füße, und so zog sich das Ganze ziemlich in die Länge. Da ich dabei auch noch mit sehr ruhiger Stimme sprach, lag bald die Hälfte der Träger sowie die gesamte Armee unter den Bäumen und döste, die Soldaten mit ihren Kalaschnikows im Arm, im Schatten vor sich hin. Irgendwann gab ich auf, und der »Originalton« musste später im Studio nachträglich eingefügt werden.

Weiter ging's, den Berg hinauf. Es fing an zu regnen, zunächst nur leicht, doch auf einmal schüttete es wie aus Eimern. Nach wenigen Minuten war – typisch für die Tropen – der Spuk allerdings schon wieder vorbei. Erfahrungsgemäß würde der nächste Wolkenbruch aber nicht lange auf sich warten lassen, sodass die Träger die riesigen Müllsäcke, die sie zum Schutz gegen den Regen übergestreift hatten, und wir unsere Hightech-Pellerinen gleich anbehielten.

Frank und ich waren heilfroh, dass wir Träger hatten und nur unsere kleinen Rucksäcke selbst schleppen mussten. Der Aufstieg war unheimlich anstrengend, kein Vergleich mit der ersten Tour, wo wir noch genug Energie gehabt hatten, um Witzchen zu reißen und herumzualbern. Der Weg war steil und glitschig, die schwere, feuchte Luft drückte auf die Lungen. Nur in den kurzen Verschnaufpausen konnten wir die Umgebung auf uns wirken lassen: rundum sattes, dichtes Grün, leicht modriger Dschungelgeruch, die Geräusche wie durch Watte gedämpft.

Endlich errichteten wir in ungefähr 3400 Meter Höhe das erste Nachtcamp. Ganz in der Nähe hielt sich nach Fidels Erfahrung des Öfteren eine Gorillagruppe auf. Frank und ich stellten ein kleines Zelt auf und freuten uns auf unsere warmen Schlafsäcke, denn schon jetzt, am späten Nachmittag, war es in dieser Höhe empfindlich kalt. Die Träger und die Soldaten würden nicht so komfortabel nächtigen, ihnen musste der nackte Boden reichen und einfache Zeltplanen zum Zudecken. Die Soldaten kochten im wahrsten Sinn des Wortes ihr eigenes Süppchen, während Frank und ich uns mit den Trägern an einem eigenen Lagerfeuer zusammenhockten und uns geröstete Maiskolben, in der Glut gegarte Kartoffeln und Hirsebrei, der in einem großen Topf über dem Feuer zubereitet worden war, schmecken ließen. Dazu gab es, welche Wohltat, heißen Tee. Fast noch mehr genoss ich die atmosphärische Stimmung aus Lagerfeuer, leisen Unterhaltungen, nebelverhangenen Bergen und Wäldern ringsum und das Fehlen jeglicher Zivilisationsgeräusche.

Wie auf Kommando sprangen die Soldaten plötzlich auf, redeten wild durcheinander und schwirrten aus. Frank und ich, die wir nichts Auffälliges gehört oder gesehen hatten, schauten uns verwundert um. Dann fielen etwas entfernt Schüsse, und im ersten Moment dachte ich, na super, wir sind in der Nähe der ersten Gorillagruppe, und die Soldaten absolvieren Übungsschießen, was für ein Schwachsinn!

»Wilderer«, erklärte da Fidel.

Wir waren direkt im Grenzgebiet zum Kongo, weshalb ja auch das Militär uns begleitete. Denn immer wieder waren hier in der Vergangenheit marodierende Söldnertruppen aufgetaucht, die mithilfe von Gewalt, durch Verbreiten von Angst und Schrecken ein kleines Herrschaftsgebiet zu errichten versuchten. Sie plünderten Dörfer, misshandelten Menschen, vergewaltigten junge Mädchen, und im nächsten Moment waren sie wieder im Urwald verschwunden. Möglicherweise waren es also gar keine Wilderer, die da schossen, sondern solche Söldner. Oder Rebellen? Oder kongolesisches Militär? Vielleicht waren wir ja aus Versehen auf kongolesisches Gebiet geraten, denn Grenzpfähle oder Ähnliches gibt es hier natürlich nicht.

Toll, schoss es mir durch den Kopf, und wir haben unser knallrotes Bergzelt mitten auf einer freien Fläche aufgestellt; super Zielscheibe! Im Stillen leistete ich Abbitte, dass Frank und ich uns über den martialischen Aufzug unserer Begleiter lustig gemacht hatten, denn bei unserem Aufbruch hatten wir die schweren Waffen für reinen Showeffekt gehalten.

Unsere Soldaten schossen zurück, und irgendwann wurde das Feuer nicht mehr erwidert.

»Meinst du, das war's?«, flüsterte Frank.

»Keine Ahnung! Ich hoffe es. Die waren zwar ungefähr einen Kilometer weit weg, aber selbst auf diese Entfernung kann man einen Steckschuss oder eine stark blutende Schusswunde abbekommen. Und mit Rettungssanitätern oder gar einem Hubschrauber kann man hier wohl eher nicht rechnen, und bis man ins Tal getragen und zum nächsten Arzt oder in ein Krankenhaus gebracht wird, ist man eh verblutet.«

»Du verstehst es doch immer wieder, mich zu beruhigen. Vielen Dank!«, blaffte Frank mich an.

Mittlerweile war es fast dunkel, und wir löschten das Feuer, um kein so leichtes Ziel abzugeben, falls die schießwütigen Unbekannten zurückkommen sollten. Es blieb zwar ruhig, doch Frank und ich fanden keinen Schlaf. Ständig horchten wird in die Nacht hinaus und schreckten beim kleinsten Geräusch auf.

Am Morgen krochen wir, erschöpft vom anstrengenden Aufstieg des gestrigen Tages und der durchwachten Nacht, ins Freie und schauten auf eine Wand aus Nebel.

»Mist!«, schimpfte ich.

»Englisch oder deutsch?«, fragte Frank, der zum Glück seinen Humor wiedergefunden hatte, in Anspielung auf das englische Wort für Nebel (»mist«).

»Sowohl als auch«, brummte ich.

Wir berieten uns mit Fidel und entschieden, weiter aufzusteigen, denn zum einen hatten wir nicht unbegrenzt Zeit, und zum anderen würde sich der Nebel weiter oben vielleicht auflösen. Allerdings blieb das Gros der Truppe zurück, nur die Spurensucher, zwei Träger und ein paar Soldaten begleiteten uns. Das Erste, was wir fanden, waren Schlingfallen mit einer Art Spannfeder. Die waren definitiv für Gorillas gedacht, denn der Draht war viel zu dick und zu schwer, als dass ein leichteres Tier, etwa eine Antilope, die Schlinge hätte zuziehen und damit die Spannfeder auslösen können.

Manchmal können sich gefangene Tiere befreien, indem sie die Schlinge abreißen; doch dabei zieht sich der Draht zusammen und schnürt den gefangenen Körperteil von der Blutzufuhr ab, sodass er abstirbt. Oder der Draht schneidet so tief ins Fleisch, das der Fuß oder die Hand abgetrennt wird. Bei unserer Reise sahen wir ein Gorillaweibchen, dem das geschehen ist: Ihr fehlte ein Fuß. Fidel erzählte uns mehrere traurige Geschichten. Einmal zum Beispiel hatte er ein Gorillaweibchen mit fast verhungerten Jungen in einer Schlinge gefunden. Manchmal versucht auch die Gruppe, ein gefangenes Mitglied zu befreien. Es soll Silberrücken geben, die darin recht geschickt sind. Und das ein oder andere Mal soll es einem geschickten älteren Weibchen gelingen, sich selbst zu befreien, ohne Verletzungen davonzutragen.

Aber das ist die große Ausnahme.

Eine Schlinge hat mit Wilderei im eigentlichen Sinn, sprich *rechtswidrigem Jagen,* nichts zu tun; es ist etwas Hinterhältiges, Gemeines: Das Tier tritt hinein und stirbt in der Regel einen langsamen, qualvollen, elendigen Tod – anders als bei der Jagd, ob nun legal oder illegal, bei der ein Tier sofort oder spätestens mit dem Fangschuss getötet wird.

Mit zunehmender Höhe lichtete sich der Nebel tatsächlich, wurde es aber auch immer kälter. Fidel setzte sich eine Mütze auf und zog Handschuhe an. Ich hätte liebend gern ebenfalls Handschuhe gehabt, nicht so sehr wegen der Kälte, sondern wegen der vielen dornen- und stachelbewehrten Pflanzen, die uns auf Schritt und Tritt in die Haut ritzten, stachen und pieksten.

»Autsch!«, fluchte Frank wenig später leise, als er sich an einem steilen Hang aus Versehen direkt auf einer Distel abstützte. »Wie können die Gorillas das Zeug nur fressen! Die müssen doch eine Schleimhaut und eine Zunge wie Leder haben.«

Plötzlich hob Fidel, der ein paar Schritte vor uns ging, die Hand, um zu zeigen, dass er etwas gefunden hatte.

»Das sind Schlafnester«, erklärte er uns und deutete auf den Boden.

Solche Nester sind zum Teil sehr geräumig, richtig komfortabel, weich, mit feinen Zweigen und Blättern ausgepolstert. Da Gorillas nicht stubenrein sind, müssen sie sich jeden Tag neue »Betten« bauen. Das hieß, wir mussten der Gruppe nun sehr nahe sein.

Wir ließen die Soldaten und die Träger zurück und pirschten uns allein an. Dann hörten wir auch schon den kurzen Ruf eines Spurensuchers. Wir sprachen ganz leise und ruhig, bewegten uns sehr langsam. Plötzlich, wir mühten uns gerade einen weiteren Steilhang hoch, deutete Fidel ins undurchdringliche Grün auf der anderen Seite einer kleinen Lichtung und wisperte: »Da, seht ihr?« Wie angewurzelt blieb ich stehen. Zunächst sah ich einfach nur – grün. Dann zeichnete sich etwa auf Augenhöhe ein schwarzer Fleck ab: der Schädel eines Gorillas. Er war riesig, schien nach oben hin nicht enden zu wollen. Und tief im Gesicht lagen seine kleinen, dunklen Augen. Sein Blick war ruhig und klar, sehr sanft, aber bestimmt. Kein Blinzeln, kein Wegschauen.

Der Silberrücken machte ein Geräusch, das Fidel wiederholte. Frank und ich gaben unser Bestes, es ebenfalls nachzuahmen, aber ich fürchte, so recht gelungen ist es uns nicht. Jedenfalls schälte sich das Männchen, ein Silberrücken, gemächlich aus der Vegetation und kam auf die Lichtung, rupfte hier und da ein paar Blätter ab und kaute genüsslich. Erst als ich aus dem Augenwinkel wahrnahm, wie Frank an seiner Kamera hantierte, um mich zu filmen, erwachte ich aus meiner Erstarrung. Nur durch spärliche Handzeichen wagte ich mich mit Frank zu verständigen, obwohl der Gorilla weiters keine Notiz von uns zu nehmen schien. Ein zweites Männchen, etwas kleiner als das erste, tauchte auf und schließlich der Rest der Gruppe, sechs Weibchen, von denen vier ein Baby hatten, und etliche Halbwüchsige.

Als wir zu drehen begannen, kam der Pascha ein Stück auf uns zu, legte sich etwa sieben Meter vor mir bäuchlings auf den Boden, den riesigen Kopf auf seine Fäuste gestützt, und beobachtete uns. Eine so durch und durch menschliche Haltung, dass es mich ganz warm durchrieselte. Wie schon Paul, hatte uns Fidel wiederholt ermahnt, einem Gorilla nicht in die Augen zu schauen. Schwierig, unter solchen Umständen zu filmen. Der Chef rückte auf nur drei Meter näher, und mir blieb vor Anspannung und Aufregung schier die Luft weg. Ich drehte mich erst einmal von ihm fort, um ihm voller Demut zu zeigen, dass ich die Rangordnung anerkannte – bevor ich mich ihm nach einiger Zeit wieder zuwandte und anfing, ihn zu fotografieren und zu filmen. Ich schaute ihn nur durch den Sucher des Fotoapparats und der Videokamera an, die er aufmerksam beäugte.

Dann, ganz langsam lasse ich die Videokamera sinken, wage es kaum zu atmen und schaue in seine Augen. Sie sind nicht sehr groß, bernsteingelb bis dunkelbraun. Es sind unglaublich wache, intelligente, forschende, gutmütige Augen. Ich sehe in ihnen nichts Böses, nichts Bedrohliches. Der Blick rührt mich, wie kaum je etwas zuvor, und urplötzlich laufen mir Tränen über die Wangen. Was haben wir ihnen nicht alles angetan, sie gequält, verfolgt, ihnen viel Leid zugefügt, und diese Tiere sind trotz allem so unfassbar tolerant uns gegenüber!

»O nein«, höre ich Frank auf einmal flüstern und folge seinem Blick zu den Weibchen, die deutlich vorsichtiger sind als die Männchen und sich mehr im Hintergrund halten. Dann sehe ich es: Ein Weibchen hält ihr vielleicht drei oder vier Monate altes totes Junges im Arm und streichelt es immer wieder zärtlich. Der kleine Körper ist grau, aufgebläht, kahl, das Kleine vermutlich bereits seit über einer Woche tot, dennoch kann sich die Mutter nicht trennen. Es ist ein sehr berührender Anblick, der mir zeigt, wie nah diese Tiere uns stehen. Die Tragzeit und die Aufzucht der Kleinen, dass die Jungen so lange bei der Mutter bleiben, bis sie selbstständig und geschlechtsreif sind, all das ist wie bei uns Menschen. Sogar die Zusammensetzung der Muttermilch ist ähnlich.

Die Zärtlichkeit, mit der die Mutter ihr totes Baby umsorgt, treibt mir erneut Tränen in die Augen. Ich bin eigentlich kein Mensch, der sehr emotional wird, wenn es um Tiere geht. Bei meinen Filmen und Erzählungen versuche ich immer, das Tier nicht zu sehr zu vermenschlichen, mich stattdessen in das Tier hineinzuversetzen und herauszufinden, was das Tier in mir sieht, ob ich eine Bedrohung bin, ein Feind, ein Konkurrent, vielleicht auch Beute oder einfach ein Neutrum. Und dem passe ich mein Verhalten und meine Vorgehensweise als Tierfilmer an. Bei den Berggorillas ist das ganz anders. Zu ihnen fühle ich mich wie zu keinem anderen Tier hingezogen, stärker noch als zu Bären.

Hängt das damit zusammen, überlege ich, dass man seinen Körper so strapaziert hat, dass man durch den anstrengenden Aufstieg und die dünne Luft so vollgepumpt mit Endorphinen ist? Nein, sage ich mir, das allein kann es nicht sein, dann hätte ich schon zum Beispiel bei den Dallschafen in den Bergen Alaskas oder vor wenigen Monaten bei den Marco-Polo-Argalis und dem Schneeleoparden in Kirgisistan so empfinden müssen. Es ist auch – oder eher: vor allem – dieses uns Menschen so ähnliche Erscheinungsbild und Gebaren, das mir so unter die Haut geht.

Mittlerweile war es sehr warm geworden, und die Gorillas zogen sich in den Wald zurück, wo sie sich einfache Tagesnester bauten und ein Mittagsschläfchen hielten. Das war für uns das Kommando, uns ebenfalls zurückzuziehen.

Als wir am Nachmittag zurückkehrten, waren die Gorillas bereits weitergezogen, sodass sich die Spurensucher erneut an ihre Fährte heften mussten. Es dauerte gar nicht lange, da hörten wir am Rascheln im Gebüsch, dass die Tracker zurückkamen, und einer der Soldaten rief ihnen etwas zu. Die Antwort schien unserem Begleittrupp wohl irgendwie seltsam, denn sie begannen zu tuscheln. Es wurde ein paarmal hin- und hergerufen, und plötzlich stürmten die Soldaten los, während sich Fidel und die Träger wie auf Kommando flach auf den Boden warfen und uns mit nach unten rissen.

»Wilderer. Die haben uns für ihresgleichen gehalten«, flüsterte Fidel uns zu.

»Ach du Sch...!«, entfuhr es mir, während schon wieder Kugeln durch die Luft pfiffen.

»Langsam hab ich die Schnauze voll von denen«, höre ich Frank in das Grasbüschel unter seiner Nase brummen, »ich schlag drei Kreuze, wenn wir hier heil heraus sind.«

Die Wilderer suchten schnell das Weite, diesmal, wie sich herausstellen sollte, endgültig – oder zumindest für die Zeit, die wir uns in dem Gebiet aufhielten. Die Schüsse hatten aber auch die Gorillas verschreckt, und wir bekamen sie an diesem Tag nicht mehr zu Gesicht.

Die nächsten Tage hielten wir uns immer wieder stundenlang bei den Gorillas auf beziehungsweise zogen mit ihnen mit. Wenn sich die Gruppe zu einem neuen Futterplatz aufmachte, schritt vorneweg der Silberrücken und das zweite Männchen sicherte die Gruppe nach hinten. Zwischen den beiden liefen die Halbwüchsigen und die Weibchen, während sich die Kleinen im Brustfell oder am Rücken der Mutter festklammerten.

Den Jungen beim Spielen zuzuschauen, war jedes Mal wieder ein Erlebnis. Sie schaukeln an Ästen, rollen und kullern durch die Gegend, toben durchs Dickicht, schneiden Grimassen, als würden sie ganz allein für uns eine Extra-Vorstellung geben.

Interessant zu beobachten war auch, wie einmal zwei Weibchen um einen Leckerbissen in Streit gerieten. Das war vielleicht ein Gezeter! Der Silberrücken schaute sich das eine Weile an, dann stieß er einen seltsamen Laut aus, und die zwei Weibchen verstummten. Doch nur kurz. Nach wenigen Minuten zankten sie wieder los, und der Streit eskalierte. Da erhob sich der Silberrücken, stapfte zu den beiden hinüber und stellte sich einfach zwischen sie. Schlagartig herrschte Ruhe. Faszinierend!

Am dritten Tag zeigte der Pascha auf einmal ein beinahe aggressives Verhalten uns gegenüber. Wenn ich ihm mit meiner Kamera zu nahe kam, rannte er zwei, drei Meter auf mich zu, richtete sich auf, trommelte sich auf die Brust und gab mir unmissverständlich zu verstehen, dass ich mich aus dem Staub machen solle. Ich konnte mir keinen Reim darauf machen, bis Fidel erkannte, dass eines der Weibchen brunstig war. Der Silberrücken schlich ständig um sie herum und machte aufgeregte Grunzlaute, und irgendwann verzogen sich die beiden ins Unterholz und sorgten für Nachwuchs.

»Hm, erst jetzt fällt mir auf«, erzählte ich Frank, »dass ich den ersten Gorilla in meinem Leben im Naturkundemuseum von Jena gesehen habe. Dort steht, oder stand zumindest damals, ein ausgestopfter westlicher Flachlandgorilla, der mir unglaublich groß erschien und mich mächtig beeindruckte. Ehrlich gesagt, hielt ich ihn sogar für eine Attrappe, weil ich dachte, einen Affen von dieser Größe gibt es gar nicht. Meine Freunde und ich haben uns immer darüber lustig gemacht, was für einen kleinen Penis dieser Gorilla im Verhältnis zu seiner gewaltigen Körpergröße hatte.«

»Na ja«, meinte Frank schmunzelnd, »dafür hat er einen riesigen Brustkorb und Arme und Beine wie Schwarzenegger; dazu noch sanfte Augen. Wenn das keine überzeugenden Argumente sind! Den Mädels scheint es jedenfalls zu reichen.«

Neugierig wie ich bin, wollte ich natürlich wissen, was die Gorillas nachts machen. Schlafen sie die ganze Nacht? Schlafen alle, oder hält einer Wache? Sieht man, wenn sie träumen? So wie bei Hunden oder Katzen, deren Pfoten zucken, wenn sie einer imaginären Beute nachjagen?

Fidel riet zunächst davon ab, sich den Gorillas nachts zu nähern. Die Tiere könnten sich bedroht fühlen und in Panik ausbrechen. Doch schließlich ließ er sich überreden. Frank, Fidel und ich näherten uns der Gruppe ganz langsam und sprachen ab und zu leise miteinander, um die Tiere nicht zu überraschen. Zwischendurch blieben wir stehen und lauschten. Alles blieb ruhig, keine Anzeichen von Panik. Mittlerweile kannten sie ja auch unsere Stimmen, unseren Geruch, unsere Bewegungsgeräusche.

Es war fast Vollmond, und so waren die Schlafnester in ziemlich helles Licht getaucht. Außerdem hatte ich meinen Restlichtverstärker dabei, den ich vor die kleine Videokamera schrauben kann. Alles in allem konnte man die Tiere also recht gut beobachten. Einige lagen ruhig im Nest und schliefen, manche dösten nur, bewegten ihre Füße und Hände, schaukelten ein bisschen hin und her, und wieder andere wirkten relativ munter. Als ich ziemlich nahe ranging, fingen einige zu gähnen an, was in diesem Fall eher ein Zeichen von Unsicherheit denn von Müdigkeit war. Das kennt man von vielen Tieren, zum Beispiel Bären oder Hunden: Wenn sie nicht genau wissen, was los ist oder was sie von einer Sache halten sollen, gähnen sie. Die Gorillas hatten definitiv gemerkt, dass wir da waren, da wir aber den Sicherheitsabstand von drei Metern einhielten, ließen sie sich in keiner Weise stören.

Am Morgen darauf zogen sie talabwärts. Ein heftiger Regenschauer jagte den nächsten, sodass wir ihnen nicht gleich folgten, sondern erst einmal unter Bäumen oder großen Staudengewächsen Schutz suchten. Frank und ich hatten zwar unsere guten Hightech-Regenklamotten, fürchteten aber um das Filmequipment, und unsere Begleiter wären unter ihren provisorischen Regencapes in wenigen Sekunden durchnässt gewesen, worauf sie angesichts der eher niedrigen Temperaturen keinen gesteigerten Wert legten. Auf einer großen, üppig mit Sellerie bewachsenen Lichtung etwa 500 Höhenmeter tiefer holten wir die Gorillas ein.

Sie hatten sich bis dahin bereits die Bäuche vollgeschlagen und ließen träge alle fünf gerade sein. Bis auf ein Weibchen und ihr Junges. Die Mutter lag auf der Seite und spielte mit dem Kleinen, das sich zwischendurch immer wieder an sie schmiegte oder an ihrer Brust trank. Der Silberrücken saß ein paar Meter abseits und beobachtete das Ganze. Er war ein sehr liebevoller und fürsorglicher Vater, spielte oft hingebungsvoll mit den Jungen. Einmal turnten gleichzeitig drei Kleine auf ihm herum, was er offensichtlich sehr genoss.

Auf einmal zog die Mutter, nachdem sie ihr Kleines einem anderen Weibchen anvertraut hatte, völlig unverhofft auf mich zu, packte mich am Handgelenk und drückte ziemlich fest zu. Ich dachte, ich hätte irgendetwas verkehrt gemacht, und drehte meinen Kopf von ihr weg, weil ich doch noch Angst hatte, sie könne mich ins Gesicht beißen. Da legte sie ihren langen, behaarten Arm um meine Schulter und drückte sich fast zärtlich an mich. Nach wenigen Sekunden löste sie sich von mir und ging zurück zu ihrer Gruppe – und ließ mich fassungslos und tief bewegt zurück. Ein unglaublicher Moment.

Wir haben noch lange gerätselt, was das zu bedeuten hatte, und ich glaube, dass sie mir zu verstehen geben wollte, dass sie mir vertraute.

Für mich stand in diesem Augenblick fest, dass ich auf jeden Fall irgendwann hierher zurückkehren würde. Selbst wenn ich keine Filmkamera, keinen Fotoapparat mitbringen dürfte, was für mich Höchststrafe wäre, denn ich habe ein fast zwanghaftes

Bedürfnis, alles in Bild und Ton festhalten zu müssen. Letztendlich zeichnet das ja einen guten Tierfilmer aus, dass er als leidenschaftlicher Bildreporter gar nicht anders kann, als immer wieder zu filmen, um vielleicht noch bessere Bilder zu machen. Aber, wie gesagt, ich würde auf jeden Fall zurückkehren, um diese phantastischen Tiere noch einmal für Tage – vielleicht sogar Monate? – zu beobachten und mit der Gruppe mitzuziehen.

Tja, und damit wären wir wieder bei meiner »Zeitrechnung«, die ich zu Beginn des Buches anstellte: Dass die rein rechnerisch 120 Jahre, die es bräuchte, um die Liste der Tiere abzuarbeiten, die ich noch filmen möchte, nie und nimmer reichen, weil es mich auch immer wieder an Orte zurückzieht, an denen ich Einzigartiges und tief Beeindruckendes erleben durfte – so wie mit den Berggorillas in Ruanda.

Epilog

Dass Tierarten von der Erde verschwinden – und neue entstehen –, sei der Lauf der Evolution, so behaupten einige Zeitgenossen. Das ist richtig, das Erschreckende ist nur, mit welcher Geschwindigkeit dies seit einiger Zeit geschieht. Und das hat nichts mit Evolution, sondern allein mit dem Eingreifen des Menschen, dem aggressivsten aller Lebewesen, in die Natur zu tun.

Einige der Orte, die wir aufgesucht haben und an denen vom Aussterben bedrohte Tierarten leben, werden in den nächsten Jahrzehnten zu Symbolen der Einzigartigkeit, wie es heute schon mit den Galapagos-Inseln oder dem Virunga-Nationalpark der Fall ist. Gut, dass es sie gibt und der Mensch alles daransetzt, diese Plätze mit ihren Tieren zu erhalten, andererseits beschämend, dass es so wenige, nur punktuelle Stellen sind.

Manche Tierarten existieren nur noch, weil sie sich in die entlegensten und schwerst zugänglichen Regionen der Erde zurückgezogen und eine unglaubliche Menschenscheu entwickelt haben – wie das Marco-Polo-Argali –, weil einzelne Personen den Letzten einer Art auf Privatgebiet Schutz gewährten – wie der Nawab von Junagadh den Asiatischen Löwen – oder ihr ganzes Leben dem Schutz bedrohter Tiere widmeten – wie Diane Fossey, ohne deren Engagement es heute wahrscheinlich keine Berggorillas mehr gäbe.

Der Ansatz von Diane Fossey, Anti-Wilderer-Brigaden aus Einheimischen zu bilden, war wegweisend. Man muss die Menschen davon überzeugen, dass der Schutz seltener Tiere in ihrem eigenen Interesse liegt und sich mit den Touristen, die diese Tiere sehen sollen, Geld verdienen lässt; auf lange Sicht – Stichwort Nachhaltigkeit – sogar mehr als mit der Rodung des Waldes oder dem Sammeln von Feuerholz, was den Lebensraum der Tiere vernichtet oder zumindest bedroht, mehr als mit der Bejagung und dem Verkauf der Tiere (oder Teilen davon) als Trophäen, Aphrodisiaka beziehungsweise Souvenirs. Geld verdienen lässt sich als Ranger oder Guide – wofür sich im Übrigen besonders ehemalige Wilderer eignen, da sie die Verhaltensweisen und die Lebensgewohnheiten der Tiere kennen, meist ein gutes Gespür für sie haben und außerdem gut Fährten lesen können –, als Gärtner oder Zimmermädchen in den Unterkünften eines Nationalparks ...

In armen Ländern sind es, wie schon weiter oben erwähnt, in erster Linie diese wirtschaftlichen Gründe, die die Menschen davon überzeugen können, Tiere und Umwelt zu schützen. Arterhaltung als Wert an sich kann man armen Menschen kaum vermitteln. Wer es versucht, bekommt zu hören: »Der Boden meines Feldes ist ausgelaugt. Wo soll ich denn Getreide anpflanzen, wenn ich den Wald nicht roden darf? Wie soll ich meine Kinder ernähren?« Oder auch: »Ihr habt gut reden, ihr habt Autos, Farbfernseher, schöne Wohnungen, soziale Absicherung, Schulbildung. Die Natur zu schützen ist für euch Luxus. Wir stehen erst an der Schwelle und wollen erst einmal all das haben, was ihr auch habt. Und um das zu erreichen, müssen wir Wälder abholzen, Ölplattformen bauen, große Fabriken errichten. Die Tiere und die Natur sind uns da relativ egal, wir wollen erst einmal gut leben.«

Wir Menschen in den »hoch entwickelten« Ländern haben bis vor nicht allzu langer Zeit genauso gedacht. In Europa und in der ganzen westlichen Welt herrschte lange genug ein Prozess des Verdrängens, des Vernichtens und des Zerstörens der Natur: als wir in genau der Phase waren, in der sich heute viele Schwellen- oder Drittweltländer befinden. Wie viele Arten haben wir in dieser Zeit durch industrielle Landwirtschaft, durch Umweltverschmutzung, durch Zersiedelung vom Erdboden getilgt oder an den Rand der Ausrottung getrieben?

Und während in Ruanda ein einfacher und, was keineswegs abwertend gemeint ist, ungebildeter Bauer ein kleines Stück Wald rodet, um seine Familie zu ernähren, brennen in Portugal Bodenspekulanten ganze Wälder ab – sicher nicht, weil ihre Kinder am Verhungern sind. Außerdem: Wie wichtig ist uns Menschen in den industrialisierten Ländern der Naturschutz wirklich, wenn zum Beispiel in Borneo der Lebensraum der Orang-Utans vernichtet wird, um auf riesigen Plantagen Ölpalmen zu züchten, damit die Nachfrage des Westens nach günstigem Biosprit befriedigt werden kann? Haben wir tatsächlich das Recht, mit dem Finger auf den Bauer in Ruanda zu zeigen?

Trotz alledem bin ich im Grunde positiv gestimmt. Denn immer wieder stoße ich auf Menschen wie die Maldharis im Gir-Wald, die Rumänen in dem kleinen Karpatendorf, die Indonesier auf Rinca, die noch nicht verlernt haben, mit großen »gefährlichen« Tieren in unmittelbarer Nachbarschaft zu leben, und ich sehe, dass sich ein neues Bewusstsein für die Natur entwickelt. Vor allem die jüngere Generation erkennt meiner Einschätzung nach immer mehr, dass letztendlich nur der Schutz der Natur unser aller Fortbestehen sichert.

Und so gebe ich die Hoffnung nicht auf und werde weiterhin versuchen, mit Filmen und Büchern das Interesse an bedrohten Tierarten zu wecken und so mein Teil zu ihrem Schutz beizutragen.

Dank

Ohne die Auftragsproduktion des ZDF, von National Geographic Channel und ZDF Enterprises wäre dieses Projekt nicht zustande gekommen.

Weiterer Dank gilt folgenden Personen und Firmen:
Josef van Ooyen, der während unserer Expeditionen im Studio in Köln schon kreativ gearbeitet hat, Volker Kersbaum, Heike Finke, Alex Rübel, Norbert Rosing, Axel Gomille, Klaus Müller, Steven Nourse, Greg Syverson, Nick Jans, Lynn Schooler, Mike Stockburger, Lance Goodwin, unserem Tonmann Thomas Franken, Kai Uwe Kühl, Jürgen Meyer, Hans-Jürgen Wagner-Küpper, Knut Kreuch, Franz-Josef Fuchs, Harald Franken, Henriette von Lavaulx-Vrecourt, Hans Syndikus, Werner Kirchner, Anita Mayer, Jürgen Sommer und meiner lieben Frau Birgit, die mich so sehr bei meiner Arbeit unterstützt und mich immer wieder in das Abenteuer ziehen lässt.

WWF Deutschland, NABU Deutschland, Nationalpark Bayrischer Wald, Stadt Gotha, Volkswagen, Meindl, Scubapro, Fjäellräven, Panasonic, Outfox, Junkers, Blaser, Red Bull, Mediatec, Sachtler, Swarovski Optik, Lowepro und KTM.

Von Balzritualen und Revierkämpfen

Andreas Kieling

Maikäfer können am längsten

Dem Liebesleben der
Tiere auf der Spur

Malik, 304 Seiten
€ 22,99 [D], € 23,70 [A], sFr 32,90*
ISBN 978-3-89029-418-6

Als Dokumentarfilmer verbringt Andreas Kieling monatelang mit Tieren und erlebt den Kreislauf der Natur aus nächster Nähe. Er erzählt von seinen spannendsten Reisen, die ihn zu liebestollen Löwen, zu Flussdelfinen und seltenen Wüstenelefanten führen, aber auch von heimischen Arten: vom Liebesleben der Frösche und Feldhasen, davon, wie sich Auerhähne, Bergmolche oder Igel paaren. Ob es im Tierreich Familienplanung oder Eifersucht gibt. Und welche Arten dem Menschen in ihrem Sexualverhalten am ähnlichsten sind.

MALIK

Leseproben, E-Books und mehr unter **www.malik.de**